Martin Gardner

Geometrie mit Taxis, die Köpfe der Hydra und andere mathematische Spielereien

Aus dem Amerikanischen von Anita Ehlers

Birkhäuser Verlag
Basel · Boston · Berlin

Die amerikanische Originalausgabe erschien 1997 unter dem Titel „The Last Recreations" bei Copernicus Press, An Imprint of Springer-Verlag New York Inc., 175 Fifth Avenue, New York, NY 10010, USA.

© 1997 Copernicus Press, New York

Die Deutsche Bibliothek – CIP-Einheitsaufnahme

Gardner, Martin:
Geometrie mit Taxis, die Köpfe der Hydra und andere
mathematische Spielereien / Martin Gardner. Aus dem
Amerikan. von Anita Ehlers. – Basel ; Boston ; Berlin :
Birkhäuser, 1997
Einheitssacht.: The last recreations <dt.>
ISBN 3-7643-5702-9

© 1997 der deutschsprachigen Ausgabe:
Birkhäuser Verlag, Postfach 133, CH-4010 Basel, Schweiz
Umschlaggestaltung: Micha Lotrovsky, Therwil
Gedruckt auf säurefreiem Papier,
hergestellt aus chlorfrei gebleichtem Zellstoff. ∞
Printed in Germany
ISBN 3-7643-5702-9

9 8 7 6 5 4 3 2 1

Inhalt

Vorwort 9

Die Wunderwelt des Planiversums 11

Bulgarische Patience und andere scheinbar endlose
    Aufgaben, mit denen man auch dann fertig wird,
    wenn man es gar nicht will 35

Allerlei rund um's Ei 51

Die Topologie der Knoten 68

Gerichtete Graphen und Kannibalen 84

Dinnergäste, Schulmädchen und Häftlinge in Handschellen 102

Das Monster und andere sporadische Gruppen 118

Taxi-Geometrie 137

Schubfächer für Probleme mit Pillen,
    Punkten und Musikern 152

Das starke Gesetz der kleinen Primzahlen 165

Damespiele 179

Modulararithmetik und die schlaue Hummer-Hexe 199

Lavinia auf Zimmersuche 210

Parabeln 228

Nichteuklidische Geometrie 242

Poker- und andere Rätsel 251

Minimale Steinerbäume 260

Vom Schnatz, vom Buhdscham und von dreiwertigen
    Graphen 274

Literaturhinweise 288

Für Persi Diaconis, für seine großartigen Beiträge zur Mathematik und zur Taschenspielerei, seinen unbeirrbaren Kampf gegen übersinnlichen Unfug und eine Freundschaft, die bis in unsere gemeinsame Zeit in Manhattan zurückgeht.

Vorwort

Eine der größten Freuden und Ehren meines Lebens war es, daß ich etwa 25 Jahre lang monatlich eine Kolumne für den *Scientific American* schreiben durfte. Die erste handelte im Dezember 1956 von Hexaflexagonen, die letzte beschäftigte sich im Mai 1986 mit minimalen Steinerbäumen.

Das Schreiben dieser Artikel war für mich eine großartige Lernerfahrung. Als Student an der Universität Chicago hatte ich keine Mathematikvorlesungen gehört – mein Hauptfach war Philosophie –, aber ich habe die Mathematik immer gern gehabt und gelegentlich bedauert, sie nicht zum Beruf erwählt zu haben. Schon ein flüchtiger Blick in frühere Sammlungen meiner Aufsätze zeigt, wie sie um so anspruchsvoller wurden, je besser ich mit der Mathematik vertraut wurde. Nicht die geringste der Freuden war die Bekanntschaft mit vielen wirklich hervorragenden Mathematikern, die großzügig Material zur Verfügung stellten und meine Freunde wurden.

Dies ist die fünfzehnte und letzte Sammlung. Wie in den früheren habe ich mich nach Kräften bemüht, Fehler zu berichtigen, die Artikel zu erweitern und auf den neuesten Stand zu bringen, neue Abbildungen hinzuzufügen und die Literaturangaben zu vervollständigen.

Martin Gardner

Die Wunderwelt des Planiversums

*Planiversale Wissenschaftler sind
keine sehr verbreitete Rasse.*

Alexander Keewatin Dewdney

Soweit man weiß, gibt es nur ein einziges Universum, nämlich das,
in dem wir leben; es hat drei Raumdimensionen und eine Zeitdi-
mension. Wir können uns jedoch vorstellen – viele Science-fiction-
Schriftsteller haben das getan –, daß es im vierdimensionalen
Raum intelligentes Leben geben könnte; zwei Dimensionen aber
lassen wenig Bewegungsfreiheit, und deshalb, so meinte man lange
Zeit, könne es in ihnen keine intelligenten Lebewesen geben. Es
gibt jedoch zwei bemerkenswerte Versuche, solche Wesen zu beschreiben.[1]

Die erste derartige Beschreibung verdanken wir Edwin Abbott
Abbott, einem Londoner Geistlichen, der 1884 den satirischen
Roman *Flatland* (*Flächenland*) veröffentlichte. Leider läßt dieses
Buch den Leser fast völlig darüber im unklaren, welche physikali-
schen Gesetze in diesem Land herrschen und welche technischen

---

[1] Auch Wilhelm Busch hat sich von dem Gedanken faszinieren lassen, daß es ein Leben in anderen Dimensionen gäbe. In *Eduards Traum* (München, Bassermann, 1919)
träumt Eduard von seinen Erlebnissen als denkender Punkt, der in ein Flächenland
gerät. Diese hübsche, auch sozialkritische Erzählung ist Martin Gardner offenbar
nicht bekannt (Anm. d. Übers.).

Verfahren seine Bewohner entwickelt haben. Das änderte sich, als Charles Howard Hinton 1907 ein Buch veröffentlichte, dessen Stil zwar ebenso flach ist wie seine Charaktere, das aber doch einen ersten Einblick in die bei zweidimensionalen Wesen mögliche Naturwissenschaft und Technik vermittelt.[2]

Dieses exzentrische Buch ist leider schon lange vergriffen, aber mein Buch *Logik unterm Galgen* (Vieweg, 1971) erzählt in dem Kapitel „Plattländer" einiges über seinen Inhalt. Dort habe ich geschrieben: „Es ist unterhaltsam, über zweidimensionale Physik und einfache mechanische Vorrichtungen, die in einer platten Welt funktionieren könnten, nachzudenken." Diese Bemerkung erregte die Aufmerksamkeit des Mathematikers A. K. Dewdney, eines Computerwissenschaftlers an der Universität von Western Ontario.[3] So unglaublich es klingt, er legte daraufhin die Grundlagen einer möglichen zweidimensionalen Welt fest, die er „Planiversum" nennt und in der für Chemie, Physik, Astronomie und Biologie eigene Gesetze gelten. Das Planiversum ist offenbar widerspruchsfrei und hat große Ähnlichkeit mit unserem eigenen Universum (das Dewdney Steriversum nennt). Für Dewdney, der damals schon in angesehenen Fachzeitschriften etwa 30 ernstzunehmende Beiträge veröffentlicht hatte, stellte diese bemerkenswerte Leistung übrigens lediglich einen unterhaltsamen Zeitvertreib dar.

Ähnlich wie in Hintons flacher Welt gibt es auch in Dewdneys Planiversum eine Erde, die wie bei Hinton Astria heißt. Astria ist ein scheibenartiger Planet, der im ebenen „Raum" rotiert. Die Astrianer, die sich aufrecht am Rand des Planeten bewegen, können Osten und Westen und oben und unten unterscheiden. Natürlich gibt es weder Norden noch Süden. Die „Achse" von Astria ist ein Punkt in der Mitte des kreisrunden Planeten. Man kann sich einen solchen flachen Planeten als wirklich zweidimensional vorstellen oder ihm eine ganz geringe Dicke zuschreiben

---

[2] C. H. Hinton: *An Episode of Flatland*, Swan, Sonnenschein & Co, 1907.

[3] Einige seiner ersten Vermutungen zu dieser Frage wurden zunächst 1978 intern und 1979 im *Journal of Recreational Mathematics* (Band 12, Nr. 1, S. 16–20) veröffentlicht. Noch im selben Jahr gab Dewdney privat eine 97 Seiten umfassende meisterhafte Abhandlung heraus („Two-dimensional Science and Technology").

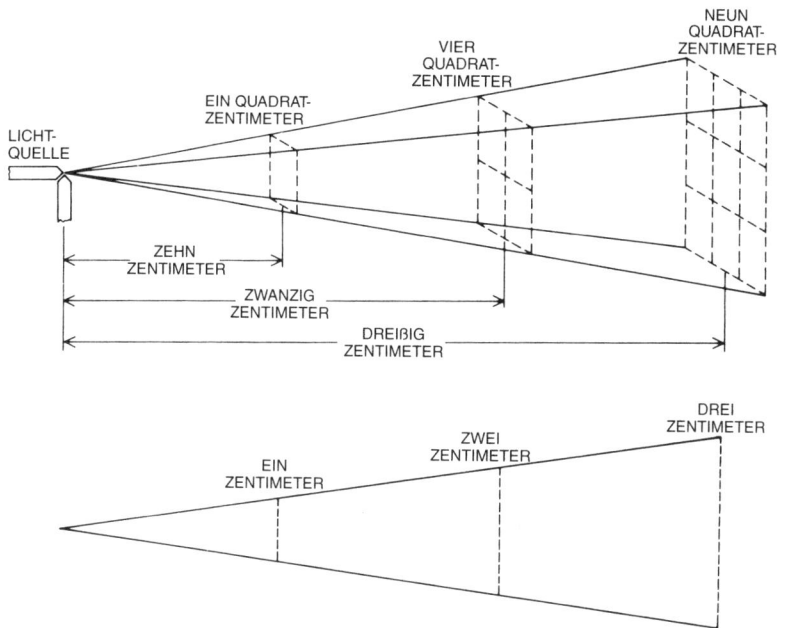

und sich vorstellen, er bewege sich zwischen zwei reibungslosen Ebenen.

Wie in unserer Welt herrscht auch im Planiversum zwischen den Körpern eine Kraft, die direkt proportional zum Produkt ihrer Massen und umgekehrt proportional zu ihrem Abstand ist, nicht also wie in unserer Welt umgekehrt proportional zum Quadrat des Abstands. Das folgt für Kräfte wie Elektromagnetismus und Schwerkraft aus der Annahme, daß sie in einem Planiversum geradlinig wirken. Das aus Lehrbüchern vertraute Bild in der obigen Abbildung zeigt, daß die Lichtstärke in unserer Welt proportional zum Reziproken des Quadrats der Entfernung abnimmt. Offensichtlich entspricht die Lage im Flächenland der in der unteren Abbildung.

Um sein amüsantes Projekt nicht „in müßige Spekulation ausarten zu lassen", stellt Dewdney zwei Grundprinzipien auf. Nach dem „Ähnlichkeitsprinzip" soll das Planiversum dem Steriversum

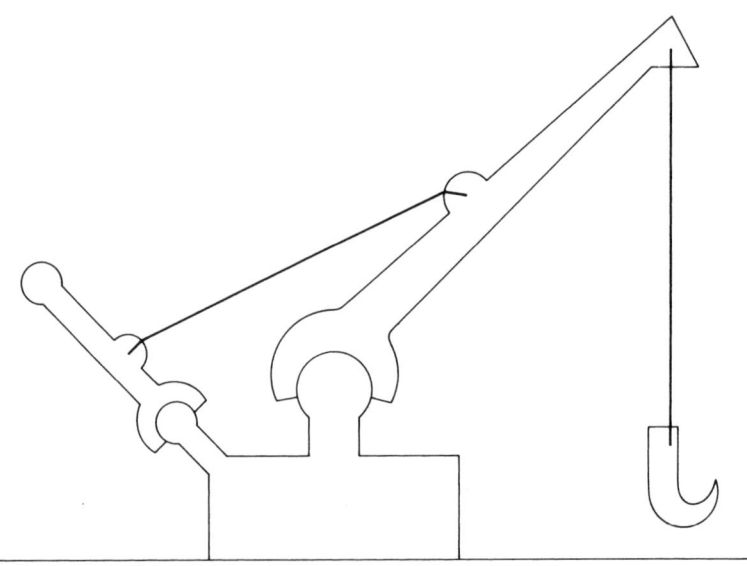

möglichst ähnlich sein: Eine Bewegung, auf die keine äußeren Kräfte wirken, verläuft auf einer Geraden, das flache Analogon zu einer Kugel ist ein Kreis und so weiter. Nach dem „Änderungsprinzip" soll in jenen Fällen, in denen man die Wahl zwischen zwei widerstreitenden Hypothesen hat, die beide gleich viel Ähnlichkeit mit einer steriversalen Theorie haben, die grundlegendere gewählt und die andere entsprechend abgeändert werden. Bei der Entscheidung, welche Hypothese grundlegender ist, verläßt sich Dewdney auf die bekannte Hierarchie, wonach die Physik grundlegender ist als die Chemie, die Chemie grundlegender als die Biologie und so weiter.

Dewdney veranschaulicht das Zusammenspiel der verschiedenen Theorien am Beispiel der Entwicklung des planiversalen Krans in obenstehender Abbildung. Der Ingenieur, der ihn entwarf, gab ihm zuerst schlankere Arme, als sie die Abbildung zeigt, verstärkte sie jedoch, als ein Metallurg darauf hinwies, daß planare Stoffe leichter brechen als ihre dreidimensionalen Entsprechungen. Später berechnete ein theoretischer Chemiker unter Berufung auf tieferliegende Ähnlichkeits- und Änderungsprinzipien, daß die Molekularkräfte im Planiversum viel stärker sind als erwartet, und der Ingenieur kehrte zu schlankeren Hebelarmen zurück.

Aufgrund des Ähnlichkeitsprinzips nimmt Dewdney an, daß das Planiversum ein dreidimensionales Raum-Zeit-Kontinuum ist, das Materie enthält, die sich aus Molekülen, Atomen und Elementarteilchen zusammensetzt. Energie breitet sich wellenförmig aus und ist quantisiert. Es gibt Licht aller Wellenlängen, das von planaren Linsen gebrochen wird, und deshalb gibt es auch planiversale Augen, planiversale Teleskope und Mikroskope. Wie im Steriversum gelten im Planiversum Grundbegriffe wie Kausalität, die Hauptsätze der Thermodynamik und Gesetze über Trägheit, Arbeit, Reibung, Magnetismus und Elastizität.

Dewdney nimmt an, daß sein Planiversum in einem Urknall entstand und sich seitdem stetig ausdehnt. Eine auf der Reziprozität von Schwerkraft und Entfernung beruhende einfache Rechnung zeigt, daß die Ausdehnung unabhängig von der Menge der im Planiversum enthaltenen Masse irgendwann einmal aufhören muß; dann beginnt die Phase der Kontraktion. Der Nachthimmel der Astrianer ist natürlich ein mit funkelnden Lichtpunkten übersäter Halbkreis. Wenn die Sterne eine Eigenbewegung haben, verdecken sie einander immer wieder; falls Astria einen Nachbarplaneten hat, verdunkelt er jeden Stern in regelmäßigen Abständen.

Wir können annehmen, daß Astria sich um eine Sonne und um die eigene Achse dreht, so daß es Tag und Nacht gibt. In einem Planiversum existiert, wie Dewdney entdeckte, keine andere stabile Bahn, die immer wieder in sich zurückführt, als die Kreisbahn. Es sind andere stabile Bahnen möglich, die nahezu elliptisch sind, aber da die Achse der Ellipse rotiert, sind sie niemals völlig geschlossen. Noch ist unbekannt, ob die planiversale Schwerkraft zuläßt, daß ein Mond mit einer stabilen Umlaufbahn Astria umläuft. Hier macht die Anziehungskraft der Sonne Schwierigkeiten; dieses Problem ist das Analogon zu unserem Drei-Körper-Problem.

Dewdney befaßt sich auch mit dem Wetter auf Astria und untersucht seine Entsprechungen zu unseren Jahreszeiten, Winden, Wolken und Regen. Auf Astria unterscheidet sich ein Fluß nur durch

Ordnungs-zahl	Name	Symbol	Elektronenkonfiguration 1s	2s	2p	3s	3p	3d	4s	4p ...	Valenz
1	Wasserstoff	H	1								1
2	Helium	He	2								2
3	Lithrogenium	Lt	2	1							1
4	Beroxygenium	Bx	2	2							2
5	Fluoron	Fl	2	2	1						3
6	Neokarbon	Nc	2	2	2						4
7	Sodalinum	Sa	2	2	2	1					1
8	Magnilikon	Mc	2	2	2	2					2
9	Aluphor	Ap	2	2	2	2	1				3
10	Schweflicium	Sp	2	2	2	2	2				4
11	Chlophor	Cp	2	2	2	2	2	1			5
12	Argofur	Af	2	2	2	2	2	2			6
13	Hintonium	Hn	2	2	2	2	2	2	1		1
14	Abbogen	Ab	2	2	2	2	2	2	2		2
15	Haroldium	Wa	2	2	2	2	2	2	2	1	3
16	Lauranium	La	2	2	2	2	2	2	2	2	4

seine größere Strömungsgeschwindigkeit von einem See. Da Wasser nicht wie auf der Erde um einen Felsen herumfließen kann, ergibt sich eine Besonderheit der Geologie: Regenwasser muß sich hinter Felsen an einem Hang stauen und sie dadurch allmählich ins Tal hinunter drücken. Je flacher der Hang ist, desto mehr Wasser sammelt sich an, und um so größer ist der Druck. Die Oberfläche von Astria sollte, so schließt Dewdney, außergewöhnlich eben und glatt sein, falls es dort regelmäßig regnet. Weil das Wasser nicht um Felsen herumfließen kann, könnte es auch in der Erde in Taschen steckenbleiben, und das könnte zu großen Bereichen mit gefährlichem Treibsand führen. Man kann nur hoffen, schreibt Dewdney, daß es auf Astria selten regnet. Auch der Wind hätte auf Astria viel größere Auswirkungen als auf der Erde, weil er, genau wie das Wasser, nicht „um etwas herum" wehen kann.

Dewdney widmet einen großen Teil seiner Abhandlung der Entwicklung einer plausiblen planiversalen Chemie, deren Gesetze jenen unserer dreidimensionalen Materie und der Quantenmechanik so ähnlich wie möglich sein sollen. Die Abbildung oben zeigt die ersten 16 planiversalen Elemente in Dewdneys Perioden-system. Weil die ersten beiden Elemente so gut mit ihren Entspre-chungen in unserer Welt übereinstimmen, heißen sie Wasserstoff und Helium. Mit Ausnahme von Kohlenstoff haben die nächsten 10 Elemente zusammengesetzte Namen, die auf die steriversalen Elemente anspielen, denen sie am meisten ähneln; so verbindet beispielsweise Lithrogenium die Eigenschaften von Lithium und Stickstoff (englisch Lithium und Nitrogen). Die letzten vier Ele-mente sind nach Hinton, Abbott und dem jungen Liebespaar Ha-rold Wall und Laura Cartwright in Hintons Roman benannt.

Auch in der flachen Welt verbinden sich Atome zu Molekülen, aber natürlich sind nur Bindungen erlaubt, die sich in einem pla-naren Graphen darstellen lassen. Das muß so sein, weil es in der steriversalen Chemie keine sich überschneidenden Bindungen gibt. Wie in unserer Welt können zwei asymmetrische Moleküle Spiegelbilder voneinander sein, die also nicht durch „Drehung" zur Deckung gebracht werden können. Es gibt auffallende Paral-lelen zwischen der planiversalen Chemie und dem Verhalten von steriversalen einatomigen Schichten auf Kristallen.[4] In unserer Welt können Moleküle in 230 Raumgruppen kristallisieren, im Planiversum jedoch nur in 17 Anordnungen. Leider kann ich hier nicht darauf eingehen, welche Spekulationen Dewdney über die Diffusion von Molekülen, die Gesetze für den Elektromagnetis-mus, die Analoga zu den Maxwellschen Gleichungen und andere Themen anstellt, weil die Darstellung zu viele technische Einzel-heiten erfordert.

Nach Dewdney bestehen Tiere auf Astria aus Zellen, die ähn-lich wie in der steriversalen Biologie Knochen, Muskeln und Ge-webe bilden. Er schildert anschaulich, welche Form diese Kno-chen und Muskeln haben müssen, um ihre Gliedmaßen bewegen und also kriechen, laufen, fliegen und schwimmen zu können. Ei-nige dieser Bewegungsformen lassen sich in einem Planiversum sogar leichter durchführen als in unserer Welt. So hat beispielswei-se ein steriversales zweibeiniges Tier beträchtliche Probleme,

---

[4] Siehe „Twodimensional Matter", von J. G. Dash, *Scientific American*, Mai 1973.

beim Gehen das Gleichgewicht zu halten, während ein Tier, das im Planiversum beide Beine auf dem Boden hat, unmöglich umfallen kann. Ein fliegendes Tier im Planiversum kann keine Flügel haben und braucht sie auch nicht, denn wenn der Körper aerodynamisch günstig geformt ist, dient er zugleich als Flügel (Luft kann ja nur in der Ebene, also oberhalb und unterhalb von ihm, vorüberstreichen). Als Propeller könnte den fliegenden Tieren auf Astria ihr Schwanz dienen, wenn sie ihn auf und ab bewegen.

Es läßt sich auch berechnen, daß der Stoffwechsel der Lebewesen auf Astria vermutlich viel geringer als auf der Erde ist, weil durch ihre Körperoberfläche relativ wenig Wärme verlorengeht. Außerdem können die Knochen dünner als auf der Erde sein, weil sie weniger Gewicht zu tragen haben. Natürlich kann kein astrianisches Tier eine leere Röhre als Verdauungstrakt haben, der sich vom Mund zum After erstreckt, denn dann würde es in zwei Teile zerfallen.

Im Anhang seines Buches über die Struktur und die Evolution des Universums behauptet G. J. Whithrow, daß sich in einem zweidimensionalen Raum keine intelligenten Wesen entwickeln könnten, weil die Zweidimensionalität den Nervenverbindungen strenge Einschränkungen auferlegt. „In drei oder mehr Dimensionen", schreibt er, „können beliebig viele Nervenzellen paarweise miteinander verbunden werden, ohne daß sich die Verbindungen überschneiden, aber in zwei Dimensionen gilt das für höchstens vier Zellen". Dewdney weist dagegen darauf hin, daß flache Netzwerke von Nervenzellen genau so komplex sein können wie räumliche, wenn Nervenpulse über „Kreuzungspunkte" hinweggefeuert werden können. Ein planiversaler Verstand würde jedoch langsamer arbeiten als ein steriversaler, weil die Impulse in zweidimensionalen Netzen öfter unterbrochen werden. Die Theorie zweidimensionaler Automaten liefert ähnliche Ergebnisse.

Dewdney beschreibt im einzelnen den Körperbau eines astrianischen Fischweibchens. Es hat ein Außenskelett und trägt einen Beutel unbefruchteter Eier zwischen den beiden Schwanzmuskeln. Der Fisch ernährt sich, indem er die Nahrung in seinem Inneren von einer Nahrungszelle zur nächsten weiterwandern läßt.

Eine isolierte Zelle erhält Nahrung durch eine Membran, die sich jeweils nur an einer Stelle öffnen kann. Wenn die Zelle andere Zellen berührt, wie es in einem Gewebe der Fall ist, kann sie sich auch an mehr als einer Stelle öffnen, weil dann die umgebenden Zellen dafür sorgen, daß sie nicht zerfällt. Wir können natürlich alle inneren Organe des Fisches oder jeder anderen planiversalen Lebensform sehen, genau wie ein vierdimensionales Wesen alle unsere inneren Organe sehen könnte.

Dewdney zeichnet, wie Hinton, seine astrianischen Menschen schematisch als Dreiecke mit zwei Armen und zwei Beinen. Hintons Astrianer schauen immer in dieselbe Richtung, nämlich die Männer nach Osten und die Frauen nach Westen. Beide Geschlechter haben die Arme vorn und an der Spitze des Dreiecks ein einziges Auge, wie die Abbildung oben links zeigt. Dewdneys Astrianer dagegen sind spiegelsymmetrisch gebaut und haben jeweils einen Arm, ein Bein und ein Auge an jeder Seite, wie in der mittleren Abbildung zu sehen ist. Diese Astrianer können also wie irdische Vögel oder Pferde in entgegengesetzte Richtungen sehen. Natürlich können Astrianer nur dann aneinander vorbeikommen, wenn sie übereinander hinwegkriechen oder springen. In der Abbildung rechts sehen Sie, wie ich mir einen Astrianer vorstelle. Die Gliedmaßen dienen je nach der Blickrichtung als Arme oder Beine. Mit seinen beiden Käferaugen kann er „flächig" sehen. Die Welt einäugiger Astrianer wäre im wesentlichen eindimensional, was eine nur enge Wahrnehmung der Wirklichkeit erlaubt. Andererseits könnten Teile von Objekten im Planiversum möglicherweise an der Farbe zu erkennen sein, und wenn die Linse des Auges fokussieren kann, könnte sich eine Illusion von Tiefe ergeben.

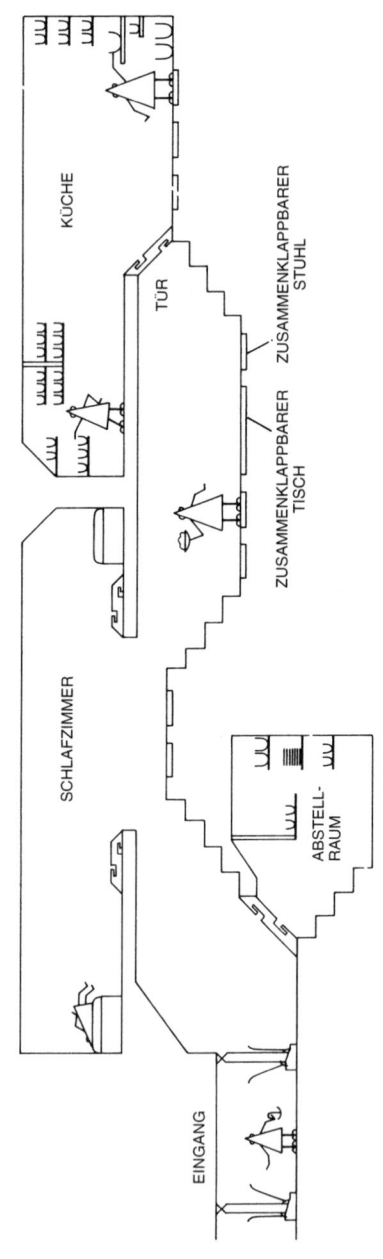

KÜCHE

TÜR

ZUSAMMENKLAPPBARER
STUHL

ZUSAMMENKLAPPBARER
TISCH

SCHLAFZIMMER

ABSTELL-
RAUM

EINGANG

20

Hausbau und Rasenmähen sind Unterfangen, die auf Astria viel müheloser sind als auf der Erde, weil viel weniger Materie bewegt werden muß. Andererseits ergeben sich, wie Dewdney zeigt, auch in einer zweidimensionalen Welt beträchtliche Probleme: „Wenn wir annehmen, daß die Oberfläche des Planeten die Lebensgrundlage für Tiere und Pflanzen darstellt, also Ackerbau und Viehzucht die Grundlage der Ernährung sind, ist klar, daß die Oberfläche des Planeten nur sehr wenig zerstört werden darf. Auf der Erde können wir beispielsweise eine Autobahn mitten durch fruchtbares Ackerland bauen und dabei nicht mehr als einen kleinen Bruchteil des Landes vernichten. Eine entsprechende Autobahn auf Astria ließe nichts von dem Nutzland übrig, über das sie hinweggeht … Ähnlich würden größere Städte rasch das verfügbare Ackerland aufbrauchen. Der astrianischen Zivilisation bleibt nur die Möglichkeit, unter die Erde zu gehen." Die Abbildung auf der linken Seite zeigt ein typisches unterirdisches Haus mit einem Wohnzimmer, zwei Schlafzimmern und einer Abstellkammer. Tische und Stühle sind zusammenklappbar und werden in Vertiefungen im Fußboden untergebracht, wenn Bewegungsfreiheit gewünscht wird.

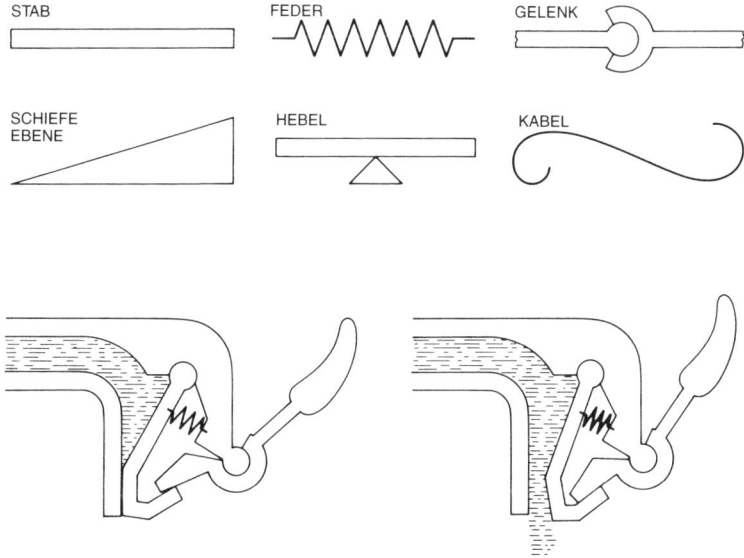

STAB FEDER GELENK
SCHIEFE EBENE HEBEL KABEL

Zu den vielen einfachen dreidimensionalen mechanischen Hilfsmitteln, die auf Astria offensichtliche Entsprechungen haben, gehören Stangen, Hebel, schiefe Ebenen, Federn, Scharniere, Seile und Kabel (vgl. die Abbildung auf Seite 21). Räder können auf dem Boden gerollt werden, aber ohne sich dabei um eine feste Achse zu drehen. Natürlich gibt es weder Schrauben, noch kann man Knoten machen, andererseits können sich Fäden aber auch niemals verwirren. Röhren und Pfeifen müssen Zwischenwände haben, damit sie nicht auseinanderfallen, und diese müssen geöffnet werden (aber niemals

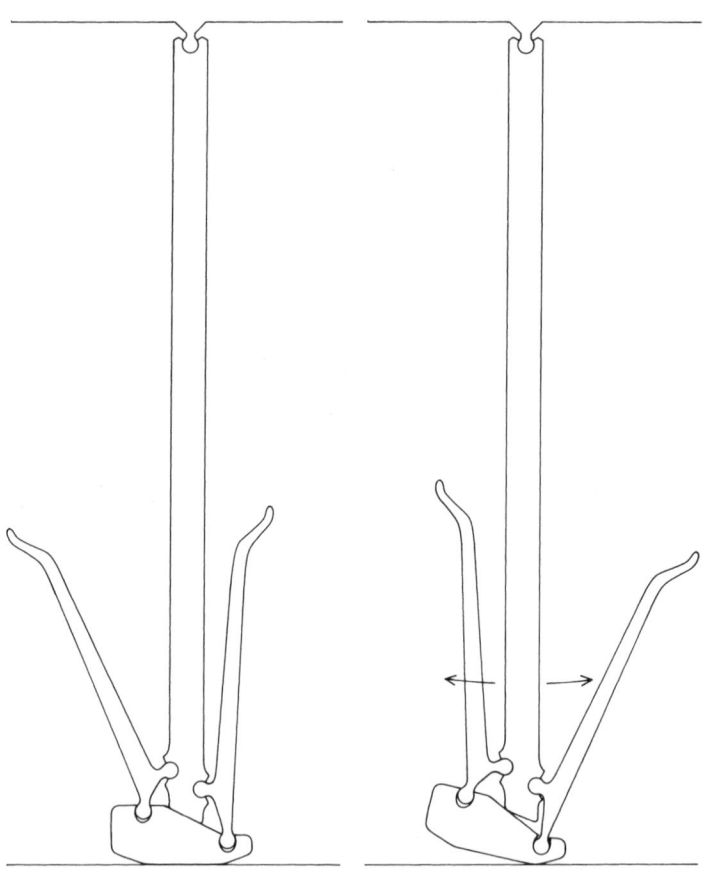

alle gleichzeitig), wenn etwas hindurchgelangen soll. Es ist bemerkenswert, daß trotz dieser großen Einschränkungen viele flache Apparate gebaut werden können, die funktionieren. Die Abbildung auf der Seite 21 zeigt unten einen von Dewdney entworfenen Wasserhahn. Er läßt sich öffnen, indem man den Griff nach oben drückt, denn dadurch wird das Ventil von der Wand des Hahns weggezogen, und das Wasser kann hinauslaufen. Wenn der Griff losgelassen wird, drückt die Feder das Ventil in die Ausgangsstellung zurück.

Die Abbildung auf der linken Seite zeigt eine Vorrichtung, mit der sich eine Tür (oder Wand) öffnen oder schließen läßt. Wenn der rechte Hebel nach unten gezogen wird, schiebt sich der Schuh unter der Tür nach links, und dadurch kann die beweglich in die Decke eingehängte Tür-Säule nach oben schwingen – sie nimmt nämlich den Schuh und die Hebel mit. Die Tür wird von links geöffnet, wenn der Hebel den Schuh nach oben zieht. Sie läßt sich von beiden Seiten schließen; der Keil kehrt an seinen Ausgangsort zurück und sichert die Tür, wenn der Hebel in die geeignete Richtung gedrückt wird. Dieses Instrument und der Wasserhahn haben planiversale Scharniere, nämlich kreisförmige Knöpfe, die sich im Inneren von Hohlräumen drehen, aber nicht aus ihnen herausgezogen werden können.

Die Abbildung auf Seite 24 zeigt eine planiversale Dampfmaschine, die ähnlich funktioniert wie eine steriversale. Wenn das Schiebeventil, das eine der Wände der Dampfmaschine bildet, geöffnet ist (oben), strömt der unter Druck stehende Dampf in den Zylinder der Dampfmaschine. Der Dampf drückt einen Kolben nach rechts, bis er in einen darüberliegenden Behälter entweichen kann. Wenn der Druck abnimmt, drückt die Blattfeder rechts vom Zylinder den Kolben wieder nach links (unten). Das Schiebeventil schließt sich, wenn der Dampf in die Vorratskammer entweicht, öffnet sich aber wieder, wenn der Kolben sich zurückzieht, weil er dann von einer Blattfeder nach rechts gezogen wird.

Die Abbildung auf Seite 25 zeigt Dewdneys geistreichen Mechanismus zum Öffnen einer Tür mit einem Schlüssel. Dieses planiversale Schloß besteht aus drei großen Zapfen, die je einen gegeneinander verschiebbaren oberen und unteren Teil haben (a)

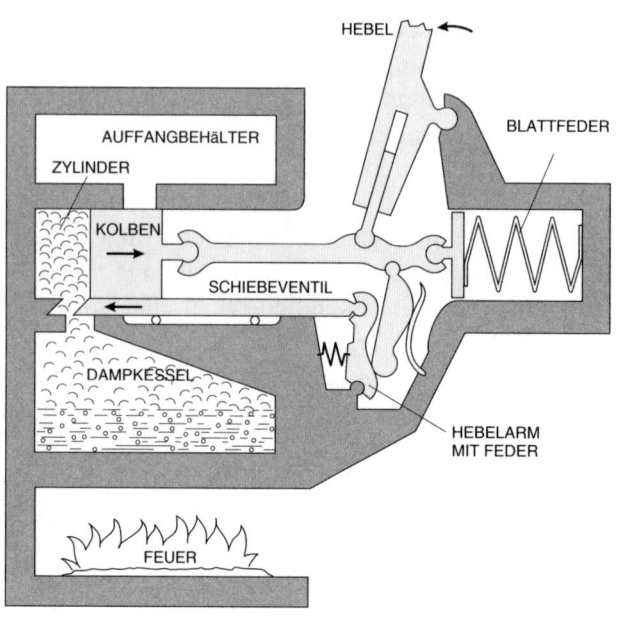

HEBEL

BLATTFEDER

AUFFANGBEHäLTER

ZYLINDER

KOLBEN

SCHIEBEVENTIL

DAMPKESSEL

HEBELARM MIT FEDER

FEUER

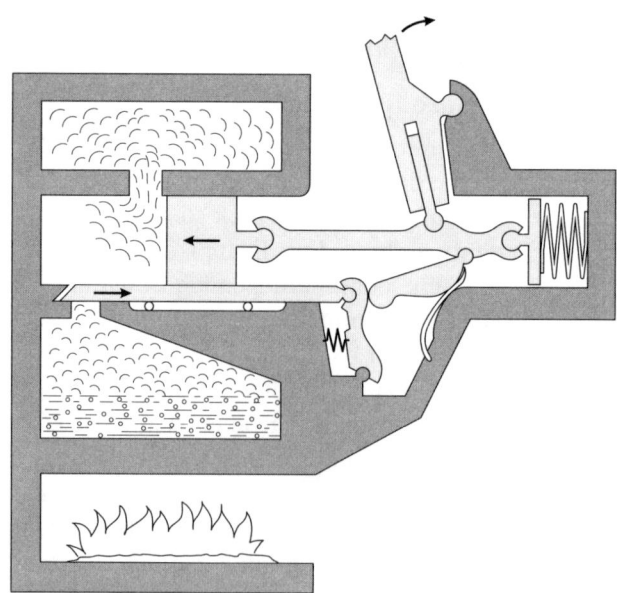

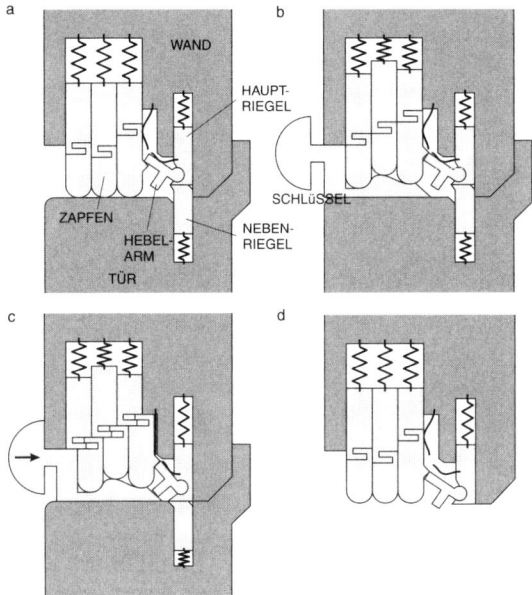

und die sich, wenn ein Schlüssel eingesteckt wird (b), so anordnen, daß sich die untere Hälfte als Einheit bewegt, wenn der Schlüssel hineingeschoben wird (c). Der Druck auf den Schlüssel wird durch einen Hebelarm auf den Hauptriegel übertragen, der einen Nebenriegel nach unten drückt, bis die Tür nach rechts aufschwingt (d). Der Zapfen am Hebelarm und die Schnauze am Nebenriegel sorgen dafür, daß das Schloß nicht leicht aufzubrechen ist. Einfache und zusammengesetzte Blattfedern bewirken, daß bis auf den Hebelarm alle Teile des Schlosses in ihre Ausgangsstellung zurückkehren, wenn die Tür geöffnet und der Schlüssel herausgezogen wird. Wenn die Tür geschlossen wird, drückt sie gegen den Zapfen auf dem Hebelarm, der dann ebenfalls wieder in seine ursprüngliche Position zurückschnappt. Dieses flache Schloß könnte auch im Steriversum funktionieren; man schiebt den Schlüssel nur hinein, ohne ihn zu drehen. „Es ist ein reizvoller Gedanke", schreibt Dewdney, „daß die ziemlich ausgefallenen Bedingungen, die den planiversalen Konstruktionen enge Grenzen setzen, uns zu einem so anderen Denken zwingen, daß sich für alte Probleme völlig neue Lösungen ergeben. Wenn sich planiversale Konstruktionen in unserer dreidimensionalen Welt verwirklichen lassen, sparen sie natürlich immer sehr viel Platz."

Noch bleiben Tausende faszinierender planiversaler Probleme ungelöst. Kann man, so fragt Dewdney etwa, einen zweidimensionalen Motor konstruieren, der sich mit gespannten flachen Federn oder Gummibändern aufziehen läßt, die Energie speichern können? Welcher Entwurf für planiversale Uhren, Telephone, Bücher, Schreibmaschinen, Autos, Fahrstühle oder Computer ist der beste? Brauchen manche Maschinen einen Ersatz für das Rad mit Achse? Oder setzen sie Elektrizität voraus?

Der Versuch, Maschinen für eine Welt zu erfinden, die, wie Dewdney sagt, „unserer zugleich ähnlich und doch seltsam anders ist", bereitet ein merkwürdiges Vergnügen. Dewdney schreibt: „Aus ganz wenigen Annahmen ergeben sich viele Phänomene, und das vermittelt das Gefühl, diese zweidimensionale Welt könnte wirklich sein. Man spricht plötzlich, ohne es zu wollen, von *dem* Planiversum, und nicht mehr von *einem* Planiversum ... Diejenigen, die sich mit ihm beschäftigen, spüren eine sonderbare Freude, die der eines Forschungsreisenden vergleichbar ist, der ein Land erkundet, in dem seine eigenen Wahrnehmungen dafür, welche Landschaft sich seinen Augen darbietet, eine wichtige Rolle spielen."

Diese Erkundung hat einige keineswegs triviale philosophische Aspekte. Wenn man ein Planiversum konstruieren will, merkt man bald, daß man nicht ohne eine Reihe von Axiomen auskommt. Leibniz nannte sie die kompossiblen Elemente einer jeden möglichen Welt, weil sie eine logisch konsistente Struktur ermöglichen. Aber wie Dewdney betont, beruht die Naturwissenschaft in unserer Welt hauptsächlich auf Beobachtungen und Experimenten; aus ihnen lassen sich die zugrundeliegenden Axiome nicht leicht erschließen. Wenn wir ein Planiversum konstruieren, gibt es nichts zu beobachten. Wir können nur in Gedankenexperimenten herauszufinden versuchen, was wir beobachten könnten. „Das Leid des Experimentators", sagt Dewdney, „ist die Freude des Theoretikers."

Ich könnte mir eine wunderbare Ausstellung von funktionierenden Modellen planiversaler Maschinen vorstellen, die aus Karton oder Blechplatten ausgeschnitten sind und auf einer schiefen Ebene stehen, die die planiversale Schwerkraft simuliert. Man könnte auch planiversale Landschaften, Städte und Häuser wunderbar darstellen. Dewdney hat ein neues Spiel erfunden, das die Kenntnis sowohl der Naturwissenschaft als auch der Mathematik voraussetzt, nämlich die Erkundung einer unbegrenzten Phantasiewelt, über die wir bisher fast nichts wissen.

*

Astrianer könnten wohl zweidimensionale Brettspiele spielen, was aber für sie so mühsam wäre wie für uns Spiele auf dreidimensionalen „Brettern". Sie vergnügen sich, wie ich vermute, lieber auf dem Analogon unseres 8 × 8-Schachbretts mit linearen Spielen. Die Abbildung auf Seite 28 zeigt einige dieser Brettspiele. Zeile a gibt die Ausgangsstellung eines Damespiels wieder. Die Figuren ziehen jeweils nur ein Feld nach vorn, und es besteht Schlagzwang. Dieses Spiel entspricht unserem Damespiel, das auf die Hauptdiagonale eines Standardbretts beschränkt ist. Wie sich leicht sehen läßt, gewinnt der zweite Spieler, wenn er fehlerfrei spielt, genau wie bei der Schlagdame immer der erste Spieler gewinnt. Lineare Damespiele lassen sich um so schwerer analysieren, je länger das Spielbrett ist. Welcher Spieler gewinnt beispielsweise auf einem Brett mit 11 Feldern, wenn bei jedem Spieler zu Beginn des Spiels die ersten vier Felder an seinem Ende des Bretts besetzt sind?

Zeile b der Abbildung zeigt ein vergnügliches astrianisches Analogon zum Schachspiel. Auf einem linearen Brett gibt es natürlich keinen Läufer, und Dame und Turm sind nicht zu unterscheiden, deshalb gibt es nur König, Springer und Turm. Die einzige Regeländerung betrifft den Springer, der in beliebige Richtung zwei Felder zieht und dabei auch ein besetztes Feld überspringen darf. Wie geht das Spiel aus, wenn beide Spieler fehlerfreie Züge machen? Gewinnt Weiß oder Schwarz, oder gibt es ein Unentschieden? Die Beantwortung der Frage ist überraschend schwierig.

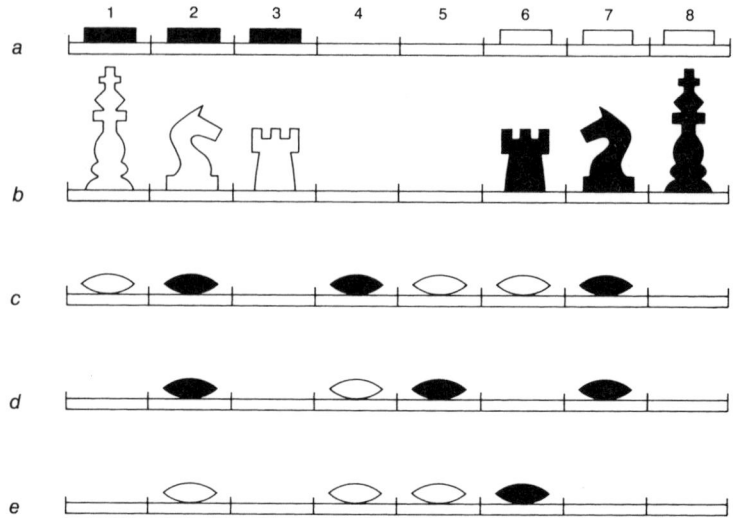

Auch lineares Go ist keineswegs trivial, wenn es auf diesem Brett gespielt wird. Die von mir beschriebene, hier erstmals veröffentlichte Fassung wurde vor 10 Jahren von dem Mathematiker James Marston Henle erfunden, der es „Pinch" nannte.

Bei diesem Spiel setzen die Spieler abwechselnd schwarze und weiße Steine auf die Felder des linearen Bretts, und immer, wenn die Steine eines Spielers von denen des anderen umgeben sind, werden die eingeschlossenen Steine weggenommen. So sind beispielsweise beide Gruppen weißer Steine in der Zeile c eingeschlossen. Pinch wird nach den folgenden beiden Regeln gespielt:

Regel 1: Ein Stein darf nur dann auf ein Feld gesetzt werden, auf dem er von gegnerischen Steinen umzingelt ist, wenn er damit selbst gegnerische Steine umzingelt. In der Situation in Zeile d darf Weiß nicht auf Feld 1, 3 oder 8 setzen, wohl aber auf Feld 6, weil damit der Stein auf Feld 5 umzingelt wird.

Regel 2: Ein Stein darf nicht auf ein Feld gelegt werden, von dem im letzten Zug ein Stein entfernt wurde, wenn mit diesem Zug Steine eingeschlossen werden sollen. Ein Spieler muß mindestens einen Zug abwarten, bevor er einen solchen Zug macht.

Wenn beispielsweise in Zeile e der Abbildung Schwarz auf Feld 3 setzt und die weißen Steine von Feld 4 und 5 nimmt, darf Weiß bei seinem nächsten Zug nicht auf Feld 4 setzen (um Feld 3 zu umzingeln), wohl aber später. Weiß darf aber auf Feld 5 setzen, obwohl dort gerade ein Stein weggenommen wurde, weil mit diesem Zug keine Steine umzingelt werden. Genau wie die entsprechende Regel des Go-Spiels hilft diese Regel, Pattsituationen zu vermeiden.

Beim Pinch mit zwei Feldern gewinnt natürlich der zweite Spieler. Das Spiel mit drei und vier Feldern gewinnt der erste Spieler, wenn er in dem Spiel mit drei Feldern das mittlere Feld besetzt und in dem mit vier Feldern eines der beiden mittleren. Das Spiel mit fünf Feldern wird vom zweiten Spieler gewonnen und das mit sechs und sieben Feldern vom ersten. Das Spiel mit acht Feldern ist schon recht kompliziert und dadurch sehr interessant. Die Situationen wechseln sehr rasch; meistens gibt es nur einen einzigen Zug, der zum Gewinn führt.

Antworten

Beim Damespiel mit 11 Feldern (bei dem zu Beginn auf den Feldern 1, 2, 3 und 4 schwarze Steine stehen und auf den Feldern 8, 9, 10 und 11 weiße) sind die ersten beiden Züge zwingend: Schwarz nach 5 und Weiß nach 7. Um nicht zu verlieren, geht Schwarz dann nach 4, und Weiß muß antworten und nach 8 ziehen. Schwarz muß anschließend nach 3 gehen und Weiß nach 9. An diesem Punkt verliert Schwarz mit einem Zug nach 2, gewinnt aber mit einem Zug nach 6. In diesem Fall springt Weiß nach 5 und dann Schwarz nach 6, womit das Spiel gewonnen ist.

Auf dem linearen Schachbrett mit acht Feldern kann Weiß in höchstens sechs Zügen gewinnen. Von den vier Eröffnungszügen, die Weiß machen kann, führt TxT sofort zu einem Patt und dem kürzestmöglichen Spiel. T5 führt rasch zu einem Gewinn für Schwarz, wenn Schwarz TxT spielt. Hier muß Weiß mit S4 antworten, und Schwarz kann im zweiten Zug mit TxS mattsetzen. Dieses Spiel ist eines der beiden „Narrenmatts" oder kürzestmöglichen

Gewinnspiele. Der Eröffnungszug T4 ermöglicht Schwarz ein Matt beim nächsten oder übernächsten Zug, indem mit S5 geantwortet wird.

Weiß kann nur durch eine Eröffnung mit S4 gewinnen. Schwarz hat dann drei Möglichkeiten:

1. TxS: In diesem Fall gewinnt Weiß in zwei Zügen mit TxT.

2. Tx5: Weiß gewinnt mit K2. Wenn Schwarz T6 spielt, setzt Weiß mit TxS matt. Wenn Schwarz den Springer nimmt, nimmt Weiß den Turm, Schwarz zieht nach S5, und Weiß schlägt den schwarzen Springer und setzt dadurch matt.

3. Sx5: Dieser Zug schiebt das Schachmatt für Schwarz am längsten hinaus. Um zu gewinnen, muß Weiß mit TxS Schach bieten, was den schwarzen König auf 7 zwingt. Weiß geht dann mit dem Turm auf 4. Wenn Schwarz KxS spielt, geht der weiße König nach 2, was Schwarz zu K7 zwingt; dann gewinnt Weiß mit TxS. Wenn Schwarz S3 spielt (Schach), geht Weiß mit dem König auf 2; dann muß Schwarz den Springer ziehen. Wenn Schwarz S1 spielt, setzt Weiß mit S8 matt. Wenn Schwarz S5 spielt, zwingt Weiß Schwarz mit S8 zu KxS, und dann setzt Weiß mit TxS matt.

Auch bei Pinch, dem linearen Go, mit acht Feldern gewinnt der erste Spieler, wenn er den ersten Stein auf das zweite Feld vom Rand aus setzt. Dieser Zug führt auch beim Spiel mit sechs und sieben Feldern zum Gewinn. Nehmen wir an, der erste Spieler habe auf Feld 2 gesetzt. Er kann nur gewinnen, wenn er die Züge seines Gegners auf 3, 4, 5, 6, 7 und 8 beziehungsweise mit 5, 7, 7, 7, 5 und 6 beantwortet. Ich überlasse es den Lesern, sich den Rest des Spiels zu überlegen. Es ist nicht bekannt, ob es andere Eröffnungen gibt, die zum Gewinn führen. James Henle, der Erfinder von Pinch, versichert mir, daß der zweite Spieler beim Spiel auf neun Feldern den Gewinn erzwingen kann. Er hat den Spielverlauf auf Spielbrettern mit mehr als neun Feldern noch nicht untersucht.

Addenda

Mein Artikel über das Planiversum traf auf enormes Interesse. Dewdney erhielt einige tausend Briefe mit Gedanken zu Wissenschaft und Technik in Flächenland. Er veröffentlichte 1981, also schon zwei Jahre nach seiner Monographie von 1979, ein weiteres Buch zur zweidimensionalen Naturwissenschaft und Technik (*A Symposium of Two-Dimensional Science and Technology*) mit Aufsätzen bekannter Naturwissenschaftler, Mathematiker und Laien, die er den Kategorien Physik, Chemie, Astronomie, Biologie und Technologie zuordnete. *Newsweek* besprach diese Arbeiten in einem zweiseitigen Artikel („Life in Two Dimensions", 18. Januar 1980), und ein ähnlicher Artikel erschien in der kanadischen Zeitschrift *Maclean's* („Scientific Dreamers' Worldwide Cult", 11. Januar 1982). *Omni* zeigte in der Ausgabe vom März 1983 in einem Artikel „Plattland Redux" sogar ein Foto, in dem Dewdney und ein Astrianer sich die Hände schütteln.

Dewdney faßte all dies 1984 in einem großartigen Buch zusammen, das halb Fachbuch ist und halb Phantasie.[5] In diesem Jahr übernahm er auch die Kolumne, die der *Scientific American* der Mathematik widmet, auf deutsch ist sie jeweils unter dem Titel „Computer Kurzweil" bei *Spektrum der Wissenschaft* erschienen; darin beschäftigte sich Dewdney überwiegend mit Computerspielereien. Mehrere Zusammenfassungen seiner Beiträge sind bei W. H. Freeman in Buchform erschienen.

Heute befaßt sich eine aktive Forschungsrichtung der Physik mit planaren Phänomenen. Dazu gehört die Erforschung der Eigenschaften von Flächen, die mit einer monomolekularen Schicht bedeckt sind, und einer Vielzahl von zweidimensionalen elektrostatischen und elektronischen Wirkungen. Die Erkundung möglicher Plattländer hat auch Bezug zu einer philosophischen Moderichtung, die „mögliche Welten" heißt. Extreme Vertreter dieser Bewegung behaupten sogar, daß ein Universum, wenn es logisch möglich ist – wenn es also keine logischen Widersprüche

---

[5] Alexander K. Dewdney: *Das Planiversum*, Wien, Zsolnay, 1985.

aufweist –, genauso „wirklich" ist wie die „Rundwelt", in der wir leben.

Arthur Clarke, der berühmte Autor von *Odyssee 2001*, beschreibt in *Childhood's End* einen riesigen Planeten, in dem starke Schwerkraft das Leben gezwungen hat, fast flache Formen anzunehmen, die eine vertikale Dicke von einem Zentimeter haben.

Im *Scientific American* von Oktober 1980 erschienen zwei Leserbriefe zu meinem Artikel, die ich in gekürzter Form wiedergeben möchte. John S. Harris vom Englisch-Department der *Brigham Young University* schrieb:

Als ich in Martin Gardners Aufsatz über Naturwissenschaft und Technik in einem zweidimensionalen Universum von Alexander Keewatin Dewdneys planiversalen Apparaten las, fiel mir die Ähnlichkeit mit dem Schloßsystem der Mauser-Militärpistole von 1896 auf.[6] Diese bemerkenswerte automatische Pistole, von der es später viele Varianten gab, hatte in ihren Funktionsteilen weder Stifte noch Schrauben. Ihre Funktion beruhte ausschließlich auf ineinandergreifenden Flächen und zweidimensionalen Muffen (Dewdney nennt sie Scharniere). Tatsächlich folgt das Schloßsystem sehr vieler Feuerwaffen, besonders jener des 19. Jahrhunderts, im wesentlichen planiversalen Prinzipien, wie man an den Schnittzeichnungen im Book of Pistols and Revolvers *von W. H. B. Smith sehen kann.*

Gardner schlägt eine Ausstellung von Maschinen vor, die aus Karton oder Blech geschnitten sind. Genau solche Modelle stellte John Browning, das Genie der Feuerwaffen, her. Er skizzierte die Teile eines Gewehrs auf Papier oder Karton und schnitt dann die einzelnen Teile mit einer Schere aus (er trug oft eine kleine Schere in seiner Westentasche). Gewöhnlich sagte er dann zu seinem Bruder Ed: „Mach mir solch ein Teil." Ed fragte zurück: „Wie dick, Jon?" Jon zeigte mit Daumen und Zeigefinger die Dicke an, Ed maß die Spanne mit dem Tastzir-

---

[6] Die Mauser-Pistolen wurden von den Brüdern Paul und Wilhelm Mauser entworfen und in ihrem Werk in Oberndorf am Neckar hergestellt (Anm. d. Übers.).

kel und stellte das Teil her. Im Ergebnis ist praktisch jedes Teil
der etwa 100 Entwürfe von Browning eigentlich eine aus einer
Platte geschnittene zweidimensionale Form. Gerade wegen die-
ser Planiversalität aber sind die meisten von Brownings Entwür-
fen heute veraltet. Dewdney sagt in seiner Begeisterung für das
Planiversum, daß „solche Geräte immer raumsparend sind".
Das stimmt. Sie sind aber auch teuer in der Herstellung. Die
Teile für die Browning mußten von Kopierfräsmaschinen herge-
stellt werden, also von Maschinen, die beim Fräsen vorgegebe-
nen Konturen folgen. Die Kosten für diese Art der Herstellung
sind viel höher als für die Fertigung auf Dreh- oder Ziehbänken
oder durch Stanzen oder Feinguß. Obwohl die von Browning
geschaffenen Waffen wunderschön aussehen und reibungslos
funktionieren, werden sie deswegen fast alle nicht mehr herge-
stellt. Ihre Herstellung ist einfach zu teuer.

Der Mathematiker Stefan Drobot von der *Ohio State University*
machte die folgenden Bemerkungen:

In Martin Gardners Artikel haben er und die von ihm zitierten
Verfasser offenbar übersehen, daß in einem „Planiversum" jede
Kommunikation mittels eines Wellenvorgangs, ob akustisch
oder elektromagnetisch, unmöglich ist. Dies folgt aus Huygens'
Prinzip, das eine mathematische Eigenschaft der (grundlegen-
den) Lösungen der Wellengleichung beschreibt. Genauer gesagt:
Ein scharfes Signal von der Art eines Impulses (dargestellt durch
eine „Delta-Funktion"), das von einem Punkt ausgeht, breitet
sich in einem dreidimensionalen Raum ganz anders aus als in
einem zweidimensionalen Raum. In einem dreidimensionalen
Raum bewegt sich das Signal als scharfkantige sphärische Welle
fort, die keinerlei Spur hinterläßt. Die Verständigung mit Hilfe
von Wellenvorgängen ist für uns deshalb möglich, weil sich
zwei Signale, die einander in kurzem Zeitabstand folgen, von-
einander unterscheiden lassen.
In einem zweidimensionalen Raum jedoch stellt die Fundamen
tallösung der Wellengleichung eine Welle dar, die zwar ebenfalls

einen scharfen Rand hat, aber theoretisch eine unendlich lange Spur hinterläßt. Ein Beobachter in fester Entfernung von der Quelle des Signals würde das Ankommen der Wellenfront (Schall, Licht etc.) wahrnehmen und sie, obwohl ihre Intensität im Lauf der Zeit abnimmt, immer weiter wahrnehmen. Weil es dadurch unmöglich wird, zwei aufeinanderfolgende Signale zu unterscheiden, ist die Kommunikation mit Hilfe von Wellenprozessen hier theoretisch ausgeschlossen. In der Praxis würde eine solche Kommunikation sehr lange dauern. Dieser Brief könnte im Planiversum nicht gelesen werden, obwohl er (fast) zweidimensional ist.

Viele interessante Leserbriefe haben sich mit meinen linearen Dame- und Schachspielen beschäftigt. Abe Schwartz versicherte mir, daß auf dem Damefeld mit 11 Feldern Schwarz auch bei Schlagdame gewinnt. I. Richard Lapidus schlug vor, lineares Schach abzuändern, (a) indem man Springer und Turm vertauscht (das Spiel ist ein Patt), (b) indem man die Anzahl der Felder vergrößert, (c) indem man Bauern hinzufügt, die schlagen können, indem sie ein Feld nach vorn rücken, oder (d) indem man diese drei Varianten kombiniert. Wenn das Spielbrett lang genug ist, kann man, wie er vorschlägt, auch die Figuren verdoppeln – zwei Springer, zwei Türme – und mehrere Bauern hinzufügen, wobei ein Bauer wie im üblichen Schach zu Spielbeginn einen Zug über zwei Felder machen darf. Peter Stampolis schlug vor, den Springer durch zwei Figuren zu ersetzen, die er „Kops" nannte und die eine Art Kreuzung von Springer und Läufer darstellen. Der eine Kop bewegt sich nur auf weißen Feldern, der andere nur auf schwarzen.

Natürlich bieten sich auch bei vielen anderen Brettspielen lineare Formen an, so bei Reversi (das auch Othello genannt wird) oder bei dem von John Conway erfundenen Phutball, das in dem von Elwyn Berlekamp, Richard Guy und Conway verfaßten zweibändigen Buch *Winning Ways* beschrieben wird.

Bulgarische Patience und andere scheinbar endlose Aufgaben, mit denen man auch dann fertig wird, wenn man es gar nicht will

Mit unnützem Bemühen,
Für immer und ewig
Rollt Sisyphus
Seinen Stein den Berg hinauf.

Henry Wadsworth Longfellow
Die Maske der Pandora

Stellen Sie sich vor, Sie hätten einen Korb mit 100 Eiern, die Sie in Eierkartons legen sollen. Ein Schritt (oder Zug) besteht darin, entweder ein Ei in einen Karton hineinzutun oder ein Ei aus einem Karton herauszunehmen und in den Korb zurückzulegen. Sie gehen so vor: Nachdem Sie zweimal nacheinander ein Ei in einen Karton gelegt haben, legen Sie ein Ei aus einem Karton zurück in den Korb. Dies ist sicherlich keine besonders effiziente Art, die Eier zu verpacken, aber offensichtlich sind irgendwann doch alle Eier in den Kartons.

Nehmen Sie jetzt an, die Anzahl der Eier im Korb sei zwar endlich, aber beliebig groß. Die Aufgabe ist natürlich unbeschränkt, wenn Sie mit beliebig vielen Eiern anfangen dürfen. Liegt die Anzahl jedoch einmal fest, ist auch der Anzahl der zum Verpacken nötigen Schritte eine obere Grenze gesetzt.

Die Lage ist jedoch eine ganz andere, wenn die Regeln es erlauben, jederzeit beliebig viele Eier in den Korb zurückzulegen, denn selbst wenn zu Beginn nur zwei Eier im Korb lagen, ist der Anzahl der benötigten Schritte keine obere Grenze gesetzt. Je nach Regel kann die Aufgabe, eine endliche Anzahl von Eiern zu verpacken, also eine sein, die ein Ende haben muß, die kein Ende haben kann oder bei der man selbst entscheiden kann, ob sie endlich ist oder unendlich lange andauert.

Wir schauen uns jetzt mehrere Aufgaben der Unterhaltungsmathematik an, bei denen man jeweils das Gefühl hat, die Vollendung der Aufgabe lasse sich beliebig hinausschieben, obwohl sie nach einer endlichen Anzahl von Schritten unvermeidlich ist.

Unser erstes Beispiel stammt aus einer Arbeit des Philosophen, Logikers und Schriftstellers Raymond M. Smullyan. Stellen Sie sich vor, Sie hätten einen unbegrenzten Vorrat an Billardkugeln, die alle mit je einer positiven ganzen Zahl beschriftet sind. Zu jeder positiven ganzen Zahl gibt es immer unendlich viele Kugeln mit dieser Zahl. Außerdem haben Sie einen Behälter mit endlich vielen numerierten Kugeln, den Sie leeren sollen, indem Sie jeweils eine Kugel herausnehmen und durch eine beliebige, aber endliche Anzahl von Kugeln ersetzen, die eine kleinere Zahl haben. Die einzige Ausnahme bilden die Kugeln mit der Zahl 1; sie können nicht ersetzt werden, da es keine Kugeln gibt, auf denen eine kleinere Zahl als 1 steht.

Der Kasten läßt sich selbstverständlich in endlich vielen Schritten leeren, wenn man einfach jede Kugel mit einer Zahl größer als 1 durch eine Kugel mit der Zahl 1 ersetzt, bis es nur noch Kugeln mit der Zahl 1 gibt, die dann einzeln herausgenommen werden. Die Regeln erlauben es jedoch, eine Kugel mit einer Zahl größer als 1 durch eine *beliebige* endliche Anzahl von Kugeln mit niedrigerer Zahl zu ersetzen. So kann man beispielsweise eine Kugel mit der Zahl 1000 durch eine Milliarde Kugeln mit der Zahl 999 ersetzen, mit 10 Milliarden mit der Zahl 998, mit einer Milliarde Milliarden mit der Zahl 997 und so weiter. Auf diese Weise kann die Anzahl der Kugeln im Kasten bei jedem Schritt über jedes vorstellbare Maß anwachsen. Kann so nicht verhindert werden, daß der

Kasten je leer wird? So unglaublich es zunächst klingen mag: Es gibt keine Möglichkeit, mit dieser Aufgabe nicht fertig zu werden.

Die Anzahl der Schritte, die nötig sind, um den Kasten zu leeren, ist übrigens in einem viel strengeren Sinn unbegrenzt als bei der Aufgabe mit den Eiern. Nicht nur gibt es keine Obergrenze für die Anzahl der Kugeln, mit denen man beginnt, sondern es gibt auch keine Obergrenze für die Anzahl der Kugeln, mit denen man eine Kugel mit einer Zahl größer als 1 ersetzen könnte, nachdem man sie herausgenommen hat. John Horton Conway nennt solche Vorgänge „unbegrenzt unbegrenzt". Solange der Kasten außer Kugeln vom Rang 1 auch nur eine andere Kugel enthält, läßt sich zu keiner Zeit vorhersagen, wie viele Schritte nötig sein werden, bis nur noch Einer-Kugeln im Kasten sind. Wenn alle Kugeln die Zahl 1 haben, sind zum Leeren des Kastens natürlich so viele Schritte nötig, wie er Kugeln enthält. Aber auch wenn man die Kugeln so geschickt wie möglich ersetzt, wird der Kasten schließlich nach einer endlichen Anzahl von Schritten leer sein. Natürlich wird dabei vorausgesetzt, daß Sie, auch wenn Sie nicht unsterblich sind, doch lange genug leben, um die Aufgabe beenden zu können.

Dieses überraschende Ergebnis wurde 1979 von Smullyan veröffentlicht.[1] Er gibt mehrere Beweise, darunter einen einfachen Beweis durch Induktion. Ich kann ihn nicht verbessern:

Das Spiel ist offensichtlich verloren, wenn alle Kugeln im Kasten den Rang 1 haben. Nehmen wir an, keine Kugel im Kasten habe einen höheren Rang als 2. Dann haben wir zu Beginn eine endliche Anzahl von Kugeln mit der Zahl 2 und eine endliche Anzahl von Kugeln mit der Zahl 1. Wir können nicht immer nur Kugeln mit der Zahl 1 herausgreifen, sondern wir müssen früher oder später eine unserer Kugeln mit der Zahl 2 weglegen. Dann haben wir eine Zweier-Kugel weniger im Kasten (aber möglicherweise viel mehr Einer-Kugeln als zu Beginn). Wieder können wir nicht

---

[1] „Trees and Ball Games", *Annals of the New York Academy of Sciences*, Band 321, S. 86–90.

immer nur Einer-Kugeln weglegen, und deshalb müssen wir früher oder später eine erste Zweier-Kugel aussondern. Wie wir sehen, müssen wir nach endlich vielen Schritten schließlich auch unsere letzte Zweier-Kugel hinauswerfen, und dann sind wir wieder in der Situation, in der wir nur Einer-Kugeln haben. Wie wir schon wissen, ist das Spiel dann verloren. Der Vorgang muß also ein Ende haben, wenn es keine Kugeln mit einer höheren Zahl gibt als 2. Und wenn die größte Zahl 3 ist? Wir können, wie wir gerade bewiesen haben, nicht immer nur Kugeln mit Zahlen ≤ 2 herausnehmen, sondern müssen früher oder später eine Kugel mit der Zahl 3 weglegen. Dann wieder müssen wir früher oder später eine andere mit der Zahl 3 nehmen und schließlich auch unsere letzte Dreier-Kugel. Dies reduziert das Problem auf den vorhergehenden Fall, in dem keine Kugel eine Zahl ≥ 2 hat, und den haben wir schon gelöst.

Smullyan gibt einen weiteren Beweis dafür, daß das Spiel einmal aufhören muß. Dazu simuliert er es mit einem Baumdiagramm. Ein „Baum" ist als eine Menge von Verbindungsstrecken zweier Punkte zu verstehen, wobei jeder Punkt auf einem eindeutig bestimmten Streckenzug liegt, der zu einem als Wurzel des Baums bezeichneten Punkt führt. Der erste Schritt des Kugelspiels, das Füllen des Kastens, wird nachgeahmt, indem man jede Kugel durch einen Punkt darstellt, mit einer Zahl versieht und durch einen Strich mit der Baumwurzel verbindet. Man simuliert das Ersetzen einer Kugel durch Kugeln mit niedrigerer Zahl, indem man die alte Zahl ausradiert und in der Reihe darüber neue Punkte einzeichnet, die für die neuen Kugeln stehen; die neuen Kugeln, die sozusagen eine höhere Ebene darstellen, werden mit dem Punkt verbunden, an dem die Kugel entfernt wurde. Auf diese Weise wächst der Baum stetig nach oben; seine „Endpunkte" (Punkte, die nicht die Wurzel sind und nur Endpunkt einer Strecke, nicht auch Anfangspunkt einer neuen) zeigen immer an, welche Kugeln in diesem Stadium des Spiels im Kasten sind.

Smullyan beweist, daß dieser Baum, wenn er je unendlich wird (also unendlich viele Punkte hat), mindestens einen Zweig haben muß, der sich immer weiter nach oben erstreckt. Das ist jedoch offensichtlich unmöglich, weil die Zahlen entlang seiner Zweige von unten nach oben kleiner werden und deshalb schließlich bei 1 aufhören müssen. Wenn der Baum endlich ist, muß das durch ihn dargestellte Spiel ein Ende haben. Wie bei dem Beweis mit den Kugeln gibt es keine Möglichkeit vorherzusagen, wie viele Schritte nötig sind, bis der Baum ausgewachsen ist und alle Endpunkte die Nummer 1 haben. Die Anzahl dieser Einer-Punkte kann natürlich größer sein als die Anzahl der Elektronen im Universum oder jede noch so große Zahl. Trotzdem ist das Spiel keine Sisyphusarbeit. Es hört ganz bestimmt nach einer endlichen Anzahl von Zügen auf.

Smullyans Theorem, das er als erster durch ein Kugelspiel veranschaulichte, leitet sich aus Sätzen her, die mit dem Ordnen von Mengen zu tun haben und auf die Arbeit von Georg Cantor über transfinite Ordnungszahlen zurückgehen. Es ist eng verwandt mit einem tiefen Satz über unendliche Mengen endlicher Bäume, der zuerst von Joseph B. Kruskal und später, in einer einfacheren Form, von C. St. J. A. Nash-Williams bewiesen wurde. Vor einigen Jahren haben Nachum Dershowitz und Zohar Manna mit Hilfe ähnlicher Überlegungen gezeigt, daß manche Computerprogramme, die „unbegrenzt unbegrenzte" Operationen enthalten, schließlich anhalten müssen.

Ein Spezialfall von Smullyans Kugelspiel ergibt sich, wenn man, wie in der Abbildung auf der nächsten Seite, einen endlichen Baum von der Wurzel aufwärts numeriert. Mit einer symbolischen Axt darf man jeden Endpunkt zusammen mit seinem anhängenden Streckenzug abhacken und dann an einem beliebigen Ort beliebig viele neue Zweige anbringen, solange die neuen Punkte alle eine niedrigere Zahl haben als der abgeschnittene. So sehen wir in der Abbildung ein mögliches neues Wachstum, nachdem ein Vierer-Punkt entfernt wurde. Obwohl der Baum nach jedem Beschneiden Abermillionen neue Zweige wachsen lassen kann, ist der Baum doch nach endlich vielen Schlägen gefällt. Anders als beim allgemeineren Kugelspiel können wir nicht jeden beliebigen Punkt entfernen, sondern nur Endpunkte, aber weil jeder entfernte Punkt

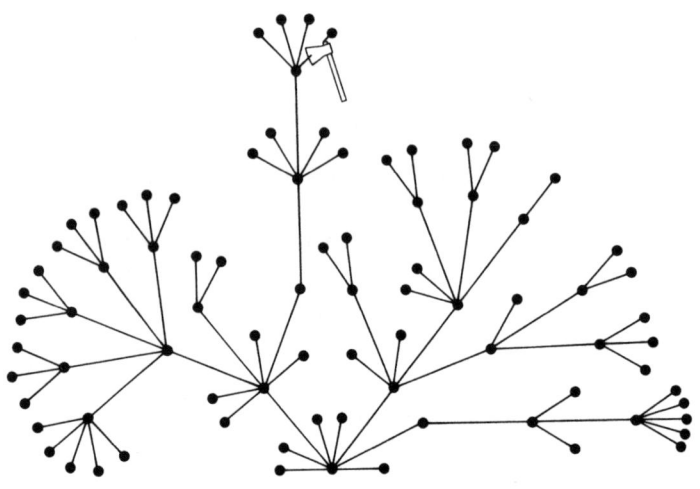

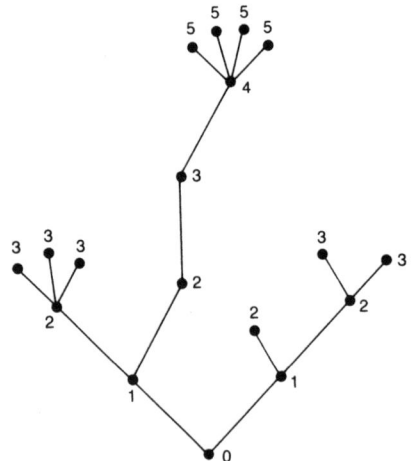

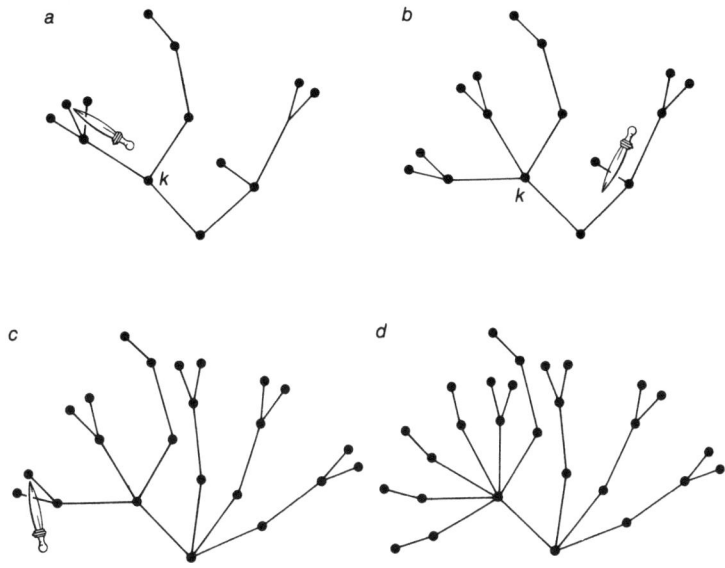

durch Punkte mit niedrigerem Rang ersetzt wird, gilt Smullyans
Satz auch hier. Der Baum wird möglicherweise bei jedem Beschneiden ungeheuer viel buschiger, aber er wird auch bodennäher,
bis er schließlich nur noch Buschwerk ist.

Laurie Kirby und Jeff Paris haben eine kompliziertere Möglichkeit vorgeschlagen, einen Baum zu fällen.[2] Sie nennen ihr
Baumdiagramm eine Hydra. Die Endpunkte entsprechen den
Köpfen der Hydra; Herkules möchte das Ungeheuer töten, indem
er ihm alle Köpfe abschlägt. Mit einem Kopf fällt auch der daran
hängende Streckenzug. Leider wachsen der Hydra nach dem ersten Schlag ein oder mehrere neue Köpfe, denn von einem Punkt
(wir nennen ihn k), der eine Stufe unter dem verlorenen Ast steht,
wächst jeweils ein neuer Zweig, der eine genaue Kopie des Teils
der Hydra darstellt, der sich von k aus nach oben erstreckt. Die

---

[2] *The Bulletin of the London Mathematical Society*, Band 14, Teil 4, Nr. 49, S. 285–293,
Juli 1983.

Abbildung b zeigt die Hydra, nachdem Herkules ihr den Kopf abgeschlagen hat, auf den das Schwert in (a) weist.

Die Lage wird für Herkules immer verzweifelter, denn wenn er seinen zweiten Hieb versetzt, wachsen genau unter dem abgeschlagenen Teil *zwei* Kopien nach (c), und nach dem dritten Hieb sogar drei (d) und so weiter. Im allgemeinen wachsen bei jedem n. Hieb n Kopien. Es gibt keine Möglichkeit, die Punkte der Hydra so zu benennen, daß dieses Wachstum Smullyans Kugelspiel entspricht. Aber unabhängig davon, in welcher Reihenfolge Herkules die Köpfe abschlägt, wird die Hydra, wie Kirby und Paris zeigen, schließlich auf eine Reihe von Köpfen reduziert (davon kann es Millionen geben, auch wenn die Ausgangsform des Ungeheuers einfach ist), die alle unmittelbar mit der Wurzel verbunden sind. Sie werden dann einer nach dem anderen abgeschlagen, bis die Hydra aus Mangel an Köpfen stirbt. Diese Überlegung beruht auf einem bemerkenswerten zahlentheoretischen Satz des britischen Logikers R. L. Goodstein.

Man versteht das Hydraspiel besser, wenn man sich den Baum als einen Satz ineinandergeschachtelter Kästen vorstellt. Jeder Kasten enthält alle Kästen, die den erreichten Ästen entsprechen, wenn man am Baum hochklettert, und wird jeweils mit der Maximalzahl der in ihm enthaltenen Verschachtelungen bezeichnet. In der ersten Abbildung der Hydra ist die Wurzel also ein Kasten mit Rang 4. Unmittelbar darüber ist links ein Kasten mit Rang 3, rechts einer mit Rang 2 und so weiter. Alle Endpunkte sind leere Kästen mit Rang 0. Jedesmal, wenn ein 0-Kasten (der Kopf einer Hydra) entfernt wird, verdoppelt sich der Kasten unmittelbar darunter (mit seinem gesamten Inhalt), aber jede der Kopien und auch das Original enthalten jetzt einen leeren Kasten weniger. Schließlich ist man gezwungen, ähnlich wie beim Kugelspiel den Rang der Kugeln, hier die Ränge der Kästen zu reduzieren. Wie bei dem von Smullyan geführten Induktionsbeweis läßt sich zeigen, daß irgendwann alle Kästen leer sind; anschließend werden sie einzeln weggenommen.

Ich verdanke diese Überlegung Dershowitz; er wies mich darauf hin, daß der Hydra keineswegs bei jeder Enthauptung mehr als n neue Zweige wachsen müssen, denn sie muß ihr Leben auch dann verlieren, wenn nach jedem Hieb höchstens endlich viele neue Kopien wachsen. Herkules braucht dann vielleicht viel länger, bis er das Ungeheuer erschlagen hat, aber der Tod der Hydra ist auf Dauer unvermeidlich, wenn Herkules unermüdlich weiter zuschlägt. Die Hydra wächst übrigens immer nur in die Breite, nicht in die Höhe. In den Graphen einiger der komplizierteren Wachstumsprogramme von Dershowitz und Manna können die Bäume sowohl höher als auch breiter werden; und bei ihnen ist der Beweis, daß sie gefällt werden können, natürlich schwieriger zu führen.

Unser nächstes Beispiel für eine Aufgabe, die sich endlos in die Länge zu ziehen scheint, ist als das Problem der 18 Löcher bekannt. Man beginnt mit einer Strecke, auf die man irgendwo einen Punkt zeichnet. Dann zeichne man einen zweiten Punkt, so daß jeder der beiden Punkte in einer anderen Hälfte der Strecke liegt. Die Hälften werden als „geschlossene Intervalle" betrachtet, die Endpunkte zählen also nicht zum Inneren des Intervalls. Jetzt zeichne man einen dritten Punkt so, daß jeder der drei Punkte in einem anderen Drittel der Strecke liegt. Wie man sieht, können die ersten beiden Punkte nicht einfach irgendwo liegen. Sie dürfen beispielsweise nicht in der Mitte der Strecke eng benachbart sein oder beide an einem Ende liegen, sondern müssen sorgfältig so ausgewählt werden, daß dann, wenn der dritte Punkt hinzukommt, alle drei je in einem anderen Drittel der Strecke liegen. Man zeichnet dann weiter jeden n. Punkt so ein, daß die ersten n Punkte immer auf anderen 1/n. Teilen der Strecke liegen. Wie viele Punkte lassen sich bei sorgfältiger Wahl der Orte auf der Strecke einzeichnen?

Dem Gefühl nach würde man erwarten, daß es unendlich viele solche Punkte geben sollte. Offensichtlich läßt sich jede Strecke beliebig oft unterteilen, und jeder dieser Teile kann einen Punkt enthalten. Der Haken ist, daß die Punkte nacheinander numeriert werden müssen, um die Bedingungen der Aufgabe zu erfüllen. Erstaunlicherweise stellt sich heraus, daß man nicht mehr als 17 Punkte einzeichnen kann! Der 18. Punkt muß unabhängig davon, wie klug man die 17 Punkte gesetzt hat, immer die Regeln verletzen, und damit hat das Spiel ein Ende. Es ist nicht einmal leicht,

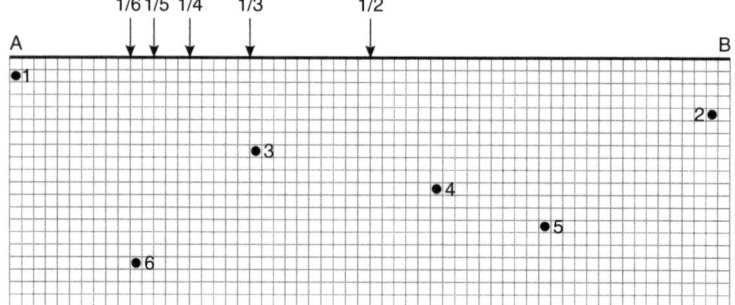

10 Punkte zu finden. Die Abbildung zeigt eine Möglichkeit, 6 Punkte anzuordnen.

Dieses ungewöhnliche Problem wurde zuerst von dem polnischen Mathematiker Hugo Steinhaus gestellt,[3] der eine Lösung für 14 Punkte gibt und in einer Fußnote bemerkt, der Warschauer Mathematiker M. Warmus habe bewiesen, daß 17 der Höchstwert ist.[4] Warmus gibt eine Lösung für 17 Punkte an und fügt hinzu, daß es 768 verschiedene Lösungen gibt, und sogar 1536, wenn man ihre Spiegelbilder mitzählt.

Unser letztes Beispiel einer Aufgabe, die plötzlich ein überraschendes Ende hat, läßt sich gut mit Spielkarten veranschaulichen. Ihr Ursprung ist unbekannt, aber Graham, der mir davon erzählte, sagt, daß europäische Mathematiker sie aus ihm unbekannten Gründen als Bulgarische Patience bezeichnen. Man braucht dazu eine Dreieckszahl von Spielkarten; mit Dreieckszahl bezeichnet man die Teilsummen der Reihe 1 + 2 + 3 + ..., denn sie lassen sich wie 10 Kegel oder 15 Billardkugeln in Dreiecksform anordnen. Die größte Dreieckszahl, für die die üblichen Canasta-Karten ausreichen, ist 45, die Summe der ersten neun natürlichen Zahlen.

---

[3] *Kaleidoskop der Mathematik*, Berlin, VEB, 1959.
[4] Der erste veröffentlichte Beweis stammt von Elwyn R. Berlekamp und Ronald L. Graham: „Irregularities in the Distributions of Finite Sequences", *Journal of Number Theory* (Band 2, Nr. 2, S. 152–161, Mai 1970). Warmus hat seinen kürzeren Beweis erst sechs Jahre später in derselben Zeitschrift veröffentlicht (Band 8, Nr. 3, S. 260–263, August 1976).

Man nehme also einen Stoß von 45 Karten und teile ihn in beliebig viele Stapel, die jeder beliebig viele Karten haben können. Man kann ihn als einen einzigen Stapel mit 45 Karten belassen oder ihn in zwei, drei oder mehr Stapel aufteilen oder ihn auch 44mal teilen und 45 einzelne Karten nebeneinanderlegen. Jetzt richtet man sich nach dem folgenden Verfahren: Nehmen Sie von jedem Stapel eine Karte und legen Sie alle diese Karten in einem neuen Stapel irgendwo auf den Tisch – die Anordnung ist unwichtig. Wiederholen Sie die Prozedur beliebig oft.

Da sich die Anordnung der Haufen immer wieder unregelmäßig verändert, scheint es fast ausgeschlossen zu sein, daß sich je ein Zustand ergeben wird, in dem es einen Stapel mit einer Karte, einen mit zwei Karten, einen mit drei Karten und so weiter bis hin zu einem mit neun Karten gibt. Wenn dieser unwahrscheinliche Zustand erreicht wurde, ohne daß man in Schleifen gefangen ist, die das Spiel in einen früheren Zustand zurückführen, ist das Spiel aus, weil sich jetzt nichts mehr ändern kann, denn die Wiederholung des letzten Verfahrens läßt die Anordnung unverändert. Überraschenderweise stellt sich heraus, daß man diesen aufsteigenden Zustand unabhängig vom Anfangszustand immer in endlich vielen Zügen erreichen kann.

An der Bulgarischen Patience lassen sich einige keineswegs triviale Probleme der Partitionstheorie illustrieren. Als Partition einer natürlichen Zahl n bezeichnet man all die Möglichkeiten, eine positive ganze Zahl ohne Rücksicht auf ihre Reihenfolge als Summe natürlicher Zahlen darzustellen. So hat beispielsweise die Dreieckszahl 3 die drei Partitionen 1 + 2, 1 + 1 + 1 und 3. Wenn man einen Stapel Spielkarten in eine beliebig große Anzahl von Haufen mit jeweils beliebig vielen Karten teilt, bildet man eine Partition dieses Stapels. Bulgarische Patience ist eine Möglichkeit, eine Partition in eine andere zu verwandeln, indem man von jeder Zahl in der Partition 1 abzieht und dann eine Zahl hinzufügt, die gleich der Anzahl der subtrahierten Einsen ist. Es ist keineswegs offensichtlich, daß dieses Verfahren immer zu einer Kette von Partitionen führt, die sich nicht wiederholen, und schließlich zur „Orgelpfeifen-Partition". Man sagte mir, dieser Satz sei zuerst

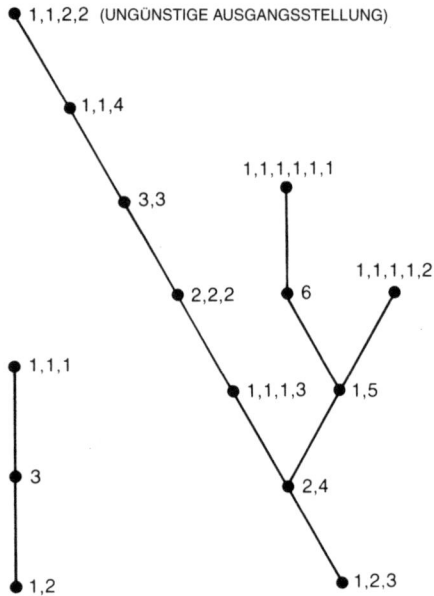

1,1,2,2 (UNGÜNSTIGE AUSGANGSSTELLUNG)

1,1,4

3,3

1,1,1,1,1

2,2,2   6

1,1,1,1,2

1,1,1

1,1,1,3   1,5

3

2,4

1,2

1,2,3

1981 von dem dänischem Mathematiker Jørgen Brandt bewiesen worden, aber ich kenne seinen Beweis nicht.

Auch die Bulgarische Patience läßt sich für jede beliebige Dreieckszahl als ein Baum darstellen, bei dem die Orgelpfeifen-Partition an der Wurzel steht und alle anderen Partitionen durch die Punkte des Baums dargestellt werden. Links in der Abbildung oben sehen wir den einfachen Baum für das Spiel mit drei Karten. Rechts in der Abbildung sehen wir den weniger trivialen Baum mit den 11 Partitionen von sechs Karten. Der Satz, daß jedes Spiel mit der Orgelpfeifen-Partition endet, ist äquivalent mit dem Satz, daß alle Partitionen einer Dreieckszahl sich als zusammenhängenden Baum darstellen lassen, wobei jede Partition im Baum eine Stufe über ihrem Nachfolger ist und die Orgelpfeifen-Partition an der Wurzel.

Der höchste Punkt des Baums mit sechs Karten ist sechs Stufen über der Wurzel. Diese Partition 1, 1, 2, 2 ist die „ungünstigste" Ausgangsstellung. Es ist leicht zu sehen, daß das Spiel von jeder

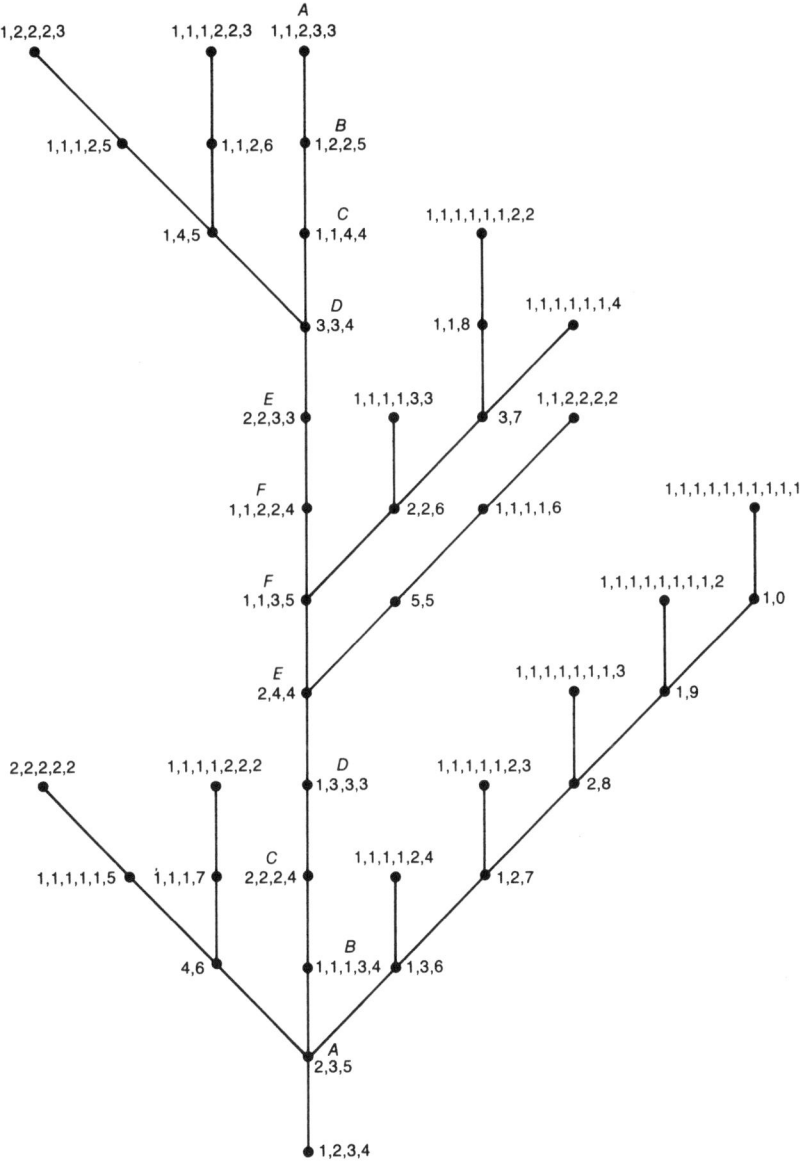

47

Ausgangssituation aus nach nicht mehr als sechs Schritten endet. Man hat vermutet, daß jedes Spiel nach nicht mehr als $k(k-1)$ Schritten aufhören muß, wobei k eine beliebige positive ganze Zahl aus der Formel $1/2\,k\,(k+1)$ für Dreieckszahlen ist. Vor einigen Jahren bat der Computerwissenschaftler Donald E. Knuth seine Studenten an der Stanford University, diese Vermutung mit dem Computer zu überprüfen. Sie bestätigten sie für k kleiner oder gleich 10, so daß sie fast sicher wahr ist, aber bis jetzt ist noch kein Beweis gelungen.

Die Abbildung auf Seite 47 zeigt den Baum für die Bulgarische Patience mit 10 Karten (k = 4). In diesem Fall gibt es drei „ungünstigste Fälle", von denen jeder 12 Stufen über der Wurzel liegt. Dieser Baum hat 14 Endpunkte, die wir Paradies-Partitionen nennen, weil sie sich nie im Spiel ergeben, sondern nur als Ausgangsstellung möglich sind. Es sind all jene Partitionen, deren Anzahl von Teilen die höchste Anzahl von Teilen um 2 oder mehr übertrifft.

Links in der Abbildung unten sieht man, wie man die Partitionen 1, 1, 2, 3, 3 in der Krone des Baums üblicherweise durch Punkte darstellt. Wenn man diese Figur dreht und spiegelt, ergibt sich die Anordnung rechts, deren Zeilen die Partition 2, 3, 5 ergeben. Partitionen, die durch Drehen und Spiegeln ineinander übergehen, heißen zueinander konjugiert. Die Beziehung ist offensichtlich symmetrisch. Eine Partition, die gleich ihrer Konjugation ist, heißt selbst-konjugiert. In dem der Zahl 10 zugehörigen Baum gibt es nur zwei solche Partitionen, nämlich die Wurzel und 1, 1, 1, 2, 5. Wenn man die anderen Partitionen ihren Konjugierten zuordnet und jeweils mit demselben Buchstaben bezeichnet, ergibt sich längs des Stamms eine überraschende Symmetrie. Diese Symmetrie stellt sich am Hauptstamm aller bisher untersuchten Bulgarischen Bäume ein.

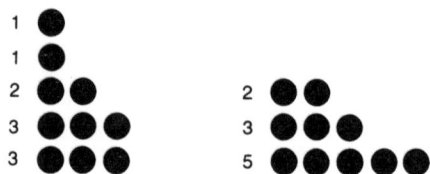

Wenn die Symmetrie für alle diese Bäume gilt, können wir problemlos den ungünstigsten Fall an der Krone bestimmen. Er entspricht dem Konjugierten der Partition (es gibt immer nur eine) direkt über der Wurzel. Noch einfacher läßt sich der Baumwipfel finden, wenn man vor die Wurzel eine 1 setzt und die letzte Zahl um eins vermindert.

Die Schritte bei der Bulgarischen Patience lassen sich auch veranschaulichen, indem man die linke Spalte ihres Punktmusters entfernt, sie um 90° dreht und als neue Zeile unten anfügt. Nur Diagramme der Form 1, 2, 3, 4 ... bleiben dadurch unverändert. Wenn man zeigen könnte, daß nur Operationen auf Orgelpfeifen-Partitionen einen Graphen unverändert lassen, wäre bewiesen, daß sich alle Bulgarischen Spielgraphen als Bäume darstellen lassen und deshalb dann aufhören müssen, wenn ihre Wurzel erreicht ist.

Wenn das Spiel mit 55 Karten gespielt wird (k = 10), gibt es 451 276 mögliche Partitionen, und der Baum wäre nicht leicht zu zeichnen. Selbst der Baum mit 15 Karten und 176 Punkten läßt sich kaum ohne Hilfe eines Computers bewältigen. Wie berechnet man diese Zahlen? Das ist eine lange und spannende Geschichte. Nehmen wir an, die Partitionen seien geordnet, so daß beispielsweise die Zahl 3 vier geordnete Partitionen hätte (sie werden gewöhnlich „Kompositionen" genannt): $1 + 2, 2 + 1, 1 + 1 + 1$ und 3). Die Formel für die Gesamtzahl der Kompositionen ist, wie gezeigt, einfach $2n - 1$. Wenn aber die Partitionen wie bei einer Patience ungeordnet sind, ist die Lage unglaublich kompliziert. Obwohl es viele rekursive Verfahren gibt, ungeordnete Partitionen zu zählen, die sich zunutze machen, daß man schon weiß, wie viele Partitionen es für alle kleineren Zahlen gibt, kennt man erst seit sechzig Jahren eine asymptotische Formel. Der große Durchbruch gelang dem britischen Mathematiker G. H. Hardy, der daran mit seinem indischen Freund Srinivasa Ramanujan arbeitete. Ihre nicht ganz zutreffende Formel wurde 1937 von Hans A. Rademacher vervollkommnet. Die Hardy-Ramanujan-Rademacher-Formel ist ein gräßliche Folge, in der (unter anderem) Pi, Quadratwurzeln, komplexe Wurzeln und Ableitungen von hyperbolischen Funktionen vorkommen! George E. Andrews nennt sie in seinem Lehrbuch zur Partitionstheorie eine „unglaubliche Gleichung" und „eine der krönenden Errungenschaften" in der Geschichte dieses Gebiets.

Die Anzahl der Partitionen für n = 1, n = 2, n = 4, n = 5 und n = 6 ist 1, 2, 3, 5, 7, 11. Man erwartet natürlich, daß die nächste Zahl der Folge die nächste Primzahl wäre, also 13. Aber es ist 15. Vielleicht sind alle Partitionen ungerade? Nein, die nächste Partition ist 22. Eines der tiefen ungelösten Probleme der Partitionstheorie ist die Frage, ob die Anzahl gerader und ungerader Partitionen mit zunehmendem n konvergiert.

Für den Fall, daß Sie die Partitionstheorie für wenig mehr als einen mathematischen Zeitvertreib halten, möchte ich mir abschließend die Bemerkung erlauben, daß eine Möglichkeit, Mengen von Partitionen als Zahlenreihen, sogenannten Young-Tableaux, graphisch darzustellen, in der Teilchenphysik enorm wichtig geworden ist. Aber das ist ein anderes Kugelspiel.

Addendum

Viele Leser haben mir Beweise für die Vermutung geschickt, daß die Bulgarische Patience nach k (k – 1) Schritten aufhören muß; der Beweis wurde später in mehreren in der Bibliographie angegeben Arbeiten geführt. Die 1983 veröffentlichte Arbeit von Ethan Akin und Morton Davis beginnt mit den Worten:

Zum Teufel mit Martin Gardner! Da sitzt man bei der Arbeit und denkt an nichts Böses, und dann kommt wie ein Virus der Scientific American *daher. Alles andere wird Nebensache, man ist infiziert und muß sich mit einem seiner faszinierenden Probleme herumschlagen. Im August 1983 machte er uns mit der Bulgarischen Patience bekannt.*

Allerlei rund um's Ei

Nicht genau
Rund
Weiß
Irgendwie zu
Und ohne einen Deckel

May Swenson

Dies ist die erste Strophe des Gedichts „Beim Frühstück" von May Swenson, das in acht witzigen Versen vom Öffnen und Essen eines weichgekochten Frühstückseis handelt. Die zweite Strophe lautet:

Ein glattes Wunder
Hier in meiner Hand.
Ist es mir
Aus dem Ärmel gerutscht?
Die Form
Dieses Gefässes
Macht mich eiförmig.

Gibt es ein natürlicheres und einfacheres Gebilde, eines, das Auge und Hand gefälliger ist als ein Hühnerei? Immer ist ein Ende spitzer als das andere, und jedes ist ein schönes und vollkommenes Oval. Die Form eines Hühnereis läßt sich mathematisch durch eine Unzahl geschlossener Kurven mit relativ einfachen Formeln beschreiben. Die einfachsten sind die „cartesischen Ovale", eine

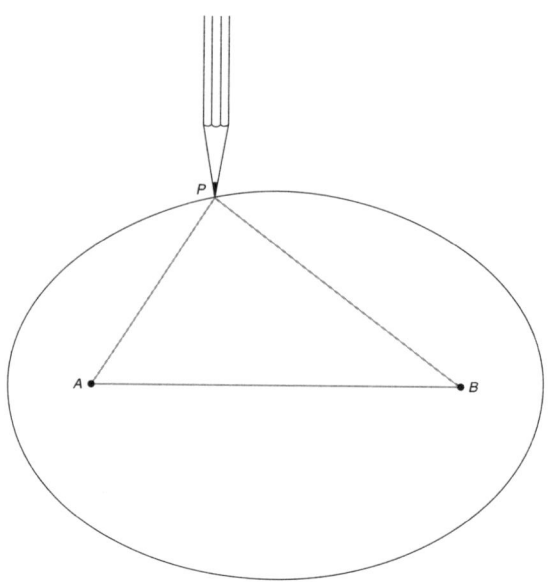

Gruppe von Eiformen, die René Descartes, der große französische Mathematiker und Philosoph des 17. Jahrhunderts, entdeckt hat. Ähnlich wie die Ellipse lassen sich einige cartesische Ovale mit Hilfe von zwei Nägeln und einem Faden leicht zeichnen.

Wie die Abbildung zeigt, erhält man eine Ellipse, wenn man die Enden eines Fadens (am besten aus Nylon, weil dann die Reibung gering ist) um zwei Nägel knotet und mit der Bleistiftspitze zu einem Dreieck spannt, während man mit dem Stift eine Kurve zieht. Weil die Summe von *AB* und *BP* immer gleich sein muß, ist diese Kurve der geometrische Ort aller Punkte, deren Summe der Entfernungen von den beiden Brennpunkten *A* und *B* konstant ist.

Die Abbildung auf der nebenstehenden Seite zeigt, wie sich mit einem ähnlichen Verfahren ein cartesisches Oval erzeugen läßt. Hier schlingt man den Faden einmal um den Nagel bei *B* und verbindet ihn mit der Bleistiftspitze. Durch Straffen des Fadens zeichnet man so die obere Hälfte des Ovals. Zum Zeichnen der unteren Hälfte muß man die Anordnung umkehren.

52

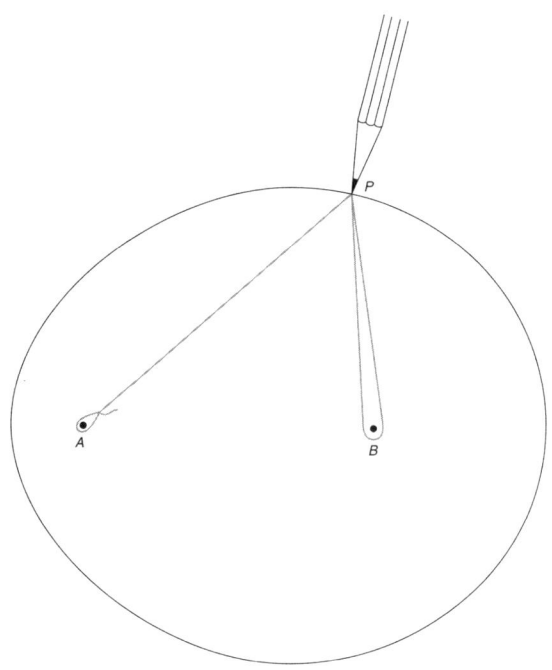

Dieses Verfahren erzeugt offensichtlich eine Kurve, die der geometrische Ort aller Punkte ist, für die die Summe aus dem Abstand von A und dem Doppelten des Abstands von B konstant ist. Descartes verallgemeinerte die Kurve und forderte, die Summe der m-fachen Entfernung von A und der n-fachen Entfernung von B solle konstant sein, wobei m und n reelle Zahlen sind. Ellipse und Kreis sind Spezialfälle der cartesischen Ovale. Bei einer Ellipse sind m und n gleich 1. Der Kreis ist eine Ellipse, in der der Abstand zwischen den Brennpunkten Null ist.

In dem Oval in der Abbildung oben ist m gleich 1 und n gleich 2. Durch die Veränderung der Abstände der Brennpunkte, der Fadenlänge oder beider Größen lassen sich unendlich viele cartesische Ovale zeichnen, bei denen das Verhältnis von m zu n wie 1 zu 2 ist. Die Abbildung auf Seite 54 zeigt, wie man eine Familie cartesischer Ovale zeichnen kann, bei denen das Verhältnis von

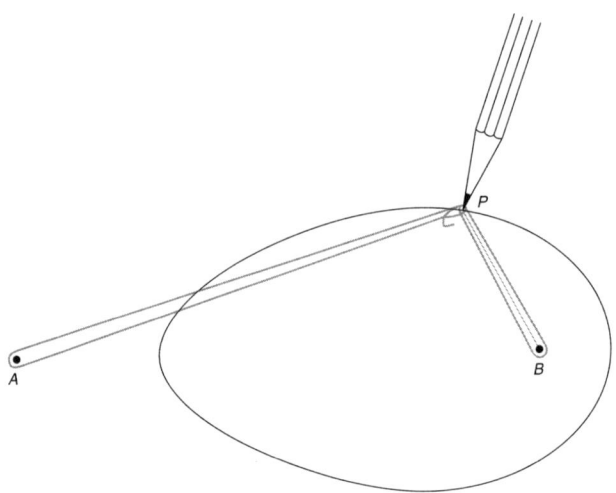

m zu *n* gleich 2:3 ist. Hier liegt ein Brennpunkt außerhalb des Ovals. Natürlich läßt sich die Fadentechnik nur dann anwenden, wenn *m* und *n* positive ganze Zahlen sind und bei der Schlingenbildung nicht zuviel Reibung entsteht.

Die ungewöhnlichen optischen Eigenschaften, die cartesische Ovale bei der Spiegelung und Brechung von Licht aufweisen, haben mehrere bedeutende Physiker fasziniert, darunter Christiaan Huygens, James Clerk Maxwell und Isaac Newton. Der Schotte Maxwell schrieb über die von ihm unabhängig von Descartes entdeckten cartesischen Ovale eine Arbeit[1], die 1846 der Royal Society von Edinburgh vorgelegt wurde; Maxwell geht über Descartes hinaus, indem er auch Kurven mit mehr als zwei Brennpunkten betrachtet. Er durfte seine Arbeit übrigens nicht selbst vortragen, weil er damals erst 15 Jahre alt war und für zu jung befunden wurde, um vor einem so erlauchten Publikum zu sprechen!

---

[1] „On the Description of Oval Curves and Those Having a Plurality of Foci", *The Scientific Papers of James Clerk Maxwell*, Dover.

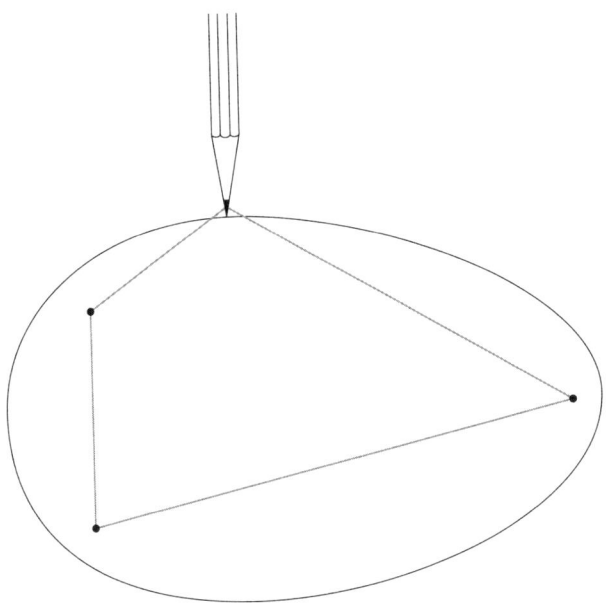

Zu den vielen ovalen Kurven, die an Eier erinnern und an einem Ende stumpfer sind als am anderen, gehören auch die bekannten cassinischen Ovale. Ein solches Oval ist der geometrische Ort aller Punkte, bei denen das *Produkt* der Entfernungen von zwei festen Punkten konstant ist. Nicht alle cassinischen Ovale sind eiförmig, aber wenn sie es sind, treten sie paarweise auf und zeigen in entgegengesetzte Richtungen.

Frank Colon und Fred Kolm beschrieben mir unabhängig voneinander, wie man mit Hilfe einer geschlossenen Fadenschleife und dreier Nägeln ein Ei zeichnen kann. Die Abbildung oben zeigt, wie man dabei vorgeht. Das Oval besteht aus sechs Segmenten von Ellipsen, die alle miteinander in Beziehung stehen und sich berühren. Ich habe ihre Briefe an Professor H. S. M. Coxeter, den berühmten Geometer an der Universität von Toronto, weitergegeben; er antwortete, die Methode mit den drei Nägeln sei vielleicht deshalb so wenig bekannt, weil ein Oval eine künstliche Zusammensetzung elliptischer Segmente sei, für die sich keine einfache Gleichung angeben lasse. Er bevorzuge, so fügte er hinzu, die kubische Gleichung $y^2 = (x - a)(x - b)(x - c)$, wobei der unendliche Zweig der Kurve ignoriert wird.

Eine ganze Reihe von amüsanten Kunststückchen beruhen auf den physikalischen Eigenschaften von Hühnereiern. Ich beschreibe jetzt einige vergnügliche und lehrreiche Spielereien. Vielleicht probieren Sie sie zu Ostern aus.

Der wohl älteste aller Tricks mit Eiern besteht darin, ein rohes Ei aufrecht hinzustellen. Christoph Kolumbus soll das Problem gelöst haben, indem er das Ei vorsichtig so fest hinstellte, daß das untere Ende eingedrückt wurde. Das Problem läßt sich eleganter lösen, indem man auf eine weiße Tischplatte etwas Salz streut, das Ei in das Salz stellt und dann das überflüssige Salz wegbläst; die wenigen unsichtbaren verbleibenden Salzkörner genügen, das Ei zu halten.[2]

Auf einer rauhen Fläche, etwa einem Gehweg oder einem Tischtuch, läßt sich ein rohes Hühnerei leicht aufstellen, wenn man Geduld aufbringt und eine ruhige Hand hat. An manchen Orten ist das Eieraufstellen gelegentlich zu einer Sucht geworden. So berichtete die Zeitschrift *Life* in ihrer Ausgabe vom 9. April 1945, die chinesische Stadt Chungking sei von einer Epidemie des Eieraufstellens befallen worden; nach einem chinesischen Volksglauben gelingt es am besten an Li Chun, dem ersten Frühlingstag des chinesischen Kalenders.

Die Meinung, daß frische Eier zu Frühlingsbeginn besser aufrecht stehen, führte in den USA fast zu einer Manie. Die Geschichte dieses bizarren Phänomens und eine Erklärung dafür, warum so viele anscheinend intelligente Menschen das Ei-Aufstellen ernst nehmen, findet sich in meiner Rubrik „Note of a Fringe Watcher" in *The Skeptical Inquirer* (Mai/Juni 1996). Dort werden auch eine Reihe mechanischer Eier beschrieben, die nur dann auf ihrem stumpfen Ende stehen, wenn man weiß, wie man sie ins Gleichgewicht bringen kann.

---

[2] Einzelheiten über Piet Heins Supereier, feste Formen, die ohne jeden Schwindel aufrecht stehen können, finden sich in Kapitel 18 meines Buchs *Mathematischer Karneval*, Berlin, Ullstein, 1978.

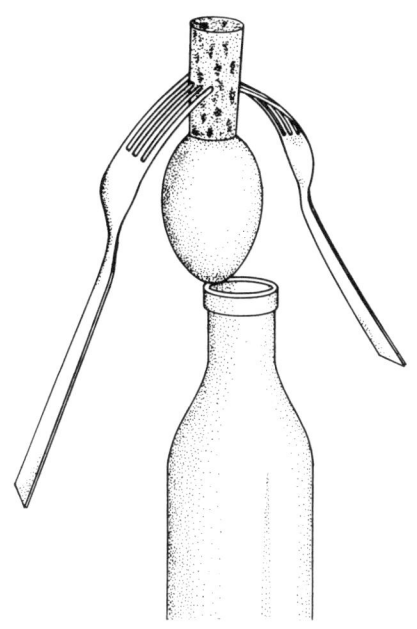

Die Abbildung oben zeigt ein wunderschönes altes Kunststück, bei dem ein Ei mit einem Korken und zwei Gabeln auf einem Flaschenrand steht. Man höhlt dazu ein Ende des Korkens so aus, daß er gut auf das Ei paßt. Die Gabeln sollten möglichst lang sein und schwere Griffe haben, und der Rand der Flaschenöffnung, wie bei den meisten Limoflaschen, sollte möglichst eben sein. Selbst wenn all diese Bedingungen erfüllt sind, kann es noch einige Minuten dauern, bis ein stabiles Gleichgewicht erreicht ist. Weil das Ei einige Male herunterfallen könnte, bevor es oben bleibt, ist es ratsam, ein hartgekochtes Ei zu verwenden und nicht ein rohes. Wenn die Gleichgewichtslage einmal gefunden ist, ist das schwebende Ei für jeden, der nicht mit den physikalischen Eigenschaften des Schwerpunkts vertraut ist, eine höchst verblüffende Erscheinung.

Wenn man weiß, wie man ein Ei aufstellt, kann man sich bei einem alten Spiel den Gewinn sichern, falls man den Anfang machen darf. Man braucht sehr viele nahezu gleiche Eier, die abwechselnd, aber immer nur eines, von den beiden Spielern auf eine kreisrunde oder quadratische Fläche gelegt werden. Der Spieler, der kein Ei mehr legen kann, ohne ein anderes zu bewegen, hat verloren. Der erste Spieler gewinnt stets, wenn er das erste Ei in der Tafelmitte aufrecht hinstellt. Danach braucht er seine Eier immer nur genau gegenüber denen seines Gegners zu plazieren.

Weil sich im Inneren eines rohen Eis eine zähe Flüssigkeit befindet, läßt sich ein liegendes rohes Ei nur schwer in Drehung versetzen; ein stehendes Ei dreht sich überhaupt nicht. Man kann also ein rohes Ei gut von einem gekochten unterscheiden, indem man es zu drehen versucht: Nur ein hartgekochtes Ei kreiselt auf dem stumpfen Ende. Der folgende Trick mit einem rohen Ei ist wenig bekannt: Man versetze das liegende Ei in möglichst rasche Drehung und halte es dann kurz an, indem man den Finger daraufhält. Wenn der Finger wieder weggezogen wird, dreht sich das Ei weiter, weil die Trägheit der rotierenden Flüssigkeit im Inneren das Ei wieder in Bewegung versetzt.

Einer meiner Freunde, der Zauberkünstler Charlie Miller, führt gern einen überraschenden Trick mit einem gekochten Ei vor. Er sagt dabei, ein Ei könne sich drehen, wenn es auf der Seite liegt (dabei stößt er es leicht an), und auch, wenn es auf einem Ende steht (er zeigt auch das), aber nur ein Zauberer könne mit einem einzigen Stoß beide Drehungen hervorrufen. Dann läßt er das Ei heftig seitlich rotieren. Die meisten Eier, besonders solche, die beim Kochen aufrecht gestanden haben, drehen sich eine Weile und stellen sich dann auf.[3]

Der faszinierendste aller Tricks mit drehenden Eiern wird nur selten vorgeführt; er erfordert viel Übung und läßt sich viel leichter von jemandem erlernen, der ihn beherrscht, als nach gedruckten Anleitungen. Man braucht dazu einen Eßteller mit einem flachen Rand und ein Stück Schale von der Seite des Eis, das etwa die Größe eines Markstücks hat.

---

[3] Eine Erklärung dafür hat Jearl Walker im „Experiment des Monats" in *Spektrum der Wissenschaft*, Dezember 1979 gegeben; sie findet sich auch in dem bei Dover erschienenen Nachdruck des Buchs von John Perry, *Spinning Tops and Gyroscopic Motion: A Popular Exposition of Dynamics of Rotation*.

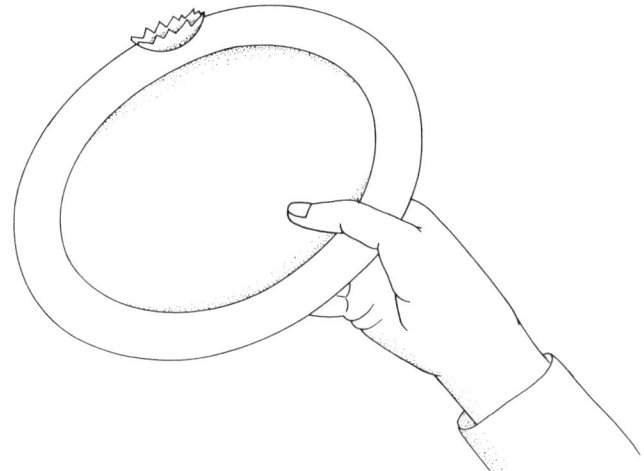

Tauchen Sie den Teller in Wasser, legen Sie die Eierschale auf den Rand des Tellers und halten Sie ihn etwas schräg, wie die Abbildung oben zeigt. Die Schale sollte beginnen, sich zu drehen. Wenn Sie jetzt den Teller mit der Hand drehen, ohne die ursprüngliche Neigung zu verändern, beginnt die überraschend schnell rotierende Schale, auf dem nassen Rand zu tanzen. Sie müssen möglicherweise mehrere Stücke Eierschale ausprobieren, bis sie eine mit der richtigen Krümmung und Gewichtsverteilung finden. Wenn Sie den Bogen einmal heraushaben, können Sie dieses erstaunliche Jonglierstück immer wieder vorführen. Das Kunststück wird zwar in vielen alten Zauberbüchern beschrieben, ist aber anscheinend nur wenigen Zauberkünstlern bekannt.

Beim folgenden Trick ist das Geheimnis wieder die Trägheit. Nehmen Sie ein Küchenmesser mit einer scharfen Spitze, halten Sie es senkrecht und hängen Sie, wie in der Abbildung auf der nächsten Seite gezeigt, eine halbe Eierschale über die Spitze. Geben Sie dann Messer und Schale jemandem aus Ihrem Publikum und fordern Sie dazu auf, die Eierschale durch Aufstoßen des Messers auf eine harte Unterlage zu durchbrechen. Die Schale wird bei allen solchen Versuchen unversehrt bleiben, während Sie sie nach Belieben zerbrechen können. Das Geheimnis liegt

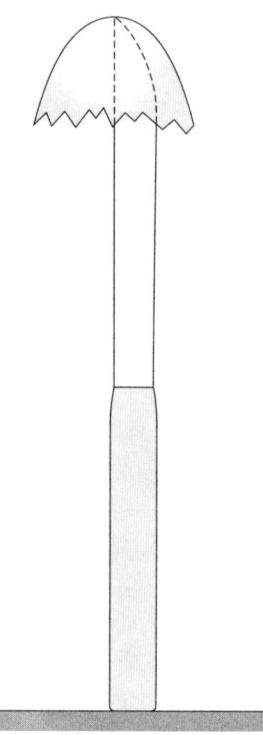

darin, daß Sie das Messer locker in der Hand halten. Tun Sie so, als ob Sie den Griff fest umfassen, lassen Sie das Messer aber unter seinem eigenen Gewicht fallen. Es stößt dann auf und prallt zurück. Dieser nicht wahrnehmbare Rückstoß treibt die Messerspitze durch die Schale.

Die Schale eines rohen Eis ist erstaunlich widerstandsfähig. Bekanntlich ist es fast unmöglich, ein Ei zu zerbrechen, wenn man es so zwischen die Handflächen klemmt, daß jedes Ende eine Handfläche berührt. Nicht so bekannt ist, wie schwierig es ist, ein rohes Ei zu zerbrechen, indem man es hoch in die Luft wirft und ins Gras fallen läßt. Die Zeitschrift *Time* beschreibt in ihrer Ausgabe vom 18. Mai 1970 eine Reihe solcher Versuche. Zuerst hatte der Direktor einer Schule seinen Schülern einen solchen Versuch vorgeführt; dann ließ ein Feuerwehrmann rohe Eier aus über 20 Meter Höhe auf den Rasen fallen, wobei sieben von zehn Eiern unversehrt blieben. Auf Veranlassung eines Offiziers der Luftwaffe ließ ein Hubschrauber aus 45 Meter Höhe 18 Eier fallen, von denen nur 3 zerbrachen. Die Tageszeitung *Daily Express* charterte sogar eine Piper Aztek, die die Graspiste eines Flugplatzes im Tiefflug bei einer Geschwindigkeit von 200 km/h mit fünf Dutzend Eiern bombardierte, von denen drei Dutzend unversehrt blieben. Als man jedoch Eier von einer Brücke in Richmond in die Themse warf, zerbrachen drei Viertel der Eier. Damit war nach Meinung des Physiklehrers der Schule bewiesen, daß „Wasser härter ist als Gras, aber nicht so hart wie Beton".

Die Zerbrechlichkeit eines Eis beim Aufprall auf eine harte Fläche ist das Thema des alten Kinderreims von Humpty-Dumpty, den Lewis Carroll in seinem Buch *Durch den Spiegel* zitiert. Sie spielt auch eine Rolle bei der folgenden Boshaftigkeit, mit der Sie Ihre Freunde hereinlegen können. Wetten Sie mit einem Freund, daß es ihm nicht gelingt, Zeigefinger und Daumen durch den Türspalt oberhalb der Türangel zu stecken und 30 Sekunden lang ein Ei zu halten, das auf der anderen Seite des Spalts ist. Das kann er natürlich, aber Sie holen, sobald er das Ei fest im Griff hat, seinen Hut, legen ihn genau unter das Ei und gehen dann weg.

Der beste aller „wissenschaftlichen" Tricks mit einem Ei ist der wohlbekannte Versuch, bei dem der Luftdruck ein geschältes hartgekochtes Ei in eine leere Milchflasche hineinsaugt und unbeschädigt wieder nach außen drückt. Die Öffnung der Flasche darf nur wenig kleiner sein als das Ei, deshalb muß man darauf achten, daß das Ei nicht zu groß oder die Öffnung nicht zu klein ist; man darf das Ei aber auch nicht einfach in die Flasche hineindrücken können (neben Milchflaschen sind Weinkaraffen sehr geeignet – vor allem häufiger vorhanden). Um das Ei durch den Flaschenhals zu zwängen, muß man zunächst die Luft in der Flasche erhitzen. Das geschieht am besten, indem man die Flasche einige Minuten lang in kochendes Wasser stellt. Dann stellt man das Ei aufrecht auf die Öffnung und nimmt die Flasche vom Herd. Um die Luft in der Flasche zu erhitzen, kann man auch ein brennendes Stück Papier oder einen brennenden Kerzenstummel hineinwerfen. Das Vakuum in der Flasche entsteht übrigens nicht durch das Verbrennen von Sauerstoff, sondern ausschließlich durch das Abkühlen und Zusammenziehen der Luft.

Viele Leser haben Vorschläge gemacht, wie das Ei in die Flasche zu befördern sei, obwohl die meisten von ihnen es nicht wirklich versucht haben. Viele meinen, es würde helfen, das Ei mit einer Art von Gleitmittel wie Öl, Sirup, Honig oder Vaseline zu bestreichen. Einige Leser schlugen vor, die Flaschenöffnung zu versiegeln, indem man das Ei darauflegt und Klarsichtfolie um das Ei und den Flaschenhals wickelt. Mehrere Leser schrieben, man könne die Luft am besten erhitzen, indem man die Flasche bis zur Hälfte mit Wasser füllt und das Wasser dann zum Kochen bringt. Wie Kevin Miller erläuterte, führt kondensierender Wasserdampf zu einem besseren Vakuum als abkühlende Luft. Das Wasser dient auch dazu, den Schock zu mildern, wenn das Ei hinunterfällt.

Wie auch immer, wenn die Luft in der Flasche abkühlt, zieht sie sich zusammen, erzeugt also ein partielles Vakuum, und der dann in der Flasche herrschende Unterdruck saugt das geschälte Ei hinein. Um es wieder herauszunehmen, dreht man die Flasche um, so daß das Ei in den Flaschenhals fällt, und bläst mit aller Kraft in die Flasche. Das preßt die Luft zusammen. Wenn man mit Blasen aufhört, dehnt sie sich wieder aus und drängt das Ei durch den Flaschenhals in die wartende Hand.

Viele alte Bücher beschreiben eine Variation dieses Tricks mit einem *ungeschälten* hartgekochten Ei. Das Ei wird einige Stunden lang in heißen Essig gelegt, bis die Schale weich und nachgiebig ist. Dann wird es nach dem oben beschriebenen Verfahren in eine Flasche befördert, die, mit kaltem Wasser gefüllt, über Nacht stehengelassen wird. Dabei wird die Schale wieder hart. Wenn Sie das Wasser wieder abgegossen haben, zeigen Sie Ihren verblüfften Freunden das Ei in der Flasche. Leider ist mir dieser Trick nie gelungen. Die Schale wird zwar weich, aber anscheinend auch porös, und deshalb bildet sich kein Vakuum. Ich würde gern wissen, wie man das in Essig gebadete Ei in die Flasche befördern kann. Kevin Miller berichtet, er habe Zahnpasta auf den Rand der Flasche gestrichen, bevor er das Ei darauflegte, und kaltes Wasser über die Seiten der Flasche laufen lassen, um ein Vakuum zu erzeugen. Aber auch nachdem das Ei zwei Monate lang im Wasser gelegen hatte, war die Schale noch nicht hart. Ein anderer Leser meinte, die Säure könne durch ein Tauchbad in einer Boraxlösung neutralisiert werden, wieder ein anderer vermutete, die Schale würde hart, wenn man sie in kaltem fließendem Wasser abspült. Mir selbst ist es nicht gelungen, die Schale wieder in ihre normale Form zurückzubringen. Vielleicht ist dies ein Mythos, der von alten Büchern über unterhaltsame Wissenschaft geschaffen wurde?

Dieser Trick, oder vielmehr sein Scheitern, steht im Mittelpunkt einer der lustigsten und besten Kurzgeschichten von Sherwood Anderson. Sie heißt „Das Ei"[4], und wir wollen sie hier zusammenfassen.

Der Erzähler ist ein Junge, dessen Eltern früher eine schäbige Hühnerfarm betrieben hatten, jetzt aber in Pickleville, einem Dorf in der Nähe von Bidwell, Ohio, gegenüber vom Bahnhof eine Gastwirtschaft betreiben. Der Vater des Jungen versucht sich zur Hebung des Geschäfts häufiger als Unterhalter, der seine Gäste belustigen will. Als in einer regnerischen Nacht nur noch ein einziger Gast, ein junger Mann namens Joe Kane, in der Wirtsstube sitzt, der auf einen verspäteten Zug wartet, will der Vater ihm die Zeit vertreiben, indem er seinen Lieblingstrick mit einem Ei vorführt.

„Ich werde dieses Ei in dieser Pfanne mit Essig erhitzen", sagte er. „Dann werde ich es durch den Hals einer Flasche bringen, ohne die Schale zu zerbrechen. Wenn das Ei in der Flasche ist, wird es seine ursprüngliche Gestalt wieder annehmen, und die Schale wird wieder hart werden. Dann werde ich Ihnen die Flasche mit dem Ei geben. Sie können sie mitnehmen und immer bei sich tragen. Die Leute werden Sie fragen, wie das Ei in die Flasche gekommen ist. Sagen Sie es ihnen nicht. Lassen Sie sie raten, hören Sie? So hat man seinen Spaß an dem Kunststück." Als der Vater grinste und seinem Gast zublinzelte, mag Joe Kane sich

---

[4] Sherwood Anderson: *Ich möchte wissen warum*, Übers. Karl Lerbs, Zürich, Diogenes, 1978.

gesagt haben, der Mann da vor ihm sei ein bißchen verrückt, aber harmlos. Nach mehreren Versuchen war die Eierschale erweicht, aber weil der Vater vergessen hat, die Flasche zu erhitzen, gelingt der Versuch nicht …

Er hat gearbeitet und gearbeitet, von verzweifelter Entschlossenheit besessen. Als er dem Gelingen seines Versuchs endlich nahe zu sein glaubte, lief der verspätete Zug in den Bahnhof ein, und Joe Kane erhob sich gleichgültig, um zur Tür zu gehen. Der Vater machte eine letzte verzweifelte Anstrengung, um das Ei seinem Willen gefügig zu machen und den Erfolg herbeizuzwingen, mit dem er seinen Ruf als tüchtiger und unterhaltender Gastwirt begründen wollte. Er zerquetschte es und versuchte fluchend, ihm grob zu kommen. Die Schweißtropfen standen ihm auf der Stirn, und es kam, was kommen mußte: Das Ei zerbrach ihm in der Hand. Als ihm der Inhalt über die Kleider spritzte, drehte sich Joe Kane, der an der Tür stehen geblieben war, um und lachte.

Im Zorn ergreift der Vater ein anderes Ei und schleudert es auf Joe, verfehlt jedoch sein Ziel. Dann stapft er nach oben, wo seine Frau und sein Sohn geschlafen hatten. Der Vater hält ein Ei in der Hand, das er behutsam auf den Tisch neben der Lampe legt. Dann sinkt er vor Mutters Bett in die Knie. Er begann laut zu weinen wie ein Kind, und der Junge, mitgerissen von seinem Schmerz, weinte mit ihm.

Gute Geschichten sind oft Gleichnisse. Wofür steht das Ei? Ich meine, es vertritt die Natur, das „orphische Weltei", die große Welt, die unabhängig ist von unserem Verstand und sich überhaupt nicht nach unseren Wünschen zu richten braucht. Wenn man ihre mathematischen Gesetze versteht, kann man sie geradezu unglaublich gut beherrschen, wie die moderne Naturwissenschaft und Technologie bezeugen. Wenn man diese Gesetze nicht versteht oder sie vergißt oder nicht respektiert, kann die Natur so bösartig sein wie Moby Dick, der weiße Wal oder das weiße Ei in Andersons tragischer Geschichte.

Ein Ei ist ein Ei ist ein Ei. Es ist ein kleines, schöngeformtes geometrisches Gebilde. Und zugleich ist es ein Ding mit einer wunderschön symmetrischen Oberfläche. Es ist ein Mikrokosmos, der allen Naturgesetzen gehorcht, und doch viel komplizierter und geheimnisvoller als ein weißer Kieselstein. Diese ganz besondere deckellose Dose enthält das Geheimnis des Lebens.

May Swensons Gedicht geht weiter:

Säuberlich
Köpft das Messer das Ei.
Ich löffle
Das Hütchen aus
Sanft
Mit süßem Schauder.

Was ist wichtiger, die Henne oder das Ei? Ist die Henne, wie Samuel Butler meinte, nur dazu da, Eier zu legen? Oder ist es umgekehrt?

Die Antwort ist übrigens: das Ei. Wie alle Vögel haben sich auch Hühner aus Reptilien entwickelt. Weil Reptilien Eier legen, waren Eier früher da als Hühner. Aber was war zuerst da, die Reptilien oder das Reptilien-Ei?

„Ich erwachte beim Morgengrauen", so schließt Andersons Erzähler seine Geschichte menschlichen Versagens, „und betrachtete lange das Ei, das auf dem Tisch lag. Ich grübelte verwundert darüber nach, warum es Eier geben müsse, und warum aus dem Ei die Henne käme, die ihrerseits wiederum Eier legt. Die Frage ging mir ins Blut. Da ist sie denn wohl steckengeblieben, meine ich, weil ich der Sohn meines Vaters bin. Jedenfalls trage ich das Problem noch immer ungelöst mit mir herum. Und das bedeutet, so schließe ich, abermals einen vollständigen und unwiderruflichen *Triumph des Eis* – wenigstens soweit meine Familie in Frage kommt."

Addenda

Pendleton Tompkins, ein Arzt in San Mateo, Kalifornien schrieb mir zum Thema Henne und Ei:

Man hat mir erzählt, daß eine Legehenne einen kleinen Fremd-
körper in ihrer Bauchhöhle mit einer Schale umgibt und legt.
Ein Professor für Landwirtschaft machte sich dies zunutze, als
er ein Dutzend seiner Kollegen zum Frühstück eingeladen hatte.
Er schrieb auf zwölf kleine Papierstreifen Grüße wie Guten
Morgen, Hans oder Hallo, lieber Fritz, die er jeweils in eine
(für Strahlen undurchlässige) Kapsel tat, die wiederum in die
Bauchhöhle von einem Dutzend Legehennen eingesetzt wurden,
die er entsprechend mit Hans, Fritz und so weiter bezeichnet
hatte. Er überprüfte dann die von diesen Hühnern gelegten Eier
mit einem Fluoroskop, bis er das Ei mit der Kapsel entdeckt
hatte. Diese Eier wurden mit Hans, Fritz usw. beschriftet und
wie Frühstückseier serviert. Man stelle sich die Überraschung
der Gäste vor, wenn sie ein Ei öffneten und darin eine Kapsel
fanden, die sie mit ihrem Namen begrüßte.

Mary J. Packard, damals Forschungsassistentin am Department für
Zoologie der Staatsuniversität von Colorado in Fort Collins, sandte
mir einige Arbeiten über Eier, an denen sie mitgearbeitet hatte. In
ihrem Brief lobte sie das Ei, weil es „einfach aufzubewahren ist, an-
spruchslos in bezug auf die Ernährung, nicht beißt, höchstens langsam läuft und außerordentlich leicht einzufangen ist". Zum Lohn
für meine Bemühungen, die Vollkommenheit des Eis zum Allge-
meingut zu machen, verlieh sie mir einen Good Egg Reward.

Ernstgemeint und interessant ist jedoch ihre Frage, warum die
Luftzelle in Vogeleiern immer am stumpfen Ende ist. Diese Zelle
ist für den Embryo unentbehrlich, wenn er das erste Mal die
Lungen mit Luft füllt; wenn diese Zelle nicht vorhanden ist,
kann er sterben. Es hat natürlich Vorteile, sagt Packard, daß die
Luftzelle immer an ein und derselben Stelle ist. Aber warum sie
sich nur am stumpfen Ende bildet und nicht an der Seite oder am
spitzen Ende, ist anscheinend noch ein ungelöstes zoologisches
Rätsel.

Die Luftzelle kann auch Anlaß zu einer amüsanten Wette sein.
Ich habe sie in einem meiner „Physiktricks des Monats" in der
Zeitschrift *Physics Teacher* so beschrieben:

Öffnen Sie ein frisches Ei vorsichtig so, daß die beiden halben Schalen so ähnlich wie möglich sind. Prüfen Sie nach, ob die Schale mit dem stumpferen Ende eine Luftblase hat. Meistens ist das der Fall.

Wenn Sie so zwei Eihälften mit und ohne Luftblase haben, füllen Sie ein großes Glas mit Wasser und geben die Schale ohne Luftblase Ihrem Mitspieler; Sie behalten die andere Hälfte. Machen Sie keine Bemerkung über die Blase.

Legen Sie Ihre halbe Schale mit der offenen Seite nach oben auf das Wasser und stoßen Sie vorsichtig gegen die Schale, bis sie sich mit Wasser füllt und untergeht. Die Blase sorgt dafür, daß die sinkende Schale umkippt und mit der konvexen Seite nach oben schwimmt. Nehmen Sie sie mit einem Löffel heraus und fordern Sie zum Nachahmen auf. Die Schale ohne Luftblase wird sich stur weigern, sich umzudrehen. Wiederholen Sie das einige Male. Nach dem letzten Purzelbaum stecken Sie heimlich den Finger in die Schale und zerbrechen die Blase. Falls der Verdacht aufkommt, Ihre Schale unterscheide sich irgendwie von der anderen, wird sie sich nun ebenfalls weigern zu kentern.

Im *Buch der imaginären Wesen,* in dem Jorge Luis Borges Aufschneidereien nacherzählt, berichtet er vom Gillygaloo, einem amerikanischen Vogel, der sein Nest an den steilen Abhängen der berühmten Pyramid Forty baut. „Er legt viereckige Eier, damit sie nicht hinunterrollen und verlorengehen. Die Holzfäller kochen diese Eier und benutzen sie als Würfel."

Übrigens: Was sagte die Henne, als sie ein kubisches Ei legte? „Au!"

Sextus Empiricus, der alte griechische Zweifler, von dem sich der Name „Empirismus" herleitet, sagte in seinem Buch *Gegen die Logiker,* Band 2:

Manche sagen, die Philosophie ähnle einem Ei, wobei die Ethik wie das Eigelb ist, das manche mit dem Küken vergleichen, die Physik das Eiweiß, also die Nahrung des Eigelbs, und die Logik wie die Schale

Die Topologie der Knoten

„Einen Knoten?" fragte Alice hilfsbereit.
„Soll ich dir helfen, ihn wieder aufzuknüpfen?"

Lewis Carrol
Alice im Wunderland

Für Topologen sind Knoten geschlossene Kurven im dreidimensionalen Raum. Man kann sie mit einer Schnur nachbilden und sie als Projektion auf eine Ebene zeichnen. Ein Knoten heißt trivial, wenn es möglich ist, ihn so zu entwirren, daß eine geschlossene Kurve – die sich natürlich niemals selbst durchdringen darf – ohne Kreuzungspunkte auf eine Ebene projiziert werden kann. Im normalen Sprachgebrauch nennt man diese Kurve nicht verknotet. Zwei oder mehr geschlossene Kurven, die sich nicht trennen lassen, ohne die eine durch die andere zu führen, heißen „Verkettungen".

Die Untersuchung von Knoten und Verkettungen ist heute ein blühender Zweig der Topologie, der Überschneidungen mit so unterschiedlichen Gebieten wie Algebra, Geometrie, Gruppentheorie, Zahlentheorie und anderen Zweigen der Mathematik aufweist.[1] Hier beschäftigen wir uns nur mit einigen Aspekten der Knotentheorie, die zur Unterhaltungsmathematik zählen, also mit Rätseln und Merkwürdigkeiten, zu deren Verständnis Grundkenntnisse der Mathematik genügen.

Wir beginnen mit einer Frage, die trotz ihrer Einfachheit selbst

---

[1] Eine Vorstellung von der Reichweite und dem Gehalt dieser Theorie vermittelt Lee Neuwirths ausgezeichneter Artikel „Knotentheorie", der im August 1979 in *Spektrum der Wissenschaft* erschien. Eine sehr gute Einführung in das Thema gibt ferner: Colin Adams: *Das Knotenbuch*, Heidelberg, Spektrum Akademischer Verlag, 1995.

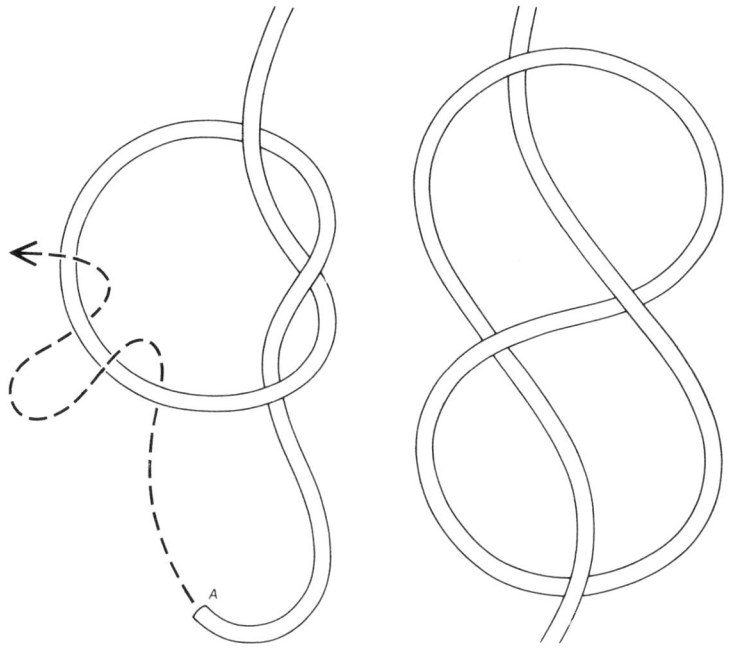

Mathematiker verblüffen kann. Machen Sie einen Knoten in eine Schnur, wie in der Abbildung oben gezeigt, und stellen Sie sich die Enden der Schnur verbunden vor. Sie erhalten so die Herzblatt-schlinge, die auch Kleeblattknoten genannt wird. Dieser Knoten ist in dem Sinn der einfachste aller Knoten, als er mit nur drei Überkreuzungen abgebildet werden kann. Nur der triviale Kno-ten, bei dem sich gar nichts überkreuzt, hat noch weniger als drei Überkreuzungen. Stellen Sie sich vor, daß Sie das Ende A des Knotens von hinten durch die Schlinge und den Faden stramm ziehen. Offensichtlich löst sich der Knoten auf. Malen Sie sich dann aus, das Ende der Schnur würde, wie die gestrichelte Linie andeutet, *zweimal* durch die Schleife gezogen. Löst sich der Kno-ten auf, wenn Sie die Enden der Schnur straffen?

Die meisten Menschen vermuten, daß sich ein weiterer Knoten bildet, aber auch dieser Knoten löst sich genauso auf wie der vor-

herige. Erst wenn das Ende *dreimal* durch die Schlinge gezogen wird, entsteht ein neuer Knoten. Der neue Kleeblattknoten ist, wie der Versuch zeigt, nicht derselbe wie der frühere, sondern sein Spiegelbild. Der Kleeblattknoten ist der einfachste Knoten, der sich nicht in sein Spiegelbild überführen läßt.

Der nach ihm einfachste Knoten, der einzige mit einem Minimum von vier Überkreuzungen, ist der Achtknoten in der Abbildung rechts auf Seite 69. Er läßt sich leicht in sein Spiegelbild verwandeln – man braucht ihn nur umzudrehen. Ein Knoten, der sich in sein Spiegelbild verwandeln läßt, heißt amphichiral, „beidhändig", weil er wie ein Gummihandschuh beide Händigkeiten zeigen kann. Der nach dem Achtknoten nächsthöhere amphichirale Knoten hat sechs Überkreuzungen und ist der einzige Sechserknoten dieser Art. Die Knoten sind um so seltener amphichiral, je höher die Anzahl der Überkreuzungen ist.

Eine zweite wichtige Klassifizierungsmöglichkeit für Knoten unterscheidet alternierende und nichtalternierende Knoten. Bei einem alternierenden Knoten wird man unabhängig davon, in welcher Richtung man der projizierten Kurve folgt, abwechselnd über und unter das kreuzende Kurvenstück geführt. Alternierende Knoten haben viele bemerkenswerte Eigenschaften, die nichtalternierenden Knoten fehlen.

Eine weitere wichtige Einteilung unterscheidet zwischen einfachen und zusammengesetzten Knoten. Ein einfacher Knoten, auch Primknoten genannt, läßt sich nicht in zwei oder mehr getrennte Knoten zerlegen. Der Quadratknoten und der Altweiberknoten etwa sind keine einfachen Knoten, weil sie sich beide in zwei Kleeblattknoten umwandeln lassen. Der Quadratknoten ist das „Produkt" von zwei Kleeblattknoten entgegengesetzter Händigkeit, der Altweiberknoten das Produkt von zwei Kleeblattknoten gleicher Händigkeit und deshalb (anders als der Quadratknoten) nicht amphichiral. Beide Knoten sind alternierend. Versuchen Sie zur Übung einen Quadratknoten mit sechs alternierenden Überkreuzungen (das Minimum) zu zeichnen.

Alle Primknoten mit sieben oder weniger als sieben Überkreuzungen sind alternierend. Von den Knoten mit acht Überkreuzungen sind nur die drei in der Abbildung auf nebenstehender Seite nichtalternierend. Auch wenn Sie sich lange mit einem Fadenmodell dieser Knoten abmühen, werden Sie es nie wie einen alternierenden Knoten flach hinlegen können. Der Knoten oben rechts in der Abbildung ist ein einfacher Pahlstek und der untere, wie weiter unten erläutert, ein Torusknoten.

Eine vierte wichtige Einteilung der Knoten ist die in invertierbare und nichtinvertierbare. Denken Sie sich auf eine verknotete Schnur einen Pfeil gezeichnet, der der Kurve eine Richtung gibt. Wenn es möglich ist, die Schnur so zu manipulieren, daß der Knoten gleich bleibt, der Pfeil aber in die andere Richtung weist, ist der Knoten invertierbar. Bis in die Mitte der sechziger Jahre war eine der quälendsten Fragen der Knotentheorie, ob es nichtinvertierbare Knoten gibt. Alle Knoten mit sieben oder weniger Überkreuzungen hatten sich durch Manipulation von Schnurmodellen als invertierbar erwiesen und bis auf einen auch alle Achterknoten und bis auf vier alle Neunerknoten. Dann schrieb Hale F. Trotter von der Universität Princeton eine Arbeit, deren Titel ihr überraschendes Ergebnis verriet: Es gibt nichtinvertierbare Knoten![2]

Trotter beschreibt darin eine unendliche Familie nichtinvertierbarer Brezelknoten. Brezelknoten sind als Knoten definiert, die sich ohne Überkreuzung auf die Oberfläche einer Brezel (eines Torus mit zwei Löchern) zeichnen lassen. Sie lassen sich, wie die obere Abbildung auf nebenstehender Seite zeigt, als zweisträngiger Zopf veranschaulichen, der um zwei „Löcher" herumgeht, oder als der Rand von drei verdrillten und dann verklebten Papierstreifen. Wenn der Zopf nur ein Loch enthält, heißt er Torusknoten, weil er sich ohne Überkreuzungen auf die Oberfläche eines Reifens zeichnen läßt.

Trotter fand einen eleganten Beweis dafür, daß Brezelknoten nichtinvertierbar sind, wenn die Anzahl der Überkreuzungen der drei verdrillten Streifen ungerade ist und sie alle voneinander verschieden sind und ihr Betrag größer ist als 1. Die Vorzeichen geben die Richtung an, in die der Zopf verdrillt ist. Später zeigte Trotters Schüler Richard L. Parris in seiner unveröffentlichten Doktorarbeit, daß es genügt, wenn sich die Anzahl der Überkreuzungen lediglich im Vorzeichen unterscheidet, und daß diese Bedingung für die Nichtinvertierbarkeit von Brezelknoten sowohl notwendig als auch hinreichend ist. Die Abbildung zeigt also die einfachste nichtinvertierbare Brezel; sie ist ein Elferknoten mit den Kreuzungszahlen 3, –3 und 5.

Inzwischen weiß man auch, daß der einfachste nichtinvertierbare Knoten der amphichirale Achterknoten in der unteren Abbildung auf Seite 73 ist.[3] Nach Meinung von Richard Hartley[4] ist er der einzige nichtinvertierbare Knoten mit acht Überkreuzungen; es gibt nur zwei solche Knoten mit neun Überkreuzungen, aber 33 mit zehn. John Horton Conway hatte früher behauptet, diese

[2] „Non-invertible Knots Exist", *Topology*, Band 2, Nr. 4, S. 275–280, Dezember 1963.
[3] Die Nichtinvertierbarkeit wurde zuerst von Akio Kawauchi in *Proceedings of the Japan Academy*, Band 55, Reihe A, Nr. 10, S. 399–402, Dezember 1970, bewiesen.
[4] „Identifying Non-Invertible Knots", *Topology*, Band 22, Nr. 2, S. 137–145, 1983.

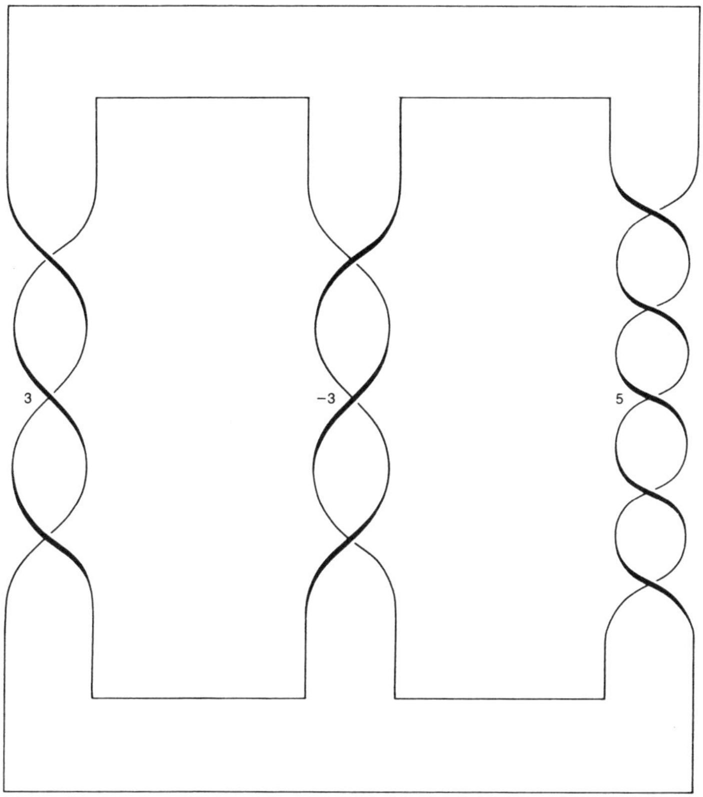

36 Knoten seien nichtinvertierbar, weil es ihm nicht gelungen war, sie zu invertieren. Man weiß noch nicht, wie viele der über 550 Knoten mit 11 Kreuzungen nichtinvertierbar sind.

Conway veröffentlichte 1967 die erste Klassifikation aller Primknoten mit höchstens 11 Überkreuzungen. Dale Rolfsen zeigt in seinem schönen und nützlichen Buch *Knots and Links* übersichtliche Diagramme für alle Primknoten mit bis zu zehn Überkreuzungen und für alle Verkettungen mit bis zu neun Überkreuzungen. Es gibt keinen Knoten mit 1 oder 2 Überkreuzungen, einen mit 3, einen mit 4, zwei mit 5, drei mit 6, sieben mit 7, 21 mit 8, 49 mit 9, 165 mit 10 und 552 mit 11 Überkreuzungen, also insgesamt 801 Primknoten mit elf oder weniger Überkreuzungen. Mittlerweile sind Knoten mit bis zu 14 Überkreuzungen klassifiziert.

Allerdings existieren allerlei seltsame Möglichkeiten, die Überkreuzungen eines Knotens zu kennzeichnen, um daraus eine Formel herzuleiten, die bei allen möglichen Diagrammen dieses Knotens gilt. Eines der ersten solcher Verfahren wurde 1928 entdeckt. Es erzeugt das nach seinem Entdecker, dem amerikanischen Mathematiker James W. Alexander, benannte Alexander-Polynom. Conway fand später eine schöne neue Möglichkeit, ein dem Alexander-Polynom äquivalentes „Conway-Polynom" zu berechnen.

Für den nichtverknoteten Knoten ohne Überkreuzungen ist das Alexander-Polynom 1. Der Kleeblattknoten mit drei Überkreuzungen wird unabhängig von seiner Händigkeit durch $x^2 - x + 1$ beschrieben. Der Achtknoten mit vier Überkreuzungen wird durch das Polynom $x^2 - 3x + 1$ beschrieben, der Quadratknoten, das Produkt von zwei Kleeblattknoten, gehört zum Alexander-Polynom $(x^2 - x + 1)^2$, das Quadrat des Kleeblatt-Polynoms. Leider gehört dieses Polynom auch zum Altweiberknoten. Wenn zwei Knotendiagramme zu verschiedenen Polynomen führen, bilden sie auf jeden Fall verschiedene Knoten ab. Bedauerlicherweise aber gilt die Umkehrung nicht immer, denn es gibt nichtidentische Knoten, zu denen dasselbe Polynom gehört. Eines der großen ungelösten Probleme der Knotentheorie besteht darin, für jeden Knoten einen Ausdruck zu finden, der für alle Darstellungen dieses und nur dieses Knotens gilt.

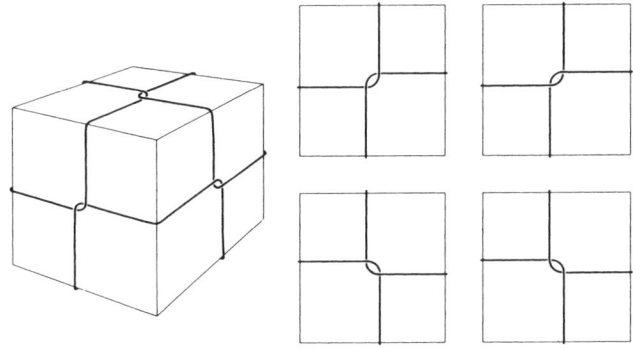

Es gibt zwar Möglichkeiten zu entscheiden, ob ein vorgegebener Knoten trivial ist, aber die Verfahren sind komplex und langwierig. Viele Probleme sind daher viel leichter zu stellen als zu lösen, wenn man die Lösung nicht durch Versuche am Modell finden kann. Kann man beispielsweise ein Gummiband so um einen Würfel ziehen, daß jede Würfelseite wie in der Abbildung oben eine Über- und eine Unterkreuzung zeigt? Anders gesagt: Können Sie einen Würfel so verschnüren, daß die Schnur knotenfrei ist, wenn sie abgestreift wird?

Jede Kreuzung muß einer der vier rechts in der Abbildung dargestellten Möglichkeiten entsprechen, es gibt also insgesamt $4^6 = 4096$ Möglichkeiten, die Schnur zu binden. Man kann sich die verknotete Schnur als einen Zwölferknoten mit sechs Kreuzungspaaren vorstellen, die je eine von vier Formen haben können. Das Problem wurde zuerst 1978 von Horace W. Hinkle gestellt. Karl Scherer zeigte etwas später[5], wie sich die Anzahl der wesentlich verschiedenen Verschnürungen durch Symmetriebetrachtungen auf 128 reduzieren läßt. Scherer überprüfte alle Verschnürungen empirisch und fand, daß die Schnur in allen Fällen geknotet ist. Noch hat sich niemand die Mühe gemacht, dieses Ergebnis zu bestätigen, und es ist auch keine einfachere Möglichkeit bekannt, das Problem anzugehen. Es ist verwunderlich, daß es

[5] *Journal of Recreational Mathematics*, Band 12, Nr. 1, S. 60–62, 1979–80.

nicht möglich sein sollte, eine unverknotete Schnur in der gewünschten Weise um einen Würfel zu wickeln, denn ein Gummiband läßt sich leicht so über einen Würfel ziehen, daß die Kreuzungen alle auf nur zwei oder vier Seiten sind (auf den anderen Seiten überqueren sich die Fäden). Dagegen gelingt es anscheinend nicht, diese Kreuzungen auf nur einer, drei oder fünf Seiten zu erzeugen. Deshalb erstaunt es, daß es nicht auch auf allen sechs Seiten möglich ist. Auch mit zwei, drei oder vier Gummibändern läßt sich das gewünschte Ergebnis offenbar nicht erhalten.[6]

Die nebenstehende Abbildung zeigt ein vergnügliches Rätsel mit einem Knoten und einer Verkettung, das mir von seinem Erfinder, dem indischen Mathematiker Majunath M. Hedge, zur Verfügung gestellt wurde. Die Enden der Schnur werden am besten an ein Möbelstück, etwa an einen Stuhl, gebunden. Die beiden Kleeblattknoten bilden zusammen einen Altweiberknoten. Die Aufgabe besteht nun darin, den Ring, der zunächst unten ist, in die obere, gestrichelte Lage zu bringen. Alles andere muß gleich bleiben.

Wenn man die richtige Eingebung hat, gelingt die Lösung leicht. Natürlich darf die Schnur nicht losgebunden werden, und man darf auch keinen Knoten öffnen und über den Stuhl streifen. Am besten stellen Sie sich vor, die Enden der Schnur seien fest an der Wand befestigt.

Zu den Zeiten, in denen man Psi-Phänomene gern mit der vierten Dimension in Verbindung brachte, benutzten betrügerische Medien oft den Trick, Knoten zu verknüpfen oder zu lösen, indem sie einen Menschen durch eine Schlinge schlüpfen ließen. Knoten in geschlossenen Kurven sind nur im dreidimensionalen Raum möglich, denn im vierdimensionalen Raum lösen sie sich alle auf. Wenn man die unverknotete Schlinge einer Schnur einem Wesen im vierdimensionalen Raum zuwerfen könnte, wären alle Knoten, die dort verknüpft würden, für uns unlösbar. Unter Physikern mit

---

[6] Richard Parris bemerkte, daß nicht alle 4096 Möglichkeiten, einen Würfel zu verschnüren, bei dem von Hinkle gestellten Problem Knoten sind. Die meisten von ihnen sind Verkettungen mit zwei, drei und vier getrennten Schlingen.

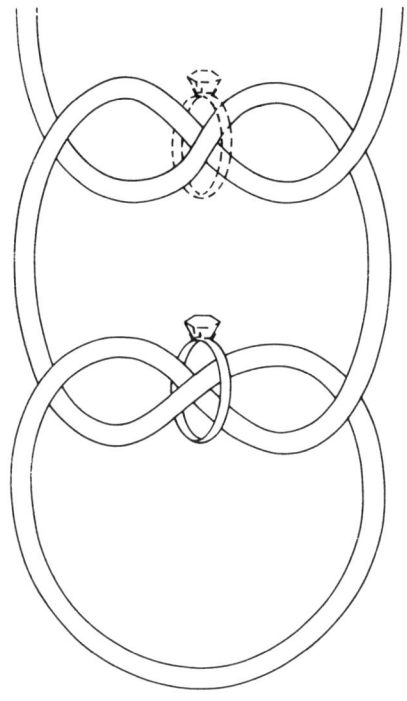

spiritistischen Neigungen war eine Theorie verbreitet, wonach Medien Dinge in Räume höherer Dimension hinein- und herauszubringen vermochten. Diese Theorie machte sich auch der amerikanische Aufschneider Henry Slade zunutze, wenn er behauptete, Knoten in geschlossene Seilschlingen knüpfen zu können. Der österreichische Physiker Johann C. F. Zöllner widmete Slade und dem Hyperraum sogar ein Buch[7], das lesenswert ist als schlagender Beweis dafür, wie leicht sich ein intelligenter Physiker durch einen gewieften Taschenspieler hinters Licht führen läßt.

Auch heute noch fallen Wissenschaftler auf Tricks mit Knoten und Verkettungen herein. So haben die Parapsychologen William Cox und John Richards einen Film vorgeführt, der zeigen soll, wie

---

[7] *Die transzendentale Physik und die sogenannte Philosophie*, Leipzig, 1879.

zwei Lederringe in einem Aquarium verbunden und wieder gelöst werden. „Die anschließende Untersuchung ergab keinerlei Hinweise darauf, daß die Ringe irgendwie zerschnitten worden wären", schrieb der *National Enquirer* am 27. Oktober 1981 in seinem Bericht über dieses Wunder. Das erinnert mich an einen alten Scherz der Zauberkünstler. Der Magier verkündet, er habe ein Kaninchen aus einem undurchsichtigen Kasten in einen anderen gezaubert. Ohne einen der beiden Kästen zu öffnen, sagt er dann, er werde das Kaninchen nun zurückzaubern.

Zwei verkettete Gummiringe lassen sich übrigens leicht herstellen, indem man sie verkettet auf die Oberfläche eines hohlen Gummibeißrings für Säuglinge zeichnet und vorsichtig ausschneidet. Man erhält zwei verkettete Holzringe, jeder aus einem anderen Holz, wenn man einen Holzring in eine Baumkerbe einsetzt und viele Jahre wartet, bis der Baum um diesen Ring herum und durch ihn hindurch gewachsen ist. Auch ein Kleeblattknoten läßt sich aus einem Beißring herausschneiden, weil er ja ein Torusknoten ist.

Ich beschreibe jetzt einen Trick, der für Slade zu plump war, den weniger raffinierte Medien jedoch gelegentlich anwandten.[8]

Man bindet dazu vor einer Séance die Enden einer sehr langen Schnur jeweils an das Handgelenk zweier Teilnehmer. Dann wird das Licht gelöscht. Wenn es wieder hell ist, sind mehrere Knoten in der Schnur. Wie kommen sie dahin?

Wenn das Licht gelöscht wird, stehen die beiden Teilnehmer nebeneinander. Das Medium (oder ein Helfer) macht dann im Dunkeln einige lange Schlingen in das Seil, die vorsichtig über den Kopf und den Körper eines der Gäste gestreift und flach auf den Boden gelegt werden. Später bittet das Medium diesen Gast beiläufig, einen Schritt zur Seite zu gehen. Dadurch werden die Schlingen freigegeben, die das Medium jetzt in der Mitte der Schnur zu einer Reihe fester Knoten ziehen kann. Die Teilnehmer erinnern sich später nicht mehr an die Bitte, zur Seite zu gehen, weil das für das

---

[8] Neben anderen Knotentricks wird er in Kapitel 2 von Hereward Carrington: *The Physical Phenomena of Spiritualism, Fraudulent and Genuine,* Boston, H. B. Turner & Co., 1907, beschrieben.

78

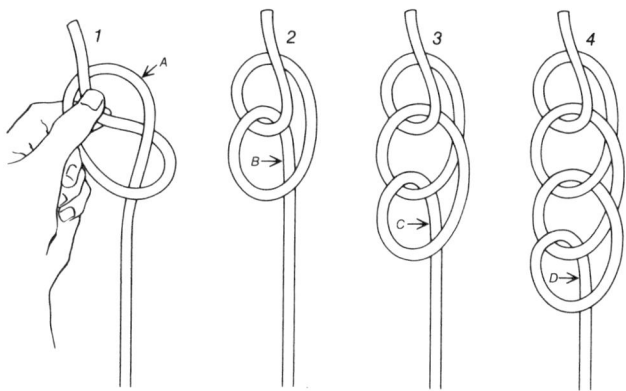

Phänomen so nebensächlich zu sein scheint; selbst der, der seine Position veränderte, wird das energisch und überzeugt bestreiten, wenn er einige Wochen später danach befragt wird.

Der englische Mathematiker und Physiker Roger Penrose zeigte mir einmal einen ungewöhnlichen Trick, den er als Grundschüler erfunden hatte und bei dem auf geheimnisvolle Weise ein Knoten entsteht. Der Knoten beruht auf dem, was beim Häkeln als Luftmasche und beim Nähen und Sticken als Kettenstich bekannt ist. Man beginnt, indem man am einen Ende eines dicken Fadens oder einer dünnen Schnur einen Kleeblattknoten bindet, den man mit der linken Hand so hält wie in Schritt 1 der Abbildung oben. Dann faßt man den Faden mit Daumen und Zeigefinger der rechten Hand bei A und zieht ihn wie in Schritt 2 zu einer Schlaufe. Man faßt nun durch die Schlaufe, ergreift den Faden bei B und bildet eine weitere Schlaufe (Schritt 3). Wieder faßt man durch die unterste Schlaufe, ergreift den Faden bei D und zieht eine weitere Schlinge nach unten (Schritt 4). Das setzt man fort, bis die Kette so lang ist wie möglich.

Halten Sie dann das untere Ende der Luftmaschenreihe mit der rechten Hand und ziehen Sie die Kette straff. Bitten Sie jemanden, mit Daumen und Zeigefinger ein beliebiges Kettenglied zu fassen und ziehen Sie gleichzeitig an beiden Enden des Fadens.

Wie zu erwarten, lösen sich alle Schlaufen auf. Wenn der Mitspieler die Finger wegnimmt, ist genau an der Stelle, wo er den Faden festhielt, ein fester Knoten.

Vor einigen Jahren machte Joel Langer, Mathematiker an der Case Western Reserve University, eine bemerkenswerte Entdeckung, als er versuchte, aus Stahldraht sogenannte Springknoten herzustellen. Der Draht wird verknotet, und seine Enden werden miteinander verbunden. Wenn man es richtig anstellt, kann man ihn als ringförmigen Zopf flachlegen. Sowie der Druck nachläßt, wird der Ring zu einem symmetrischen dreidimensionalen Gebilde, das sich nur sehr schwer wieder in seine Ringform bringen läßt.[9]

Im 19. Jahrhundert haben große Physiker wie Lord Kelvin und Peter Guthrie Tait, angeregt durch Arbeiten von Helmholtz, eine damals sehr angesehene Theorie entwickelt, wonach Atome Knoten sind, in die sich Wirbelringe von Äther (wir sprechen heute von „Raumzeit") hineinknüpfen. Das veranlaßte den Schotten Tait, sich mit Knoten zu befassen und die erste systematische Untersuchung von Knoten durchzuführen.

Antworten

Die obere Abbildung auf Seite 81 zeigt, wie sich ein Quadratknoten in einen alternierenden Knoten mit sechs Überkreuzungen verwandeln läßt. Es genügt, den punktierten Knoten a umzuklappen, um den Bogen b zu erhalten.

Die untere Abbildung verdeutlicht eine Möglichkeit, das Rätsel mit dem Ring im Altweiberknoten zu lösen. Man ziehe zunächst den unteren Knoten ganz fest und lasse ihn dann (mit

---

[9] Langer und sein Kollege Sharon O'Neil gründeten 1981 eine Firma, die sie „Why Knots" nannten und die den Achtknoten, den chinesischen Knopfknoten und die Mathematikerschleife als Springknoten herstellt. Wenn man einen dieser Drahtknoten aus seinem quadratischen Umschlag herausnimmt, springt er zu einem eleganten Schmuckstück auseinander. Am einfachsten läßt sich der Achtknoten wieder in den Umschlag hineinstecken. Schwieriger ist es beim chinesischen Knopfknoten (er heißt so, weil er in China oft als Verschluß dient), am allerschwierigsten aber bei der Mathematikerschleife.

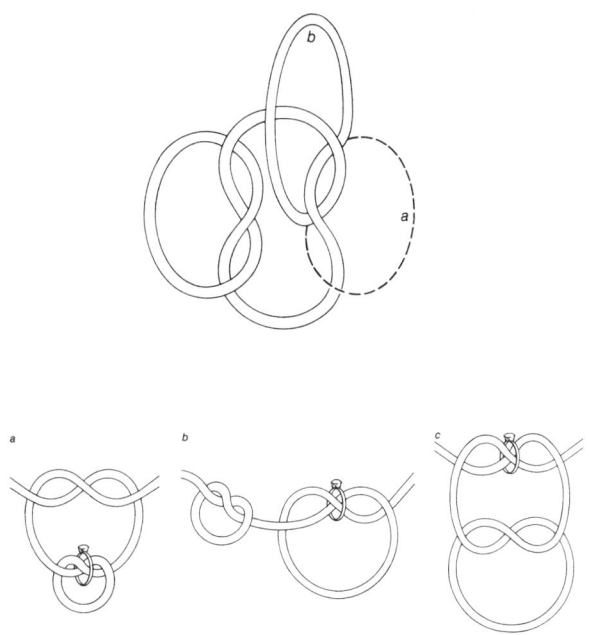

dem Ring) nach oben und durch den oberen Knoten gleiten (a).
Wenn man den Knoten öffnet, liegen die beiden Kleeblattknoten
nebeneinander (b). Dann ziehe man den Knoten ohne Ring fest
und lasse ihn durch den anderen Knoten nach unten gleiten. Öffnen Sie den Knoten, und Sie haben die Aufgabe gelöst (c).

Addenda

Seit dieses Kapitel 1983 geschrieben wurde, hat es in der Knotentheorie gewaltige Fortschritte gegeben. Heute ist die Knotentheorie einer der aufregendsten und aktivsten Bereiche der Mathematik. Man hat Dutzende neuer Polynome entdeckt, mit denen sich
Knoten klassifizieren lassen.

Die wichtigste neue Beschreibung ist das 1984 von dem neusee-
ländischen Mathematiker Vaughan F. R. Jones an der University

of California in Berkeley entdeckte Jones-Polynom, das seitdem von Louis Kauffman und anderen verbessert und verallgemeinert wurde. Obwohl diese neuen Polynome überraschend einfach und weitreichend sind, hat noch niemand ein algebraisches Verfahren gefunden, das es erlaubt, alle Knoten zu klassifizieren. Knoten mit verschiedenen Polynomen sind verschieden, aber zwei verschiedene Knoten können dasselbe Polynom haben.

Das Alexander-Polynom unterscheidet nicht zwischen spiegelbildlichen Knoten und kann, wie wir sahen, auch Quadratknoten und Altweiberknoten nicht auseinanderhalten. Das Jones-Polynom dagegen macht diese Unterscheidung. Bis jetzt ist noch nicht klar, warum das Jones-Polynom und die anderen neuen Polynome sich bewähren. „Sie sind Zauberei", sagte Joan Birman, eine Knotenexpertin am Bernard College.

Die verblüffendste Entwicklung in der neueren Knotentheorie war die Entdeckung, daß sich das Jones-Polynom am besten im Rahmen der statistischen Mechanik und der Quantentheorie verstehen läßt. Als erster erkannte Sir Michael Atiyah an der Universität Cambridge diese Zusammenhänge; heutzutage ist Edward Witten am Institute for Advanced Study in Princeton auf diesem Gebiet führend. Die Knotentheorie findet überraschende Anwendungen in der Theorie der Superstrings, die die Elementarteilchen als winzige Schlaufen sieht, und in der Quantenfeldtheorie. Die Zusammenarbeit von Physikern und Topologen ist sehr intensiv, denn Entdeckungen in der Physik haben zu neuen Entdeckungen in der Topologie geführt und umgekehrt. Noch kann niemand sagen, welche Ergebnisse das bringen wird.

Eine andere unerwartete Anwendung findet die Knotentheorie bei dem Bemühen, den Bau und die Eigenschaften großer Moleküle zu verstehen, also bei der Polymer-Forschung und insbesondere bei der Untersuchung von DNA-Molekülen. DNA-Stränge können unglaublich verknotet und verkettet sein; oft können sie erst dann kopiert werden, wenn sie durch Enzyme entwirrt oder entkettet werden. Die Enzyme müssen verknotete DNA-Stränge zerschneiden, so daß sie durch sich selbst oder einen anderen Strang hindurchgehen können, und die Enden dann wieder verbinden. Wie oft das nötig ist, bis ein Knoten oder eine DNA-Kette entknotet ist, bestimmt, wie rasch die DNA sich entknoten oder entketten läßt.

Es gibt einen wunderschönen Dreifarbentest, mit dessen Hilfe sich entscheiden läßt, ob ein Knotendiagramm einen Knoten darstellt oder nicht. Man zeichne das Diagramm und überprüfe, ob man seine „Bögen" (die Kurvenabschnitte zwischen zwei Überkreuzungen) mit drei Farben so einfärben kann, daß an jeder Kreuzung entweder alle drei Farben zusammentreffen, oder ob an jeder Kreuzung alle Gebiete gleichfarbig sind, solange sich an mindestens einer Kreuzung alle drei Farben treffen. Wenn das möglich ist, ist die Kurve verknotet. Wenn das nicht möglich ist, kann die Kurve verknotet sein oder nicht. Mit Hilfe der Dreifärbung läßt sich auch beweisen, daß zwei Knoten verschieden sind.

Der deutsche Mathematiker Heinrich Tietze stellte 1908 die Vermutung auf, daß zwei Knoten dann und nur dann gleich sind, wenn ihre Komplemente – die Räume, in die sie eingebettet sind – dieselbe Topologie haben. Diese Vermutung wurde 1988 von den amerikanischen Mathematikern Cameron M. Gordon und John E. Luecke bewiesen. Das Komplement eines Knotens ist ein dreidimensionales Gebilde, während der Knoten eindimensional ist. Seine topologische Struktur ist komplizierter als die des Knotens, enthält aber natürlich alle Information über den Knoten. Der Satz gilt nicht für Ketten, denn zwei verschiedene Ketten können identische Komplemente haben.

Der amerikanische Philosoph Charles Pierce zeigt in einem Abschnitt zu Knoten in seinem Buch *New Elements of Mathematics* (Band 2, Kapitel 4), wie die Borromäischen Ringe (drei Ringe, die so verbunden sind, daß sie nicht getrennt werden können, obwohl keine zwei Ringe miteinander verkettet sind) aus einem Torus mit drei Löchern geschnitten werden können. Pierce zeigt auch, wie der Achtknoten und der Pahlstek aus einem Torus mit zwei Knoten geschnitten werden können.

Gerichtete Graphen und Kannibalen

Ein fremder Autofahrer fragt:
„Wie komme ich von hier aus zur
Ecke Gardnerstraße und Ringel-
allee?" Antwort des Einheimi-
schen: „Gar nicht!"

In der Graphentheorie wird ein Graph als eine Menge von Punkten definiert, die durch Linien miteinander verbunden sind; die Punkte heißen Knotenpunkte oder Ecken, die Linien Kanten. Ein Graph heißt „einfach", wenn er keine Schlingen hat, also keine Kanten, die einen Punkt mit sich selbst verbinden, und keine parallelen Kanten (dasselbe Punktepaar also zwei oder mehr Kanten verbindet). Wenn man jeder Kante eines Graphen (beispielsweise durch Einzeichnen einer Pfeilspitze) eine Richtung zuordnet, also eine Reihenfolge ihrer Endpunkte herstellt, heißt der Graph gerichtet oder Digraph, und eine gerichtete Kante heißt auch Bogen. Weil wir uns hier mit Digraphen befassen, ist der oben zitierte alte Witz gar nicht so dumm, denn auf einigen Digraphen kann man tatsächlich nicht immer von einem Punkt zu einem anderen gelangen.

Ein Digraph heißt vollständig, wenn jedes Punktepaar durch einen Bogen verbunden ist. Der linke Teil der nebenstehenden Abbildung beispielsweise zeigt einen vollständigen Digraphen für vier Punkte. Die Abbildung rechts ist die zu diesem Digraphen gehörende Nachbarschaftsmatrix. Sie läßt sich folgendermaßen kon-

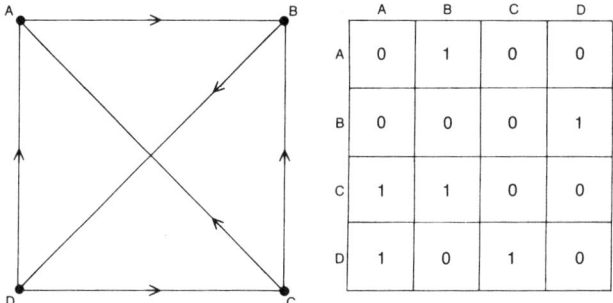

struieren: Stellen Sie sich den Digraphen als eine Karte von Einbahnstraßen vor. Von Punkt A aus gelangen Sie direkt nur zu Punkt
B; das läßt sich an der oberen Reihe der Matrix (der Reihe, die A
entspricht) ablesen, weil in der B entsprechenden Spalte 1 und in
allen anderen 0 steht. Ähnlich sind die anderen Reihen der angren-
zenden Matrix zu verstehen. Die Matrix ist also mit dem Digraphen
äquivalent. Folglich läßt sich der Digraph eindeutig konstruieren,
wenn die Nachbarschaftsmatrix gegeben ist.

Andere wichtige Eigenschaften von Digraphen lassen sich
durch andere Matrizen darstellen. So gibt beispielsweise jedes
Feld einer Entfernungsmatrix die kleinste Anzahl der Kanten an,
die einen sogenannten Pfad von einem Punkt zu einem anderen
bilden. Mit Pfad meinen wir einen Weg, der der Richtung der
Pfeilspitzen auf dem Graphen folgt und keinen der Knotenpunkte
mehr als einmal berührt. Entsprechend geben die Felder einer
Umwegmatrix an, wieviel Kanten der längste gerichtete Pfad zwischen jedem Punktepaar hat, und die der Erreichbarkeitsmatrix
(mit Werten von 0 und 1), ob ein Knotenpunkt durch einen Pfad
beliebiger Länge von einem anderen Knotenpunkt aus erreichbar
ist. Wenn jeder Knotenpunkt von jedem anderen aus erreichbar
ist, heißt der Digraph stark zusammenhängend. Andernfalls gibt
es ein oder mehr Punktepaare, für die gilt: „Gar nicht."

Eine der grundlegendsten und überraschendsten Aussagen
über vollständige Digraphen lautet: Unabhängig davon, wie die
Pfeilspitzen auf einem vollständigen Digraphen angebracht sind,
gibt es immer einen Pfad, der jeden Knotenpunkt nur einmal be-

rührt. Ein solcher Pfad heißt nach dem irischen Mathematiker William Rowan Hamilton ein Hamilton-Weg. Hamilton erfand ein Spiel, bei dem auf einem Graphen, der dem Gerüst eines Dodekaeders entspricht, alle Pfade zu finden sind, die jeden Knotenpunkt einmal berühren und dann zum Anfangspunkt zurückkehren. Ein geschlossener Pfad dieser Art heißt „Hamilton-Kreis."

Der Satz über vollständige Digraphen garantiert nicht, daß es auf jedem vollständigen Digraphen einen Hamilton-Kreis gibt, wohl aber, daß es mindestens einen Hamilton-Weg gibt. Überraschenderweise stellt sich heraus, daß die Anzahl solcher Wege immer ungerade ist. So hat beispielsweise der vollständige Digraph in der Abbildung auf Seite 85 fünf Hamilton-Wege: ABDC, BDCA, CABD, CBDA und DCAB. Bis auf den Weg CBDA lassen sich alle zu einem Hamilton-Kreis ergänzen.

Der Satz läßt sich anders formulieren, wenn man den Graphen eine andere Bedeutung zuschreibt. So nennt man beispielsweise vollständige Digraphen oft Turniergraphen, weil sie die Ergebnisse von Turnieren veranschaulichen, bei denen jeder Spieler einmal gegen jeden anderen spielen muß. Wenn Spieler A gegen Spieler B gewinnt, wird ein Pfad von A nach B gezogen. Der Satz über vollständige Digraphen garantiert, daß man unabhängig vom Ergebnis eines Turniers eine Rangliste aller Spieler aufstellen kann, aus der abzulesen ist, daß jeder Spieler den unmittelbar unter ihm stehenden Spieler besiegt hat. Wir nehmen hier an, daß die Wettkämpfe, wie beim Tennis, nie unentschieden ausgehen können. Wettkämpfe, bei denen Spiele unentschieden ausgehen können, werden durch richtungslose Wege veranschaulicht; man spricht dann von einem gemischten Graphen. Gemischte Graphen lassen sich immer in Digraphen verwandeln, indem man jede ungerichtete Kante durch ein Paar entgegengesetzt gerichteter paralleler Wege ersetzt.

Turniergraphen lassen sich nicht nur auf Turniere anwenden. Mit ihrer Hilfe stellen Biologen die Hackordnung bei Hühnern und allgemeiner jede hierarchische Ordnung innerhalb von Tiergemeinschaften dar, und Sozialwissenschaftler veranschaulichen mit diesen Graphen die Herrschaftsverhältnisse zwischen Men-

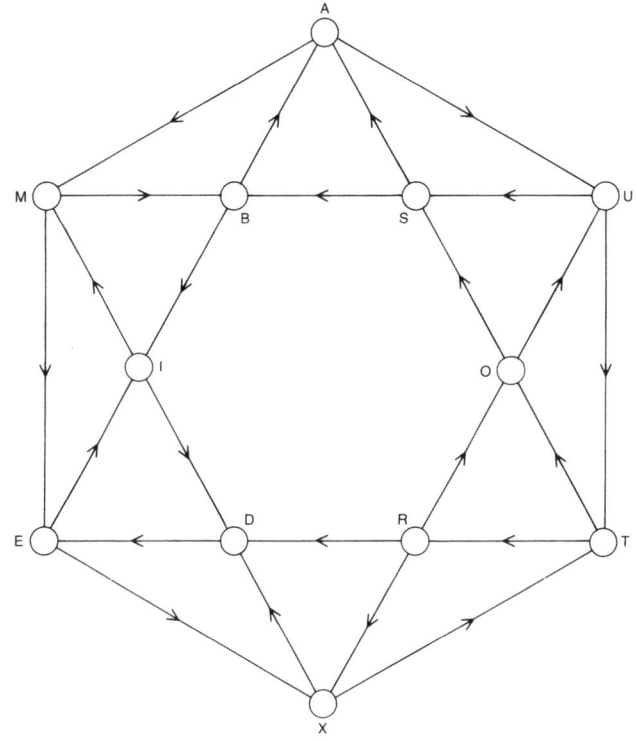

schen oder Menschengruppen. Turniergraphen eignen sich auch
gut zur Beschreibung der Rangordnung, in der wir Kaffeemarken
oder politische Kandidaten wählen. In all diesen Fällen garantiert
uns der Satz über vollständige Digraphen, daß sich die Tiere,
Menschen oder Dinge, um die es geht, durch gerichtete Beziehun-
gen linear anordnen lassen.

Der Beweis des Satzes ist nicht einfach; wenn Sie sich von seiner
Gültigkeit überzeugen wollen, sollten Sie versuchen, einen vollständigen Graphen von n Punkten so zu benennen, daß kein Hamilton-
Pfad entsteht. Die Unmöglichkeit dieser Aufgabe regte den Mathematiker John Horton Conway zu einem Spiel an, bei dem zwei Spieler abwechselnd Pfeilspitzen auf eine beliebige ungerichtete Kante
eines vollständigen Graphen zeichnen, bis ein Hamilton-Pfad zum

Kreis geschlossen ist. Der erste Spieler, der das nicht vermeiden kann, hat verloren. Das Spiel kann, wie aus dem Satz folgt, nicht unentschieden ausgehen. Conway findet das Spiel erst interessant, wenn der Graph sieben oder mehr Punkte hat.

Der Digraph in der Abbildung[1] auf Seite 87 ist nicht vollständig, aber er wurde so geschickt mit Pfeilspitzen versehen, daß es nur einen Hamilton-Kreis gibt. Stellen Sie sich vor, dieser Graph sei der Plan einer Stadt, in der es nur Einbahnstraßen gibt. Sie wollen bei A beginnen und eine Rundfahrt machen, bei der Sie nur einmal zu jedem der anderen Knotenpunkte kommen, ehe Sie nach A zurückkehren. Welchen Weg wählen Sie? Hinweis: Sie müssen den Stift beim Nachzeichnen des Kreises nicht unbedingt nur in der rechten Hand halten.

Digraphen können sehr viele Rätsel aufgeben und auch bei der Lösung von Rätseln helfen. Sie können etwa veranschaulichen, wie sich ein Flexagon verbiegen läßt, und sie können helfen, Strategien für Verschiebespiele und Schachprobleme zu entwickeln. Wahrscheinlichkeitsprobleme, die mit Markov-Ketten zu tun haben, können oft gut mit Digraphen analysiert werden, und oft kann man Gewinnstrategien für Zweipersonenspiele entwickeln, in denen jeder Zug den Zustand des Spiels verändert, indem man einen Digraphen für alle möglichen Spielzüge aufstellt. Im Prinzip ließe sich selbst das Schachspiel durch die Analyse des zugehörigen Digraphen „lösen", aber der Graph wäre so gewaltig und komplex, daß er vermutlich niemals gezeichnet werden wird.

Auch in der Unternehmensforschung sind Digraphen äußerst wertvolle Hilfsmittel, weil sie sich zur Lösung komplizierter Zeitabstimmungsprobleme einsetzen lassen. Wenn beispielsweise ein Produkt in einem Herstellungsprozeß mit mehreren Arbeitsgängen angefertigt wird, ist für jeden Arbeitsgang eine bestimmte Zeitspanne erforderlich, und manche Vorgänge müssen abgeschlossen sein, bevor andere beginnen können. Man kann einen optimalen Zeitplan für die Arbeitsabläufe entwerfen, indem man ihre mögli-

---

[1] Dieser Graph wurde 1961 in der einmal jährlich in Cambridge erscheinenden Mathematik-Zeitschrift *Eureka* veröffentlicht.

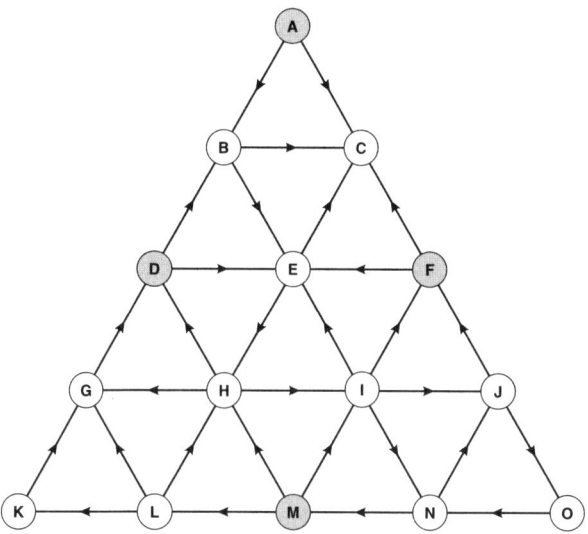

che Abfolge durch einen Graphen darstellt, dessen Punkte den Arbeitsgängen und dessen Pfade deren Reihenfolge entsprechen. Die Knotenpunkte werden zudem durch eine Zahl bezeichnet, die angibt, wie lange der entsprechende Vorgang dauert. Die Reihenfolge, in der bestimmte Vorgänge ablaufen müssen, wird durch die Pfeilspitzen auf den Pfaden angegeben. Man durchsucht den Digraphen dann, wenn nötig mit einem Computer, nach dem „kritischen Pfad", der den Vorgang im kürzesten Zeitraum beendet. Auch komplizierte Transportprobleme lassen sich so lösen. Beispielsweise kann jede Kante eines Digraphen eine Straße darstellen und mit einer Zahl versehen werden, die die Transportkosten auf dieser Straße angibt. Mit Hilfe geeigneter Algorithmen kann man den Pfad finden, der vom Ausgangs- zum Bestimmungsort führt und auf dem die Transportkosten am geringsten sind.

Auf Digraphen lassen sich auch einige interessante Brettspiele spielen. Einer der schöpferischsten Erfinder solcher Spiele ist der Mathematiker Aviezri S. Fraenkel vom Weizmann-Institut für Naturwissenschaften in Israel.[2] Der gerichtete Graph in der Abbildung auf Seite 89 ist das Spielbrett für das von Fraenkel erdachte Spiel „Verkehrschaos" oder „Traffic Jam". Zu Beginn liegt auf den vier Punkten A, D, F und M je eine Münze. Die Spieler ziehen abwechselnd mit einer der Münzen entlang der Kanten des Graphen in Pfeilrichtung auf ein benachbartes Feld, wobei es nicht darauf ankommt, ob es leer ist oder schon eine oder mehrere Münzen darauf liegen. Weil alle Pfeilspitzen zum Punkt C hinweisen, ist C eine sogenannte Senke; entsprechend ist eine Quelle ein Punkt, von dem aus alle Pfeile nach außen weisen. Wenn der Graph eine Hackordnung veranschaulicht, entspricht die Senke dem Huhn, das von allen Hühnern gehackt wird, während die Quelle dem Huhn entspricht, das alle anderen hacken darf. In diesem Fall gibt es nur eine Senke und eine Quelle. Ein vollständiger Digraph kann übrigens niemals mehr als eine Senke und mehr als eine Quelle haben. Sehen Sie, warum das so ist?

Wenn alle vier Münzen in der Senke C liegen, kann der Spieler, der an der Reihe ist, nicht mehr ziehen und hat verloren. Conway beweist in seinem Buch *On Numbers and Games*, daß der erste Spieler immer genau dann gewinnen kann, wenn er bei seinem ersten Zug die Münze von M nach L schiebt. Andernfalls kann sein Gegner gewinnen oder ein Unentschieden erzwingen, wenn beide die jeweils bestmöglichen Züge machen. Mit der von Conway entwickelten Spieltheorie läßt sich jedes Spiel dieser Art analysieren, unabhängig davon, wo die Spielsteine am Anfang stehen.

Eine alte und faszinierende Klasse von Denkaufgaben, die sich am besten mit Hilfe von Digraphen analysieren lassen, sind solche, bei denen in der Regel ein Hindernis wie ein Fluß überquert werden muß.[3] In der einfachsten Fassung dieses Problems wollen

---

[2] Eine gute Einführung in das, was Fraenkel Vernichtungsspiel nennt, findet sich in seiner Arbeit „Three Annihilation Games", die Fraenkel gemeinsam mit Uzi Tassi und Yaacov Yesha in *Mathematics Magazine*, Band 51, Nr. 1, S. 13–17, Januar 1978 veröffentlichte. Die Or Da Industries brachten 1976 das großartige Spiel *Arrows* auf den Markt, das Fraenkel gemeinsam mit Roger B. Eggleton von der Northern Illinois University entwickelte; es wird in den USA von Leisure Learning Products of Greenwich, Conn. vertrieben.
[3] Eine gute Zusammenstellung solcher Flußüberquerungsaufgaben findet sich in den Büchern des britischen Fachmanns für Denksportaufgaben Henry Ernst Dudeney.

drei Missionare mit drei Kannibalen von der rechten Uferseite auf die linke Seite übersetzen.[4] Das Ruderboot kann höchstens zwei Personen gleichzeitig befördern. Sowie die Kannibalen auf einer Seite in der Überzahl sind, werden die Missionare getötet und verzehrt. Können alle sechs ungeschoren übersetzen? Wie läßt sich das, falls es möglich ist, mit den wenigsten Überfahrten erreichen? Ich gehe hier nicht auf die gelegentlich lebhaft geführte Debatte ein, ob es Kannibalen je gegeben hat, sondern möchte dies einfach voraussetzen.[5]

Wir bezeichnen mit m die Anzahl der Missionare und mit k die Anzahl der Kannibalen und betrachten alle möglichen Zustände auf dem rechten Ufer. Die Zustände auf dem linken Ufer sind durch die Zustände auf dem rechten Ufer eindeutig bestimmt und müssen deshalb nicht gesondert betrachtet werden. Da m und k die Werte 0, 1, 2 oder 3 haben können, gibt es 4 x 4 oder 16 mögliche Zustände, die sich alle durch die Matrix in der oberen Abbildung auf Seite 92 beschreiben lassen. Sechs von diesen Zuständen sind jedoch nicht zulässig, weil in ihnen die Kannibalen in der Überzahl sind. Die zehn verbleibenden zulässigen Zustände werden in den ihnen entsprechenden zehn Feldern der Matrix durch einen Punkt markiert.

Im nächsten Schritt werden diese Punkte durch Kanten verbunden, die alle Überfahrten kennzeichnen, bei denen durch das Übersetzen von ein oder zwei Personen ein zulässiger Zustand auf einer Flußseite in einen solchen auf der anderen überführt wird. Auf diese Weise erhalten wir den nichtgerichteten Graphen in der Ab-

---

[4] Der Name einer der klassischen Aufgaben dieser Art ist der Titel des Romans *Cannibals and Missionaries* von Mary McCarthy.

[5] Benjamin L. Schwartz hat in einem Artikel, „An Analytic Method for the Difficult Crossing Puzzles", *Mathematics Magazine*, Band 23, Nr. 4, S. 187–193, März/April 1961, gezeigt, wie sich solche Probleme mit Hilfe von Digraphen lösen lassen, wobei er nicht direkt mit den Digraphen umgeht, sondern mit den zugeordneten Matrizen. Das von mir geschilderte vergleichbare Verfahren betrachtet die Digraphen selbst. Es wurde zuerst von Robert Fraley, Kenneth L. Cooke und Peter Detrick in „Graphical Solution of Difficult Crossing Puzzles", *Mathematics Magazine*, Band 39, Nr. 3, S. 151–157, vorgestellt und mit einigen Ergänzungen als Kapitel 7 von *Algorithms, Graphs and Computers* von Cooke, Richard E. Bellman und Jo Ann Lockett nachgedruckt (Academic Press, 1970).

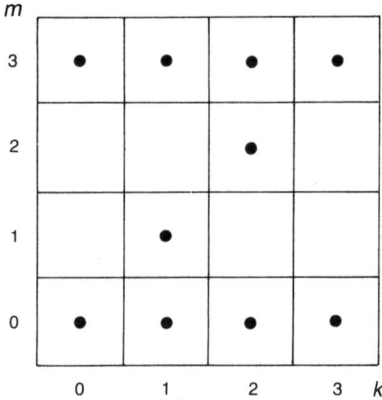

bildung unten, der in einen gemischten Graphen verwandelt wird, in den man die Richtung der Überfahrt anzeigende Pfeilspitzen einzeichnet. Bei der Umwandlung des ungerichteten Graphen in einen gemischten sind zwei Regeln zu beachten:

1. Das Ziel ist es, einen gerichteten „Weg" zu schaffen, der in der Ecke oben rechts (k = 3, m = 3) beginnt und unten links (k = 0, m = 0) endet, so daß alle Kannibalen und Missionare schließlich auf dem linken Ufer sind. Wir nennen dies einen Weg und nicht einen Pfad, weil ein Pfad nach Definition an jedem Punkt nur einmal vorbeiführen darf.

2. Beim gerichteten Weg wechseln sich Bewegungen nach unten oder nach links mit solchen nach oben oder nach rechts ab, weil jeder Schritt nach unten oder nach links einer Fahrt vom rechten Ufer zum linken Ufer entspricht, jeder Schritt nach oben oder nach rechts aber einer Fahrt in die entgegengesetzte Richtung.

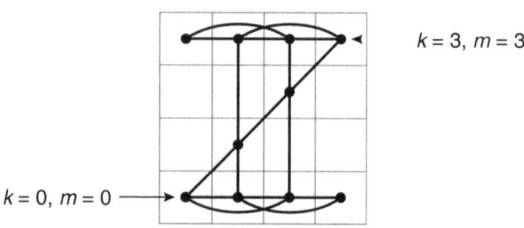

$k = 3, m = 3$

$k = 0, m = 0$

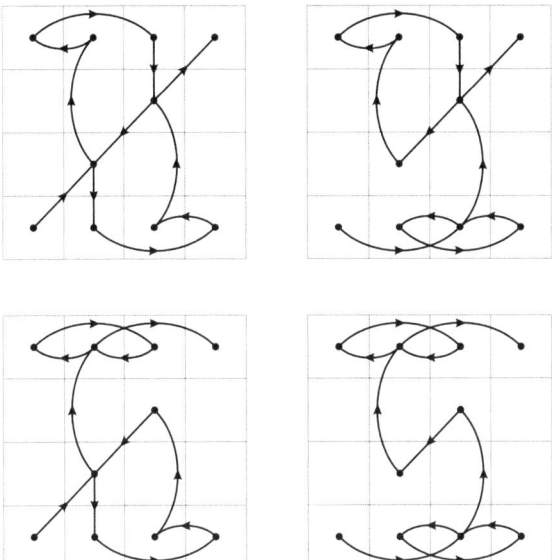

Wenn wir diese beiden Regeln berücksichtigen, finden wir bald heraus, daß es nur vier Lösungswege gibt. Die Abbildung oben zeigt die zugehörigen Digraphen. In jedem Fall sind elf Überfahrten nötig; mit Ausnahme der beiden ersten und der beiden letzten stimmen sie bei allen Lösungswegen überein. Die vier Varianten ergeben sich, weil es zwei Möglichkeiten für die beiden ersten Schritte und zwei symmetrische Entsprechungen für die beiden letzten Schritte gibt.

Wenn das Problem so verändert wird, daß vier Kannibalen und vier Missionare zu transportieren sind (und alle anderen Bedingungen gleich bleiben), läßt sich mit Hilfe dieses Verfahrens zeigen, daß es keine Lösung gibt. Nehmen wir jetzt an, das Boot sei groß genug für drei Personen, und sowohl auf dem Boot wie am Ufer dürfen nie mehr Kannibalen sein als Missionare. Unter diesen Bedingungen können alle acht Menschen mit nur neun Überfahrten ans andere Ufer gelangen. Fünf Kannibalen und fünf Missionare können ebenfalls in elf Schritten ans andere Ufer ge-

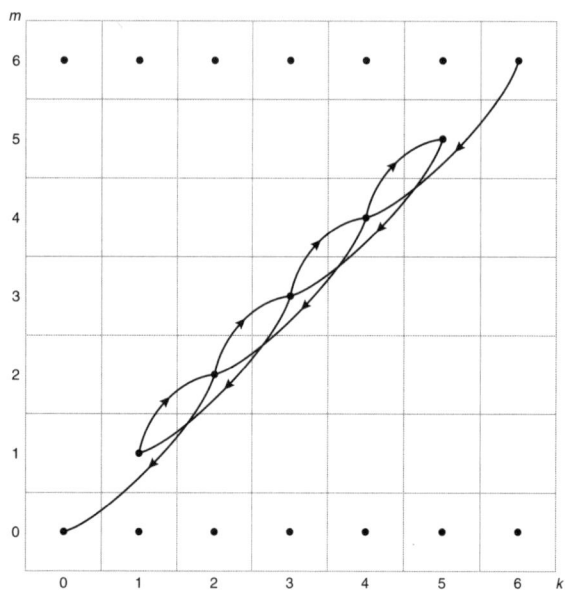

langen, wenn das Boot drei Personen faßt, aber bei sechs Kannibalen und sechs Missionaren ist das nicht möglich.

Falls das Boot vier oder mehr Personen aufnehmen kann, kann
jede Gruppe, in der es so viele Kannibalen gibt wie Missionare,
sicher über den Fluß gebracht werden. Man ernenne einfach einen
Kannibalen und einen Missionar zu Ruderern und lassen jeweils
paarweise einen Kannibalen und einen Missionar übersetzen, bis
alle am anderen Ufer sind. Wenn nun die Anzahl der Kannibalen
(oder Missionare) n ist und das Boot höchstens vier Personen hält,
läßt sich das Problem in 2n – 3 Schritten lösen. Wenn das Boot lediglich eine gerade Anzahl von Personen befördern kann, aber
mehr als 4, können natürlich mehr als ein Paar Kannibalen und
Missionare gleichzeitig transportiert werden. Dieses Verfahren,
bei dem sich an beiden Ufern immer die gleiche Anzahl von Kannibalen und Missionaren befindet, entspricht, wie die Abbildung
zeigt, der Diagonalen der zugehörigen Matrix. Dieser Digraph,

94

der an einen Zopf erinnert, löst das Problem in neun Schritten, wenn n gleich 6 ist und das Boot vier Personen faßt.

Das Diagonalverfahren führt immer zur besten Lösung, wenn das Boot eine Anzahl von Personen faßt, die gerade ist und größer oder gleich 4. Wenn die Anzahl der Kannibalen n nur um eins größer ist als die Kapazität des Bootes und das Boot mehr als vier Passagiere befördern kann, aber nur eine gerade Anzahl, gibt es immer eine kürzeste Lösung mit nur fünf Schritten. Das Diagonalverfahren ist sogar noch leistungsfähiger als dieser letzte Fall nahelegt. Es liefert unter diesen Bedingungen für jeden Fall von b + 1 Kannibalen bis zu (3b/2 – 2) Kannibalen, wobei b die Kapazität des Bootes ist, immer in nur fünf Schritten eine Lösung.

Das Diagonalverfahren führt dagegen nicht immer zur besten Antwort, wenn die Anzahl der Personen, die das Boot befördern kann, ungerade ist. Wenn beispielsweise n gleich sechs ist und das Boot fünf Personen aufnimmt, ergibt das Diagonalverfahren dieselbe Lösung, wie sie die Abbildung zeigt, aber es gibt auch eine Lösung mit sieben Überfahrten in neun Zügen. Allgemein gilt, daß immer eine minimale Lösung mit sieben Überfahrten existiert, wenn das Boot eine ungerade Anzahl von mehr als drei Personen befördern kann, aber nur eine weniger als n. Finden Sie eine der vielen Lösungen mit sieben Schritten für sechs Kannibalen und sechs Missionare, die den Fluß in einem Boot überqueren, das fünf Personen faßt? Dieses ist das einfachste von unendlich vielen Beispielen, in denen es ein besseres Verfahren gibt als das Diagonalverfahren, falls das Boot eine ungerade Anzahl von Personen befördern kann. Ich ignoriere hier die trivialen Fälle, in denen das Boot nur eine oder drei Personen mitnehmen kann; bei ihnen bewährt sich das Diagonalverfahren überhaupt nicht. Der nächst einfache Fall ist der, daß n gleich zehn ist und das Boot sieben Personen tragen kann.

Fast alle Flußüberquerungsaufgaben lassen sich mit Hilfe von Digraphen lösen. Ein berühmtes Problem, das mindestens bis in das achte Jahrhundert zurückgeht, handelt von drei eifersüchtigen Ehemännern und ihren Frauen, die einen Fluß in einem Boot überqueren wollen, das zwei Passagiere faßt. Wie läßt sich dieses Ziel so erreichen, daß eine Frau niemals allein mit einem Mann

ist, der nicht ihr Ehemann ist? Vielleicht sind Sie überrascht, wenn Sie den Digraphen für das Problem konstruieren und entdecken, daß es dieselben vier Lösungen hat wie das klassische Problem der Kannibalen und Missionare und keine anderen. Der einzige Unterschied – und das gilt auch für Verallgemeinerungen der Variante mit den eifersüchtigen Ehemännern – ist, daß die Männer und Frauen gemischt werden müssen, so daß sie Bedingungen erfüllen, die für das Problem mit den Kannibalen und Missionaren keine Rolle spielen.

Gelegentlich werden ausgefallenere Variationen des Problems mit den Kannibalen und Missionaren erörtert. So kommen beispielsweise in manchen Fällen nicht alle Teilnehmer als Ruderer in Frage. Wenn bei dem klassischen Problem mit den Kannibalen und Missionaren nur jeweils ein Missionar und ein Kannibale rudern können, erfordert die Lösung 13 Überfahrten. Man kann neben der Höchstzahl der Bootsfahrer auch vorgeben, wie viele Personen mindestens im Boot sein sollen, oder festlegen, daß es mehr Missionare gibt als Kannibalen, die Missionare aber nur dann sicher sind, wenn sie immer in der Überzahl sind. Das Problem ist wieder ein anderes, wenn eine Insel im Fluß als Anlegeplatz dienen kann oder wenn einige der Beteiligten so unverträglich sind, daß man sie nicht ohne Begleitung zusammen lassen darf.

Ein altes Problem dieser letzten Art läßt sich auf Alkuin, den Lehrer Karls des Großen, also ebenfalls bis ins achte Jahrhundert, zurückverfolgen. Es handelt von einem Mann, der einen Wolf, eine Ziege und einen Kohlkopf über einen Fluß bringen möchte, dessen Boot aber nur jeweils eins dieser drei fassen kann. Der Mann kann den Wolf nicht mit der Ziege allein lassen und die Ziege nicht allein mit dem Kohl. In diesem Fall gibt es zwei Mindestlösungen, die jeweils sieben Überfahrten erfordern, von denen die Abbildung eine zeigt.[6]

Ich beschreibe noch eine Aufgabe mit Digraphen. Wie Paul Erdös gezeigt hat, ist es unmöglich, auf einem vollständigen Digraphen mit weniger als n Knotenpunkten, wenn n kleiner ist als sieben, Pfeile so anzubringen, daß man immer von zwei vorgegebenen Punkten in einem Schritt zu einem dritten Punkt gelangen kann. Die umstehende Abbildung zeigt einen vollständigen Graphen für sieben Punkte. Man stelle sich die Punkte als Städte vor,

---

[6] Die Abbildung wurde dem Buch *Moscow Puzzles* von Boris A. Kordemsky, Charles Scribner's Sons, 1972, entnommen.

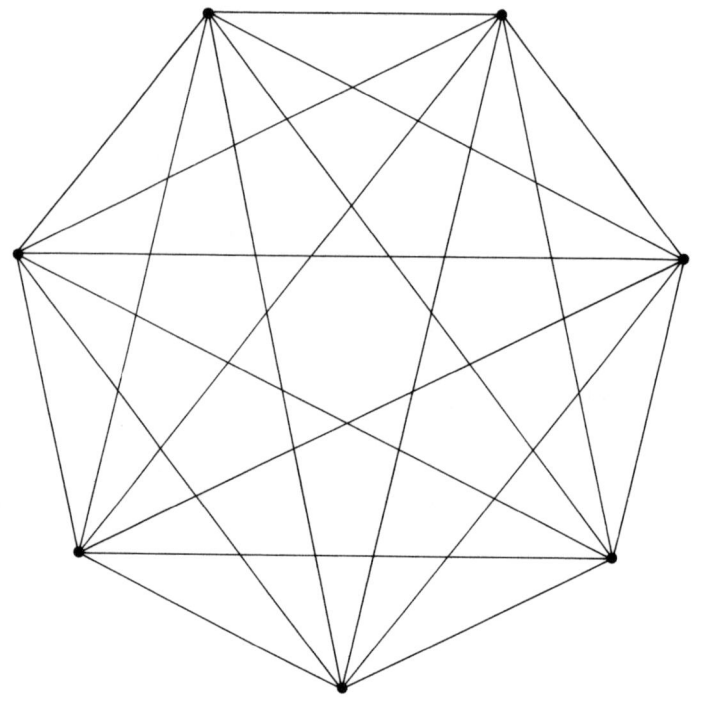

die durch Einbahnstraßen verbunden sind. Die Aufgabe besteht darin, jede Straße so mit einem Pfeil zu versehen, daß es zu je zwei Städten eine dritte Stadt gibt, von der aus man direkt zu den anderen beiden fahren kann. Es gibt nur eine Lösung.

Graphen dieser Art heißen gewöhnlich Turniergraphen, weil die Punkte Spieler darstellen und die Pfeile zeigen, wer wen besiegt. So gesehen kann kein Graph mit weniger als sieben Punkten zeigen, daß es zu je zwei Spielern immer einen Dritten gibt, der beide besiegt. Der Graph mit sieben Punkten ist der kleinste, in dem das der Fall sein kann. Er ist nicht transitiv. Es gibt keinen „besten" Spieler, weil jeder Spieler von einem anderen besiegt werden kann.

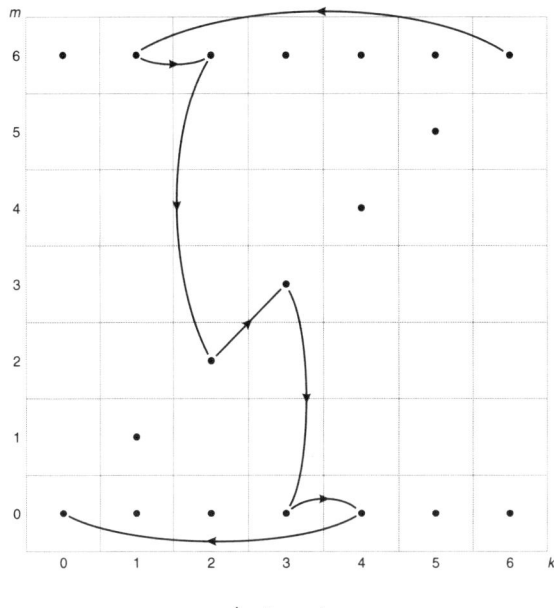

Antworten

Man findet den eindeutig bestimmten Hamilton-Kreis, indem man bei A beginnt und einen gerichteten Pfad wählt, der den Buchstaben AMBIDEXTROUS folgt. In einem weiteren Schritt kann man zu Ehren des *Scientific American* S mit A verbinden.

Die Abbildung oben zeigt einen Digraphen für eine der vielen Lösungen für das Problem von sechs Missionaren und sechs Kannibalen, die einen Fluß gefahrlos in einem Boot überqueren wollen, das fünf Personen faßt.

Das Problem von Paul Erdös wird gelöst, indem man den vollständigen Graphen für sieben Knotenpunkte, wie in der Abbildung auf Seite 100 gezeigt, mit Pfeilen versieht. Natürlich können die Punkte und ihre Verbindungslinien beliebig permutiert werden, was zu Lösungen führt, die nicht in dieser symmetrischen Form auftauchen, aber alle solchen Lösungen sind topologisch dieselben.[7]

[7] Paul Erdos: „On a General Problem in Graph Theory", *The Mathematical Gazette,* Band 47, Nr. 361, S. 220–223, Oktober 1963.

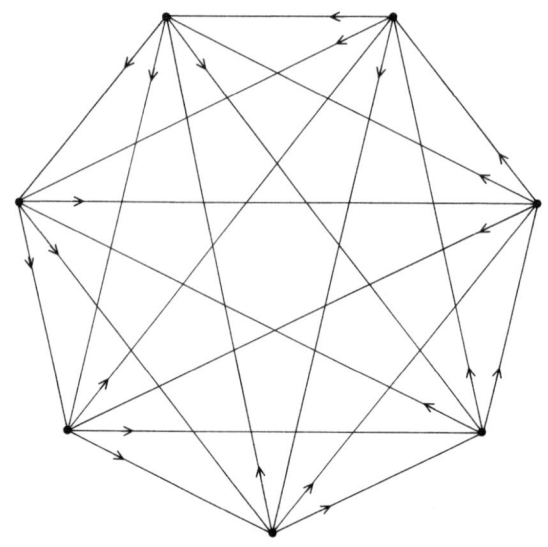

Addendum

Die Begriffe Entfernungsmatrix, Erreichbarkeitsmatrix und Umwegmatrix wurden von Frank Harary definiert, der auch viele andere Begriffe der Graphentheorie geprägt hat, die jetzt selbstverständlich sind, wie etwa stark und schwach zusammenhängende Digraphen. Deshalb nannte Gerhard Ringel ihn in einer Besprechung seines klassischen Lehrbuchs *Graph Theory* den Papst der Graphentheorie. Harary stimmt zu.

Harary erfindet und löst seit Jahren Zweipersonenspiele, die auf Graphen gespielt werden. Er nennt ein Spiel, in dem der Gewinner ein bestimmtes Ziel erreichen muß, ein „Erreichbarkeitsspiel". Wenn der erste, der gezwungen ist, das Ziel zu erreichen, verliert, ist es ein „Vermeidungsspiel". Seine umfangreiche Arbeit zu beiden Spielarten ist jedoch bis auf gelegentliche Artikel leider unveröffentlicht geblieben.

Ein Beispiel für eins von Hararys Digraph-Spielen, das er mir 1980 in einem Brief mitteilte, ist das Spiel Königsmacher. Jeder Turniergraph – ein vollständiger Digraph, bei dem je zwei Punkte durch einen Bogen oder einen gerichteten Pfad verbunden sind – hat mindestens einen Punkt, den sogenannten König, der von jedem anderen Punkt eine Entfernung von 1 oder 2 hat.

Das Spiel Königsmacher beginnt mit einem nichtgerichteten vollständigen Graphen mit n Knotenpunkten. Der erste Spieler zeichnet einen Pfeil an eine beliebige Kante. Natürlich kommt es nicht darauf an, welche Kante er wählt, weil sie aus Symmetriegründen alle gleich sind. Der Gewinner ist der erste, der einen König erzeugt, und das ist in diesem Fall ein Punkt, der von allen Punkten, die vom König aus direkt zu erreichen sind, einen Abstand von 1 oder 2 hat. Dies passiert gewöhnlich, bevor alle Kanten eine Richtung erhalten haben. Bei einem Vermeidungsspiel verliert der erste Spieler, der gezwungen ist, einen König zu machen. Das tritt in der Regel dann ein, wenn alle Kanten mit einem Pfeil versehen wurden.

Auf diesem Gebiet verdanken wir Steve Maurer vom Swarthmore College besonders viele Erkenntnisse. Jedes Turnier – also jeder vollständige Digraph – muß mindestens einen König haben, aber kein solcher Graph kann genau zwei Könige haben. Wenn es zwei Könige gibt, muß es einen dritten König geben. Wenn die Punkte als Hühner gedeutet werden, ist das Huhn, das jedes andere Huhn hackt, der einzige König der Gruppe. Ein Huhn, das von allen anderen gehackt wird, kann nicht König sein. Ein Graph mit einer ungeraden Anzahl von Knotenpunkten (Hühnern) kann ausschließlich aus Königen bestehen.[8]

---

[8] Diese Sätze führten zu einer vergnüglichen Reihe von Denkaufgaben, die Maxwell Carver *Chicken à la King* nannte und in *Discover*, März 1988, S. 96, veröffentlichte.

Dinnergäste, Schulmädchen und Häftlinge in Handschellen

Eine Frau möchte 35 Tage lang insgesamt 15 Gäste in Dreiergruppen zum Abendessen einladen, aber zwei Gäste niemals mehr als einmal zusammentreffen lassen. Ist das möglich?

Solche und ähnliche kombinatorische Aufgaben gehören zur sogenannten Theorie der Blockpläne, die im 19. Jahrhundert vor allem als Probleme der Unterhaltungsmathematik untersucht wurden. Später zeigte sich, daß sie in der Statistik eine wichtige Rolle spielen, und zwar besonders bei der Planung wissenschaftlicher Versuche. Ein kleiner Teil der Theorie der Blockpläne beschäftigt sich mit den sogenannten Steinerschen Dreiersystemen, für die das Problem mit den Essensgästen ein einfaches Beispiel ist. Sie wurden nach Jakob Steiner benannt, dem großen Schweizer Geometer, der diese Systeme im 19. Jahrhundert als erster betrachtete. Steiner, der von 1796 bis 1863 lebte, lernte erst als 14jähriger schreiben und lesen und war zunächst Autodidakt; er studierte in Heidelberg und Berlin, wo 1834 eigens für ihn ein Lehrstuhl für Geometrie eingerichtet wurde. Nach ihm heißt auch der berühmte Steinersche Satz aus der Mechanik.

Ganz allgemein ist ein Steinersches Dreiersystem eine Anordnung von n Objekten in Dreiergruppen, so daß jedes Paar von Objekten genau einmal in einer Dreiergruppe vorkommt. Wie man leicht sieht, ist die Anzahl der Paare $1/2\,n\,(n-1)$ und die Anzahl der Dreiergruppen ein Drittel der Anzahl der Paare, also $1/6\,n\,(n-1)$.

Natürlich ist ein Steinersches Dreiersystem nur dann möglich, wenn jedes Objekt in $1/2\,(n-1)$ Dreiergruppen vorkommt und diese Zahlen also ganze Zahlen sind. Das ist der Fall, wenn n kongruent zu 1 oder 3 modulo 6 ist, wenn also bei der Division von n durch 6 ein Rest von 1 oder 3 bleibt. Deshalb ist die Folge der möglichen Werte für n 3, 7, 9, 13, 15, 19, 21 und so weiter.

Wenn nur drei Gäste eingeladen werden, hat das Problem die triviale Lösung, daß alle Gäste am selben Tag kommen. Da Steinersche Dreiergruppen nicht geordnet sind, ist die Lösung natürlich eindeutig. Auch bei sieben Gästen ist die Lösung eindeutig: (1, 2, 4), (2, 3, 5), (3, 4, 6), (4, 5, 7), (5, 6, 1), (6, 7, 2) und (7, 1, 3). Die Anordnung der Dreiergruppen und die Anordnung der Zahlen in jeder Dreiergruppe läßt sich beliebig verändern, ohne daß sich das Grundmuster ändert. Die Zahlen lassen sich auch austauschen, wie man leicht sieht, wenn man sich vorstellt, jeder Gast trüge einen Anstecker mit einer Zahl. Wenn zwei oder mehr Gäste ihren Anstecker nach Belieben austauschen, ist die neue Kombination dieselbe wie die alte.[1]

Auch für neun Gäste gibt es eine eindeutige Lösung, für 13 Gäste gibt es zwei Lösungen und, wie man seit langem weiß, für 15 Gäste sogar 80. Für Werte größer als 15 ist die Anzahl der Lösungen nicht bekannt, aber es ist bewiesen, daß es für jeden Wert von n eine Lösung gibt. Für n = 19 gibt es Hunderttausende von Lösungen.

Wir komplizieren jetzt die Steinerschen Dreiersysteme ein wenig, um sie interessanter zu machen, und stellen uns vor, die Frau entschlösse sich, sieben Tage lang jeden Tag alle 15 Freunde jeweils zu dritt an fünf Tischen zu bewirten, wobei zwei Gäste jeweils nur einmal am selben Tisch sitzen sollen.

Dieses Problem entspricht einem der berühmtesten Probleme in der Geschichte der kombinatorischen Mathematik, nämlich

---

[1] Die Lösung für die Steinerschen Dreiergruppen für sieben Gäste ist eng mit dem Császár-Polyeder verwandt. Dieser seltsame Festkörper ist ein Toroid (er hat ein Loch) und, abgesehen vom Tetraeder, das einzige bekannte Polyeder, das keine Diagonalen hat – alle Geraden, die zwei Ecken verbinden, sind also Kanten. Ich habe diesen Festkörper in Kapitel 11 meines Buchs *Time Travel* (1988) beschrieben und gezeigt, wie sich ein Modell davon herstellen läßt.

Kirkmans Schulmädchen-Problem. Es ist nach Thomas Penyngton Kirkman benannt, einem englischen Geistlichen und Amateurmathematiker des 19. Jahrhunderts, der über 50 Jahre lang Pfarrer in Croft in Lancashire war. Dieser mathematische Autodidakt machte so originelle und vielseitige Entdeckungen, daß er in die Royal Society gewählt wurde. Er leistete nicht nur zur Kombinatorik wesentliche Beiträge, sondern auch zur Theorie der Knoten, der endlichen Gruppen und der Quaternionen. Bei einem in der projektiven Geometrie als Pascals mystisches Hexagramm bekannten Gebilde (sechs auf einem Kegel liegende Punkte werden auf alle möglichen Weisen durch Geraden verbunden) heißen gewisse Schnittpunkte Kirkman-Punkte.

Kirkman war für seinen beißenden Spott bekannt, den er oft gegen die Philosophie von Herbert Spencer richtete. Besonders oft wurde seine Parodie von Spencers Definition der Evolution zitiert: „Evolution ist der Übergang von einer bekannterweise nicht wißbaren unaussprechlichbaren Allüberähnlichkeit zu einer irgendwie wißbaren und im allgemeinen darübersprechbaren Nicht-Allüberähnlichkeit durch fortwährendes Etwaszerreden und Zusammengehörigationen."[2]

Kirkman formulierte das Schulmädchen-Problem so:[3]

Ein Lehrer macht an jedem Tag der Woche mit seinen 15 Schülerinnen einen Spaziergang. Dabei gehen die Mädchen jeweils zu dritt. Kann der Lehrer die Gruppen so zusammenstellen, daß je zwei Mädchen nach sieben Spaziergängen genau einmal in derselben Dreiergruppe gegangen sind?

---

[2] Herbert Spencer definierte den Begriff Evolution in seinem Buch *First Principles* folgendermaßen: Evolution ist der Übergang von einer unbestimmten, inkohärenten Homogeneität zu einer definitiven kohärenten Heterogenität durch stetige Differenzierungs- und Integrationsprozesse. Kirkmanns Parodie erschien in seinem Buch *Philosophy without Assumptions* (1876). Er fügt die Frage hinzu: „Kann jemand zeigen, daß meine Übersetzung unfair ist?" Spencer fand sie unfair und ging in Anhang B einer späteren Auflage der *First Principles* ausführlich auf das ein, was er den seltsamen Geisteszustand nennt, in dem sich seiner Meinung nach Kirkman und der Mathematiker Tait befanden, der Kirkmans Angriff auf die Evolution zustimmte.
[3] Das Problem wurde zuerst 1847 in *Cambridge and Dublin Mathematics Journal*, Band 2, S. 191–204 veröffentlicht und etwas später in *The Lady's and Gentleman's Diary for the Year 1851*.

Jede Lösung für dieses Problem ist natürlich ein Steinersches Dreiersystem, aber von den 80 verschiedenen Lösungen für n = 15 sind nur sieben auch Lösungen für das Schulmädchen-Problem. Die Steinerschen Dreiersysteme heißen Kirkman-Systeme, wenn die Dreiergruppen so beschaffen sind, daß jede Gruppe alle Objekte umfaßt.

Wieder ist die Anzahl der Paare der Mädchen $1/2 \, n \, (n-1)$, und die Anzahl der für die Spaziergänge nötigen Tage ist $1/2 \, (n-1)$. Die Anzahl der Mädchen muß ein Vielfaches von 3 sein. Diese Werte sind nur dann ganze Zahlen, wenn n ein ungerades Vielfaches von 3 ist. Deshalb ist die Folge möglicher Werte 3, 9, 15, 21 und so weiter, also die Folge der Steinerschen Dreiersysteme, wobei jede zweite Zahl überschlagen wird. Gibt es für jeden Wert in der Folge eine Lösung? Seit Kirkman diese Frage stellte, sind enorm viele Arbeiten zu dem Problem geschrieben worden, auch von hervorragenden Mathematikern. Der Fall n = 3 ist auch hier trivial. Die drei Mädchen gehen eben spazieren. Wenn neun Mädchen an vier Tagen spazierengehen, gibt es eine eindeutige Lösung:

123	147	159	168
456	258	267	249
789	369	348	357

Wie bei den Steinerschen Dreiergruppen kommt es auch hier innerhalb der Dreiergruppe nicht auf die Reihenfolge der Zahlen an, und wieder dürfen die Ziffern in einer Gruppe untereinander ausgetauscht werden. Alle Variationen, die sich durch solche Permutationen ergeben, gelten als ein und dieselbe Lösung.

Man kennt mittlerweile viele Verfahren, Kirkman-Blöcke zu konstruieren. Eines der geometrischen Verfahren hätte sicher Ramón Lull besondere Freude bereitet. Dieser spanische Theologe des 13. Jahrhunderts untersuchte in seiner *Ars magna* Symbolkombinationen mit Hilfe drehbarer konzentrischer Scheiben. Auch wir ziehen auf der Suche nach einer Lösung für n = 9 einen Kreis, markieren auf ihm acht Punkte, die gleichen Abstand voneinander haben, und bezeichnen sie mit den Ziffern 1 bis 8. Dann

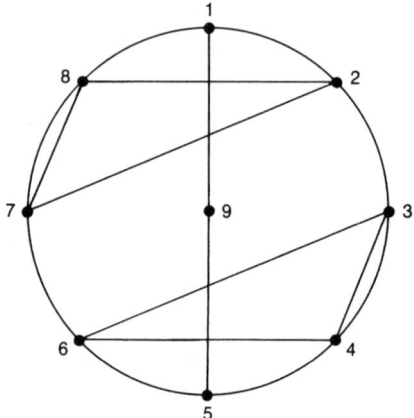

stechen wir eine Nadel durch den Mittelpunkt einer gleich großen Pappscheibe und durch den Mittelpunkt des Kreises und nennen die Mitte der Scheibe 9. Schließlich werden auf der Scheibe, wie in der Abbildung oben gezeigt, ein Durchmesser und zwei ungleichseitige Dreiecke eingezeichnet.

Jetzt drehe man den Kreis in beliebiger Richtung jeweils um einen Schritt in vier verschiedene Stellungen. Der fünfte Schritt bringt das Muster zum ursprünglichen zurück. Bei jedem Schritt schreibe man die drei Zahlen auf, die am Ende und in der Mitte der Geraden stehen, und die beiden Dreiergruppen, auf die die Ecken der beiden Dreiecke zeigen. So ergeben sich aus jeder der vier Stellungen der Scheibe drei Dreiergruppen, die jeweils für einen der vier Tage gelten. Diese Lösung unterscheidet sich auf den ersten Blick von der oben angegebenen Lösung für das Schulmädchen-Problem, aber wenn man 2 durch 5, 3 durch 7, 4 durch 9, 5 durch 3, 6 durch 8, 7 durch 6, 8 durch 4 und 9 durch 2 ersetzt (1 also gleich läßt), erhält man dieselbe Lösung. Die einzige andere Lösung ergibt sich, wenn wir die Spiegelbilder der Dreiecke auf die Scheibe legen, aber das ergibt kein neues Blockmuster.

Wie seit 1922 bekannt ist, hat der Fall n = 15 sieben verschiedene Lösungen, die sich durch andere Anordnungen von Dreiecken mit oder ohne eingezeichneten Durchmesser erzeugen lassen. Die Abbildung auf Seite 108 zeigt einen Block mit fünf Drei-ecken. In diesem Fall muß die Scheibe jedesmal um zwei Einhei-ten gedreht werden, was sieben verschiedene Stellungen ergibt. In jeder Stellung ergeben die Ecken eines jeden Dreiecks eine der fünf Dreiergruppen für den jeweiligen Tag.

Übrigens dürfen keine zwei Dreiecke auf einer Scheibe kon-gruent sein, weil sie sonst im Gesamtzusammenhang dieselben Dreiergruppen ergeben würden.[4]

Gibt es für jeden möglichen Wert von n einen Kirkman-Block? Diese Frage blieb erstaunlicherweise bis 1970 unbeantwortet; dann zeigten D. K. Ray-Chaudhuri und Richard M. Wilson von der Ohio State University, daß die Antwort ja lautet. Es ist jedoch unbekannt, wie viele Lösungen es für Werte von n ≤ 21 gibt.[5]

Kirkman-Blöcke haben viele praktische Anwendungen. Ein ty-pisches Beispiel ist die Anwendung des Blocks mit n = 9 auf ein biologisches Experiment. Nehmen wir an, ein Forscher wolle die Wirkung von neun Umwelten auf eine bestimmteTiergattung un-tersuchen. Dieses Tier kommt in vier Arten vor; und die Umwelt-einflüsse wirken sich jeweils anders aus, wenn das Tier jung, er-wachsen oder alt ist. Man ordnet jede Tierart willkürlich einer von vier Gruppen zu und bildet innerhalb jeder Gruppe drei Drei-ergruppen, von denen jede ein zufällig gewähltes Tier jeder Al-tersklasse enthält. Jedes Tier wird jetzt entsprechend den neun Zahlen in seiner Gruppe einer der neun Umwelten zugeordnet. Das ermöglicht es, die Ergebnisse des Versuchs statistisch zu ana-lysieren und den Umwelteinfluß zu bestimmen, unabhängig von der Art und den Altersunterschieden.

Ich habe oben gezeigt, wie Kirkman durch die Einführung ei-

[4] Die klassische Arbeit zu Kirkman-Systemen findet sich in Kapitel 10 der von H. S. M. Coxeter durchgesehenen 11. Auflage von W. W. Rouse Balls *Mathematical Recreations & Essays*. Auch das von J. J. Seidel völlig neu geschriebene Kapitel 10 in der 12. Auflage dieses Buchs (University of Toronto Press, 1974) ist hilfreich. Das neue Kapitel geht nicht auf die Geschichte der Blöcke ein, sondern erörtert ihre Be-ziehungen zu der affinen und projektiven Geometrie, zu Hadamard-Matrizen, fehler-berichtigenden Codes und höherdimensionaler Geometrie.

[5] Der Beweis findet sich in „Solution of Kirkman's Schoolgirl Problem" in *Combina-torics* (*Proceedings of Symposia in Pure Mathematics*, Band 19, S. 187–203, 1971).

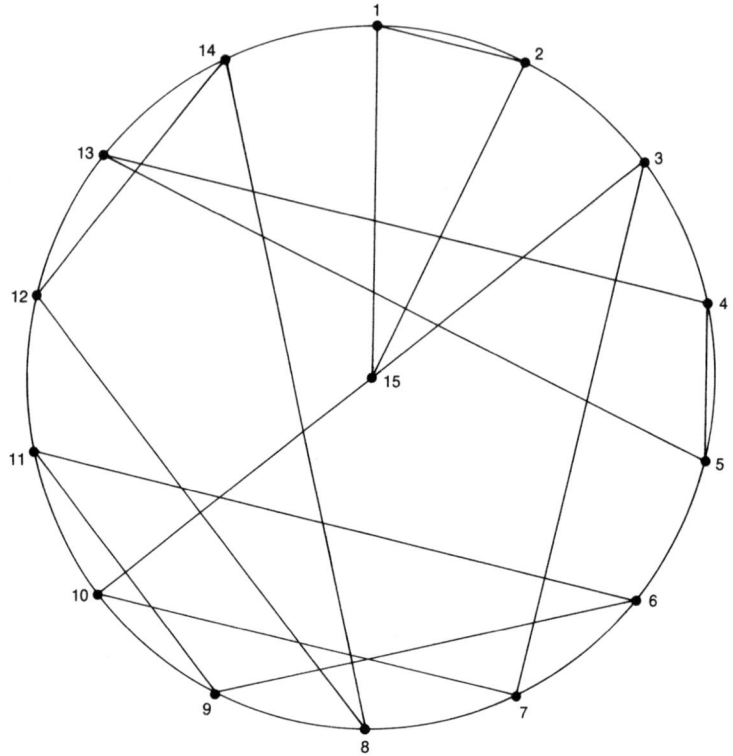

ner weiteren Bedingung die Steinerschen Dreiersysteme in eine
neue Art von Block-Problemen verwandelt hat. Das britische Rät-
selgenie Henry Ernest Dudeney wiederum legte 1917 den Kirkman-Systemen eine neuartige Beschränkung auf, die zu einem
weiteren Block-Problem führte.[6]

„Es war einmal", so beginnt Dudeneys Aufgabe, „eine Gruppe
von neun hochgefährlichen Häftlingen, die streng bewacht werden
mußten. Sie wurden zum täglichen Hofgang von einem ihrer
Wächter mit Handschellen aneinandergekettet. Man achtete dar-

---

[6] Problem 272 in Dudeneys *Amusements in Mathematics,* und Problem 287 seines
posthum erschienenen Werks *Puzzles and Curious Problems.*

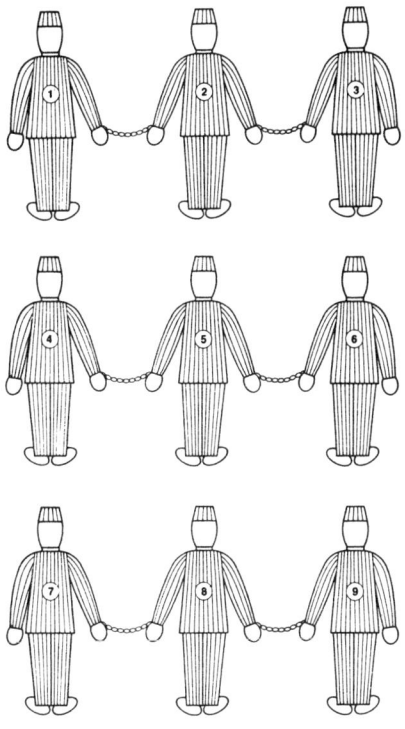

auf, daß im Lauf einer Arbeitswoche immer zwei andere Männer durch Handschellen verbunden wurden. Die Abbildung zeigt sie beim Ausgang am Montag. Können Sie die neun Männer für die verbleibenden fünf Tage zu Dreiergruppen ordnen? Natürlich darf Nr. 1 nicht wieder an Nr. 2 gefesselt werden (auf keiner Seite) und auch nicht Nr. 2 an Nr. 3, wohl aber können Nr. 1 und Nr. 3 aneinandergefesselt werden. Dieses Problem ist also ein ganz anderes als das altbekannte mit den fünfzehn Schulmädchen; es erweist sich als so faszinierend, daß sich die auf seine Lösung verwandte Mußezeit überreich auszahlt."

Dudeney gab eine Lösung an, erklärte aber nicht, wie er sie und ähnliche Lösungen gefunden hatte. Die Suche nach Lösungen verläuft jedoch sehr befriedigend, wenn man Lulls Verfahren der

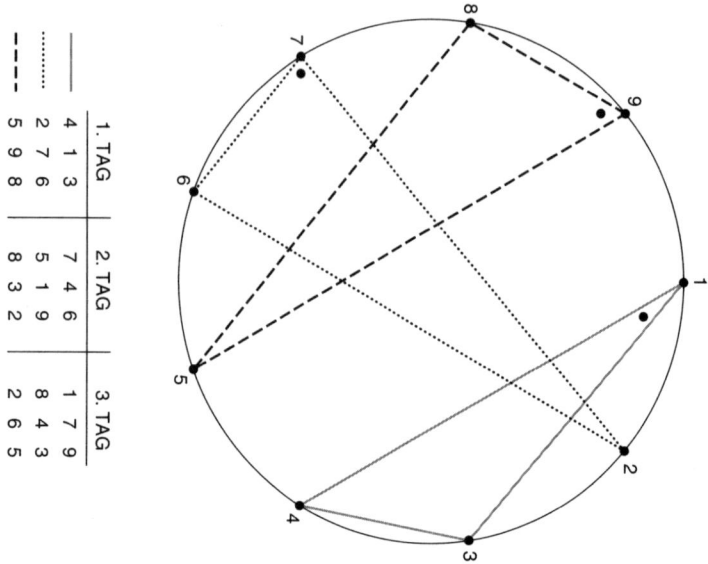

	1. TAG			2. TAG			3. TAG	
4	1	3	7	4	6	1	7	9
2	7	6	5	1	9	8	4	3
5	9	8	8	3	2	2	6	5

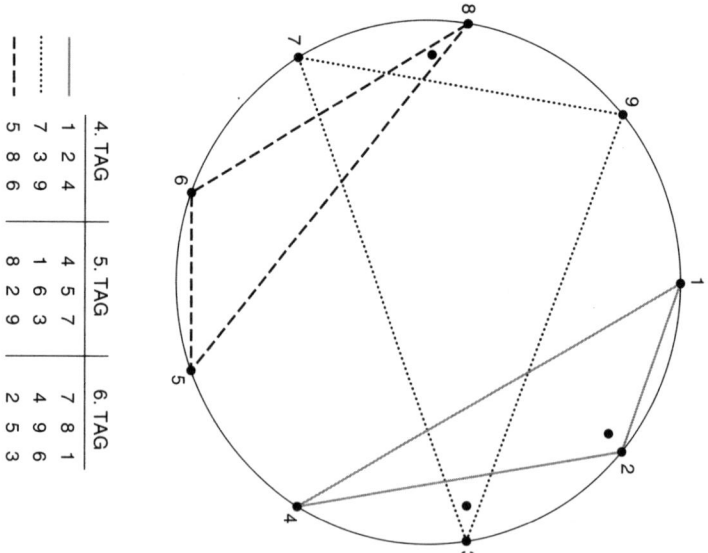

	4. TAG			5. TAG			6. TAG	
1	2	4	4	5	7	7	8	1
7	3	9	1	6	3	4	9	6
5	8	6	8	2	9	2	5	3

110

beiden Scheiben verwendet. Die Abbildung auf Seite 110 zeigt ein Beispiel. Jede Scheibe wird, etwa in Uhrzeigerrichtung, drei Schritte weit gedreht. Bei jedem Schritt ergeben die Ecken der drei Dreiecke eine Dreiergruppe von Zahlen. In diesem Fall muß in der Mitte jeder Dreiergruppe die Zahl stehen, die durch die Ecke mit dem Punkt angezeigt wird.

Jede Scheibe erzeugt die drei darunter gezeigten Gruppen. In beiden Fällen sind die Gruppen insofern zyklisch, als die Zahlen der ersten Gruppe die der zweiten ergeben, wenn man zu jeder Zahl in der ersten Gruppe 3 (modulo 7) addiert. Ähnlich erzeugt die zweite Gruppe die dritte, die ihrerseits zur ersten zurückführt. Die Lösung beginnt nicht mit der Anordnung, die Dudeney für den ersten Tag angibt, aber die Ziffern lassen sich leicht entsprechend austauschen.

Nachdem Dudeney die Lösung angegeben hatte, scherzte er: „Wenn der Leser sich ein schweres Rätsel wünscht, das ihn während der Wintermonate beschäftigt halten kann, soll er versuchen, 21 Häftlinge so anzuordnen, daß sie alle, in ähnlicher Weise zu Dreiergruppen aneinandergefesselt, an fünfzehn Tagen ausgehen können, ohne daß zwei Männer mehr als einmal nebeneinander gehen. Falls er zu der Meinung kommt, die Aufgabe sei unmöglich zu lösen, fügen wir hinzu, daß wir eine vollständige Lösung aufgeschrieben haben. Aber sie ist eine harte Nuß."[7]

Bevor ich die Lösung angebe, möchte ich einige allgemeine Bemerkungen zu dem Problem mit den gefesselten Häftlingen machen. Die Anzahl der möglichen Paarungen ist wie bei den Steinerschen Dreiergruppen und den Kirkman-Blöcken $1/2\,n\,(n-1)$, obwohl die neuen Einschränkungen (Handschellen!) die Zahl der nötigen Tage auf $3/4\,(n-1)$ erhöht. Es gibt nur dann eine Lösung, wenn dieser Ausdruck eine ganze Zahl ist, und das ist der Fall, wenn n einen Wert aus einer Folge hat, die aus genau der Hälfte der möglichen Werte für einen Kirkman-Block besteht, nämlich

---

[7] Die Nuß ist wirklich hart. Soweit ich weiß, findet sich die erste veröffentlichte Lösung in Pavol Hell und Alexander Rosa. „Graph Decomposition, Handcuffed Prisoners, and Balanced P-Designs", *Discrete Mathematics*, Band 2, Nr. 3, S. 229–252, Juni 1972.

aus der Zahlenfolge 9, 21, 33, 45, 57, 69, 81, 93 und so weiter, bei der die Differenz zwischen je zwei aufeinanderfolgenden ganzen Zahlen 12 ist.

Charlotte Huang und Rosa veröffentlichten 1971 eine Klassifizierung von 334 Lösungen für n = 9. Als Dame Kathleen Ollerenshaw und der Kosmologe Hermann Bondi diese Lösungen überprüften, fanden sie jedoch zwei Wiederholungen. Man nimmt jetzt an, daß die Anzahl der Lösungen 332 beträgt. Für Werte größer als 9 ist die Anzahl der Lösungen nicht bekannt. Rosa vermutet, daß die Anzahl der Lösungen für n = 21 in die Millionen geht. Hell und Rosa haben gezeigt, daß es für unendlich viele n Lösungen gibt und wie sich für alle Zahlen n kleiner als 100 (außer für 57, 69 und 93) zyklische Lösungen finden lassen. Wilson (der auch half, Kirkmans Schulmädchen-Problem zu lösen) hat bewiesen, daß es für alle Werte von n eine Lösung gibt.

Die Abbildung auf Seite 113 zeigt eine von Hell und Rosa gefundene zyklische Lösung für n = 21. Die ersten sieben Tage bilden eine zyklische Menge, die sich durch eine Scheibe mit sieben Dreiecken erzeugen läßt, deren Ecken den Dreiergruppen entsprechen, die an jedem Tag in der obersten Zeile stehen. Die Scheibe wird jedesmal um drei Schritte weitergedreht. Eine zweite Scheibe mit sieben ähnlich erzeugten Dreiecken ergibt die Daten für die nächsten sieben Tage, und die Abbildung rechts zeigt die Anordnung für den 15. Tag. In beiden zyklischen Mengen kann das Blockmuster für einen Tag in das des nächsten Tages verwandelt werden, indem man 3 (modulo 21) zu jeder Zahl hinzuzählt; wenn man dasselbe mit der Anordnung des letzten Tages tut, erhält man wieder die des ersten Tages. Hell und Rosa geben ähnliche zyklische Lösungen für n = 33 und n = 45.

Sowohl das Problem mit den Schulmädchen als auch das mit den Häftlingen läßt sich auf Quartette, Quintette, Sextette und so weiter verallgemeinern. Solche Verallgemeinerungen führen zu tiefen Fragen der Kombinatorik, von denen viele noch weit von einer Antwort entfernt sind. In Rätselbüchern finden sich Hunderte verwandter Probleme; oft sind sie in Geschichten über Sitzordnungen, Turniere, Mitgliedschaften in Vereinen und andere kombinatori-

1

1	8	18
2	4	20
3	7	15
10	11	6
5	16	21
19	9	17
13	12	14

2

4	11	21
5	7	2
6	10	18
13	14	9
8	19	3
1	12	20
16	15	17

3

7	14	3
8	10	5
9	13	21
16	17	12
11	1	6
4	15	2
19	18	20

4

10	17	6
11	13	8
12	16	3
19	20	15
14	4	9
7	18	5
1	21	2

5

13	20	9
14	16	11
15	19	6
1	2	18
17	7	12
10	21	8
4	3	5

6

16	2	12
17	19	14
18	1	9
4	5	21
20	10	15
13	3	11
7	6	8

7

19	5	15
20	1	17
21	4	12
7	8	3
2	13	18
16	6	14
10	9	11

8

1	4	19
7	16	9
10	2	6
13	17	8
11	14	20
5	12	21
3	18	15

9

4	7	1
10	19	12
13	5	9
16	20	11
14	17	2
8	15	3
6	21	18

10

7	10	4
13	1	15
16	8	12
19	2	14
17	20	5
11	18	6
9	3	21

11

10	13	7
16	4	18
19	11	15
1	5	17
20	2	8
14	21	9
12	6	3

12

13	16	10
19	7	21
1	14	18
4	8	20
2	5	11
17	3	12
15	9	6

13

16	19	13
1	10	3
4	17	21
7	11	2
5	8	14
20	6	15
18	12	9

14

19	1	16
4	13	6
7	20	3
10	14	5
8	11	17
2	9	18
21	15	12

15

1	3	2
4	6	5
7	9	8
10	12	11
13	15	14
16	18	17
19	21	20

113

sche Schemen eingebettet. So werde ich beispielsweise oft gefragt, wie n Mitglieder eines Bridgeklubs (n muß ein Vielfaches von 4 sein) so angeordnet werden können, daß sie n – 1 Tage lang täglich an n/4 Tischen spielen können und jeder Spieler genau einmal Partner und genau zweimal Gegner jedes anderen Spielers ist.

Das Bridgeproblem klingt einfach, ist aber tatsächlich so widerspenstig, daß es erst vor wenigen Jahren restlos gelöst wurde. Am vollständigsten wurde es von Ronald D. Baker von der Universität von Delaware analysiert.[8]

Baker zeigte 1975, wie man für alle Werte von n mit Ausnahme von 132, 152 und 264 Lösungen finden kann. Seitdem hat der israelische Mathematiker Haim Hanani den Fall n = 132 gelöst; Baker und Wilson lösten die Fälle n = 152 und n = 264.

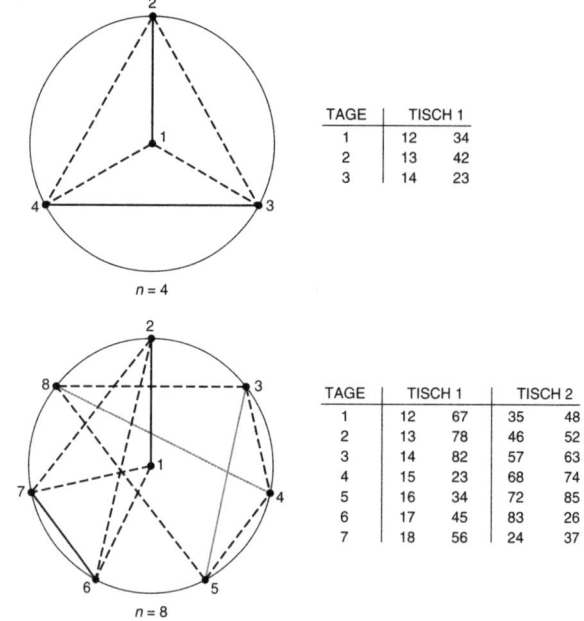

TAGE	TISCH 1	
1	12	34
2	13	42
3	14	23

n = 4

TAGE	TISCH 1		TISCH 2	
1	12	67	35	48
2	13	78	46	52
3	14	82	57	63
4	15	23	68	74
5	16	34	72	85
6	17	45	83	26
7	18	56	24	37

n = 8

---

[8] „Whist Tournaments", *Proceedings of the Sixth Southeastern Conference on Combinatorics, Graph Theory and Computing, Utilitas mathematica*, Winnipeg, Band 14 von *Congressus Numerantium* 1975.

Für viele Werte von n läßt sich die Lösung mit Hilfe von Scheiben finden, die jeweils einen Schritt aufs Mal gedreht werden. Die Abbildung auf Seite 114 zeigt Scheiben für n = 4 und n = 8. Das Lösungsverfahren ist ganz direkt. Man zieht zunächst eine Gerade von 1 (der Scheibenmitte) nach 2 und dann eine zweite, die zwei Zahlen auf dem Rand verbindet. Die Endpunkte jeder Geraden sind Bridgepartner, und die beiden Partnerpaare spielen jeweils am selben Tisch gegeneinander. Wenn es einen zweiten Tisch gibt, erhält man die Sitzordnung für diesen Tisch, indem man mit einem andersfarbigen Stift zwei weitere Zahlenpaare verbindet. Für weitere Tische werden weitere Farben eingeführt.

Damit diese Anordnung zu einer zyklischen Lösung führt, müssen zwei Bedingungen erfüllt sein: Erstens dürfen keine zwei Geraden gleich lang sein (die Länge wird durch die Anzahl der Einheiten gemessen, die eine Linie auf dem Kreisumfang umspannt); sie sind also mit Ausnahme des Radius notwendigerweise aufeinanderfolgende ganze Zahlen, die mit 1 beginnen und mit 1/2 n – 1 aufhören. Zweitens dürfen dann, wenn alle Gegner an jedem Tisch durch Geraden verbunden sind, nur zwei Verbindungsstrecken auf der Scheibe gleich lang sein (sie sind in der Abbildung gestrichelt).

Die Lage der Geraden findet man im wesentlichen durch Probieren. Es ist kein Verfahren bekannt, das für alle Werte von n eine richtige Anordnung garantiert. Wenn man eine mögliche Anordnung gefunden hat, nimmt man sie als Sitzordnung für den ersten Tag und findet die Sitzordnung der verbleibenden Tage durch Drehen der Scheibe. Im endgültigen Plan ist jede Spalte zyklisch, so daß sich die Sitzordnung für die anderen Tage ohne Drehen der Scheibe ergibt. Die Lösungen für n = 132, n = 152 und n = 264 sind nicht zyklisch, obwohl sie möglicherweise durch Permutation der Zahlen in eine zyklische Form gebracht werden könnten. Baker meint, es könnte für alle Werte von n zyklische Lösungen geben; es ist aber kein allgemeiner Algorithmus bekannt, der sie zu finden erlaubt.

Zum Schluß noch ein hübsches Problem: Können Sie eine Lösungs-Scheibe für ein Turnier mit 12 Bridgespielern entwerfen, die alle Bedingungen erfüllt?

Antworten

Die Abbildung zeigt zwei Lösungen für das Problem, eine Sitzordnung für 12 Bridgespieler zu finden, die 11 Tage lang an drei Tischen spielen, so daß jeder Spieler genau einmal mit jedem anderen Spieler und genau zweimal gegen jeden anderen Spieler spielt. Die Anordnung für den ersten Tag wird durch eine Scheibe angegeben, auf der die Partner durch farbige Geraden miteinander verbunden werden; an einem Tisch spielen jeweils die durch gleichfarbige Geraden verbundenen Spieler miteinander. Wenn man die Scheibe im Uhrzeigersinn jeweils einen Schritt weiter dreht, ergibt sich eine zyklische Folge der Paarungen an den verbleibenden zehn Tagen. Weitere Lösungen ergeben sich durch andere Scheibenanordnungen als die beiden gezeigten.

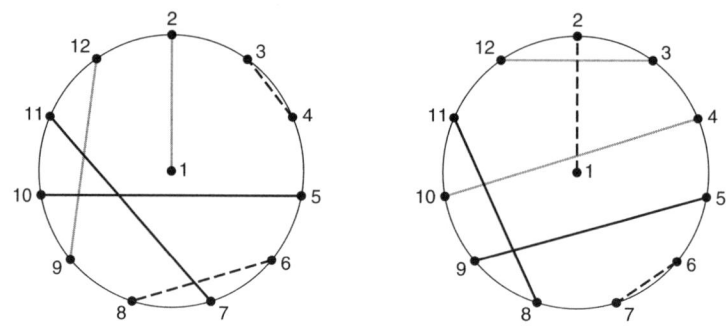

Addendum

Nachdem dieses Kapitel im Mai 1980 im *Scientific American* erschienen war, erhielt ich den folgenden Brief von Donald E. Knuth, einem Computerwissenschaftler der Stanford University:

Als ich Anfang der sechziger Jahre Kombinatorik studierte, sagte man üblicherweise, Steiner habe das Problem der Dreiergruppen 1853 gestellt, 1859 habe Reiss es gelöst und 1893 habe E. H. Moore die eleganteste bekannte Lösung gefunden. Als ich jedoch eines Tages zufällig einem falschen Hinweis auf Kirkmans Schulmädchen-Problem nachging, entdeckte ich, daß Kirkman selbst das „Steinersche"-Dreiergruppen-Problem schon 1847 nicht nur gestellt, sondern auch für alle n der Form 6k + 1 und 6k + 3 elegant gelöst und für 6k und 6k + 4 die maximale Näherungslösung angegeben hatte. Ich erzählte Marshall Hall davon, der die Information gerade noch rechtzeitig in sein Buch Combinatorial Theory *(1967) aufnehmen konnte. Kirkmans Schulmädchen-Problem war das Thema einer weiteren Arbeit, die, wenn ich nicht irre, in derselben Zeitschrift und im selben Jahr erschienen war. Erstaunlicherweise wurde die erste Arbeit anscheinend über 100 Jahre lang vergessen, was daran gelegen haben könnte, daß er auch für die Fälle 3k + 2 Beweise gab, die nicht zutrafen – seine Begründung für diese Fälle läßt sich etwa so umschreiben: „Dies ist eine schöne Konstruktion; sie muß die bestmögliche sein, weil Gott sicher nicht wollen würde, daß die beste Antwort noch komplizierter wäre."*

Das Monster und andere sporadische Gruppen

Was ist dunkel und kommutiert?
Eine abelsche Suppe.

Mathematikerscherz, etwa 1965

Gegen Ende der siebziger Jahre waren Gruppentheoretiker, also Fachleute auf einem Gebiet der abstrakten Algebra, in aller Welt auf der Jagd nach einer Gruppe, die John Horton Conway einmal wegen ihrer ungeheuren Größe das Monster nannte. Sie wurde 1980 endlich konstruiert und hat 808 017 424 794 512 875 886 459 904 961 710 757 005 754 368 000 000 000 oder 2^{46} x 3^{20} x 5^9 x 7^6 x 11^2 x 13^3 x 17 x 19 x 23 x 29 x 31 x 41 x 47 x 59 x 71 Elemente. Der Fang gelang dem Mathematiker Robert L. Griess Jr., damals an der Universität von Michigan, mit bloßen Händen. Er sieht in der Gruppe einen freundlichen Riesen und bezeichnet sie mit ihrem mathematischen Namen F_1. Die Nachricht von ihrer Entdeckung versetzte die Gruppentheoretiker in helle Aufregung, denn sie kamen damit der Klassifizierung aller endlichen einfachen Gruppen und damit der Vollendung einer Aufgabe näher, die sie schon seit einem Jahrhundert beschäftigte.

Die wechselvolle Geschichte dieses Vorhabens begann mit einem Knall, dem Pistolenschuß, der den genialen französischen Mathematiker und revolutionären Studenten Évariste Galois 1832 bei einem mysteriösen Duell tötete, zu dem ihn zwei Patrioten herausgefordert hatten. Galois, damals noch keine 21 Jahre alt, hatte sich kurz zuvor in eine unglückliche Liebesaffäre verstrickt, die er mit dem Duell in Verbindung brachte. Er hatte erst als 15jähriger Mathematikunterricht erhalten, aber schon mit 17 eine Arbeit über Kettenbrüche veröffentlicht und mit Untersuchungen zur Theorie der Gleichungen begonnen, mit denen er die Grundlagen der modernen Gruppentheorie legte, die es damals nur in einigen bruchstückhaften Ansätzen gab.

Der Physiker Tony Rothman hat nachgewiesen[1], daß Eric Temple Bell in seinem bekannten Buch *Die großen Mathematiker* (1937) viele Tatsachen romantisiert hat. Nach Bell verbrachte Galois die Nacht vor dem Duell damit, „in fieberhafter Eile" das aufzuschreiben, was er über Gruppen entdeckt hatte. „Immer wieder einmal unterbrach er sich", so Bell, um an den Rand zu schreiben: „Ich habe keine Zeit. Ich habe keine Zeit."

Diese Darstellung ist fast sicherlich falsch. Galois schrieb in dieser Nacht verzweifelte Briefe an seine Freunde, und er brachte an seinen früher geschriebenen Artikeln zur Gruppentheorie Bemerkungen und Korrekturen an, die er einen Freund bat, Jacobi und Gauss zu zeigen. Eine der Randbemerkungen lautet: „Es bleiben einige Dinge übrig, um diesen Beweis zu vervollständigen." Nur das war die Grundlage für Bells Behauptung, Galois habe immer wieder geschrieben: „Ich habe keine Zeit. Ich habe keine Zeit."[2]

Was ist eine Gruppe? Grob gesagt ist sie eine Menge von Operationen, die an den Elementen einer Menge durchgeführt werden und die Eigenschaft haben, daß die aufeinanderfolgende Ausführung von zwei Operationen der Menge auch durch eine einzelne Operation der Menge erreicht werden kann. Die Operationen heißen die Elemente der Gruppe, und die Anzahl der Elemente ist die Ordnung der Gruppe.

Bevor wir den Begriff noch genauer definieren, betrachten wir als Beispiel Soldaten in Hab-Acht-Stellung, die also bereit sind, einen der vier Befehle: „Stillgestanden!", „Rechts um!", „Abteilung kehrt!", „Links um!" auszuführen. Statt nacheinander die

---

[1] „Das kurze Leben des Évariste Galois" (*Spektrum der Wissenschaft*, Juni 1982) und *Science à la Mode*, Princeton University Press, 1989.

[2] Zum Leben von Évariste Galois vergleiche auch: Toti Rigatelli: *Évariste Galois* (1811–1832), Basel, Birkhäuser, 1996.

Befehle „Links um!" und „Abteilung kehrt!" zu befolgen, was der Multiplikation oder dem Produkt von zwei Operationen entspricht, könnten sie mit dem selben Ergebnis die Operation „Rechts um!" ausführen. Die aufeinanderfolgende Ausführung der Operationen wird auch „Produkt" dieser Operationen genannt. Allgemeiner heißt jede Menge von Operationen eine Gruppe, wenn die folgenden Axiome gelten:

1. Abgeschlossenheit: Das Produkt von je zwei Operationen ist eine Operation der Menge.
2. Assoziativität: Wenn auf das Produkt von zwei beliebigen Operationen eine andere Operation folgt, ist das Ergebnis dasselbe, wie wenn auf die erste Operation das Produkt der zweiten und der dritten folgt.
3. Identität: Es gibt nur eine Operation, die keine Wirkung hat. In unserem Fall ist es der Befehl „Stillgestanden!".
4. Umkehrung: Zu jeder Operation gibt es eine Umkehroperation, so daß die aufeinanderfolgende Ausführung einer Operation und ihrer Umkehrung äquivalent ist mit der Identität. In unserem Beispiel sind „Rechts um!" und „Links um!" Umkehrungen voneinander, während „Stillgestanden!" (die Identität) und „Abteilung kehrt!" jeweils ihre eigene Umkehrung sind.

Jede Menge von Operationen, die diesen vier Axiomen genügt, ist eine Gruppe. Die Gruppe der vier gerade genannten Befehle heißt zyklische Gruppe der Ordnung 4, weil sie auch durch die zyklischen Permutationen einer geordneten Menge mit vier Elementen dargestellt werden kann. Bei einer zyklischen Permutation einer geordneten Menge kommt das erste Element an die zweite Stelle, das zweite an die dritte und so weiter, und das letzte Element zurück an die erste. Wir nennen die vier Objekte 1, 2, 3 und 4 und nehmen an, daß sie numerisch angeordnet sind: 1234. Die Identität, die ich I nenne, läßt die Anordnung der Objekte unverändert. Operation A permutiert sie zu 4123, B zu 3412 und C zu 2341. Diese Gruppe wird durch die „Multiplikationstabelle" oben rechts in der Abbildung auf der folgenden Seite vollständig

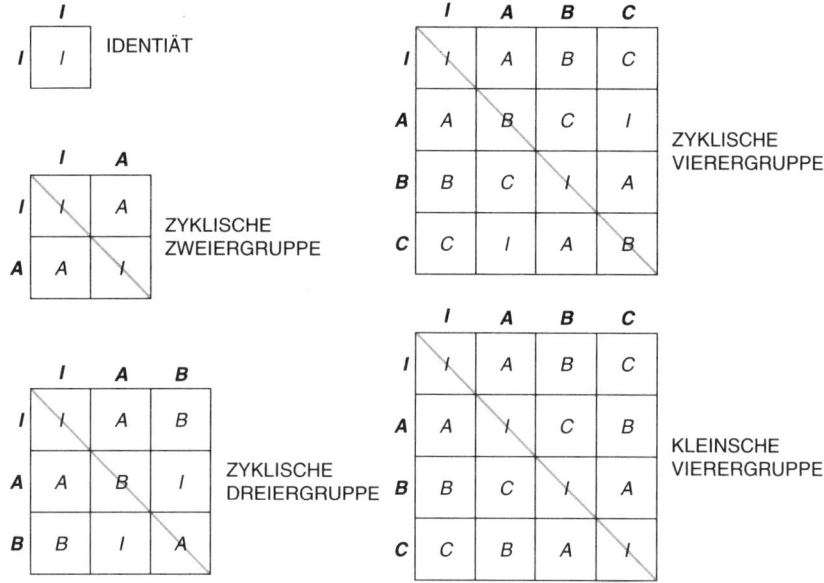

beschrieben. Jedes Feld der Tabelle gibt die Operation an, die äquivalent ist zur aufeinanderfolgenden Ausführung der links von der Reihe und über der Spalte angezeigten Operation. Eine entsprechende Konstruktion für das erste Beispiel, wobei I, A, B und C für die in dieser Reihenfolge gegebenen vier Befehle ("Stillgestanden!", "Rechts um!", "Kehrt!", "Links um!") stehen, ergibt dieselbe Tabelle. Die zyklische Gruppe der Ordnung 4 und die Gruppe der vier Befehle sind also isomorph oder äquivalent.

Wie man in der Abbildung sieht, ist die Matrix für die zyklische Gruppe der Ordnung 4 symmetrisch um die Diagonale. Wenn das der Fall ist, gilt für die der Matrix zugeordnete Gruppe auch das Kommutativgesetz, denn das Produkt von je zwei Operationen ist unabhängig davon, welche zuerst ausgeführt wird. Gruppen mit dieser Eigenschaft heißen nach dem norwegischen Mathematiker Niels Henrik Abel abelsche Gruppen. Jede zyklische Permutation von n Objekten erzeugt eine abelsche Gruppe, die äquivalent ist zur Gruppe der die Orientierung erhaltenden Drehungen eines regelmäßigen Polygons mit n Seiten. Eine Drehung erhält die Orientierung einer Figur, wenn die Figur am Ende genau dieselbe Form hat wie am Anfang. Die zyklische Vierergruppe läßt sich deshalb durch die Drehungen darstellen, die ein Quadrat in sich überführen.

Es gibt nur eine Gruppe der Ordnung 1, nämlich die triviale Gruppe, deren einziges Element die Identität ist. Diese Operation erfüllt alle vier Kriterien, die eine Gruppe definieren. Wenn man beispielsweise zweimal nacheinander nichts tut, läuft das auf dasselbe hinaus, wie wenn man nichts tut, und deshalb ist die Abgeschlossenheit gewährleistet. Die einzige Gruppe der Ordnung 2 ist fast genauso trivial. Diese Gruppe, deren Tabelle auf Seite 121 gezeigt wird, läßt sich veranschaulichen, indem man mit einer Münze entweder nichts tut (I) oder sie umdreht (A). Die einzige Gruppe der Ordnung 3 ist die zyklische Dreiergruppe, die äquivalent ist zur Menge der zyklischen Permutationen von drei Objekten und zur Menge der Drehungen eines gleichseitigen Dreiecks, die das Dreieck in sich selbst überführen. Es gibt nur zwei Gruppen der Ordnung 4, nämlich die zyklische und die sogenannte Kleinsche Vierergruppe.

Die Kleinsche Vierergruppe läßt sich leicht mit zwei nebeneinanderliegenden Münzen nachvollziehen, wenn man die Operationen folgendermaßen definiert: Nichtstun (I), die linke Münze umdrehen (A), die rechte Münze umdrehen (B) und beide Münzen umdrehen. Die Abbildung zeigt die zu dieser Gruppe gehörige Multiplikationstabelle. Auch diese Gruppe ist, wie wir an ihr ablesen, eine abelsche Gruppe.

Das einfachste Beispiel einer nichtabelschen Gruppe ist die Menge der sechs Symmetrieoperationen, die sich am gleichseitigen Dreieck ausführen lassen, nämlich die Identität, die Drehung des Dreiecks um 120° im Uhrzeigersinn und das Kippen um eine seiner drei Höhen. Um zu beweisen, daß die Elemente dieser Gruppe nicht vertauschbar sind, benenne man die Ecken eines aus Karton ausgeschnittenen Dreiecks, drehe das Dreieck in beliebiger Richtung um 120° und kippe es um eine beliebige Höhe. Dann führe man dieselben beiden Operationen in der umgekehrten Reihenfolge aus und vergleiche die Ergebnisse. Wenn man jedem Scheitel des Dreiecks einen Namen gibt, ist die sich ergebende Sechsergruppe äquivalent zur Gruppe aller Permutationen von drei Dingen.

Überprüfen Sie, wie gut Sie den Gruppenbegriff verstanden haben, indem sie die folgenden drei Modelle durchdenken.

1. Wir definieren für vier mit dem Bild nach unten liegende Spielkarten die folgenden Operationen: Identität (I), Vertauschung der beiden oberen Karten (A), Vertauschung der beiden unteren Karten (B), Vertauschung der beiden unteren und auch der beiden oberen Karten (C).
2. Auf einem Tisch liegt ein Geldschein. Mit ihm sind folgende Operationen möglich: Identität (I), Drehung um 180° in der Ebene des Scheins (A), Spiegeln des Scheins an der Längsachse (B), Spiegeln des Scheins an der Querachse (C).
3. Eine Socke befindet sich entweder am linken Fuß oder am rechten Fuß und jeweils richtig herum oder mit der Innenseite nach außen. Die Operationen sind die Identität (I), das Ausziehen, Umstülpen und Anziehen am selben Fuß (A), das Anziehen am anderen Fuß (B) und das Ausziehen, Umstülpen und Anziehen am anderen Fuß (C).

Stellen Sie für jede dieser Gruppen eine Multiplikationstabelle auf und finden Sie heraus, ob die Gruppe äquivalent ist zur zyklischen oder zur Kleinschen Vierergruppe.

Die Multiplikationstabelle einer Gruppe läßt sich mit Hilfe eines Farbgraphen veranschaulichen, der nach dem englischen Mathematiker Arthur Cayley benannt wurde. So ist beispielsweise der Graph links unten in der Abbildung auf Seite 124 ein Cayleyscher Farbgraph für die zyklische Gruppe der Ordnung 4, zu der die Tabelle rechts oben gehört. Die vier Punkte des Graphen entsprechen den vier Gruppenoperationen. Jedes Punktepaar ist durch zwei Linien verbunden, die, wie die Pfeilspitzen anzeigen, jeweils entgegengesetzt ausgerichtet sind. Jeder Operation wird entsprechend dem oben in der Tabelle angegebenen Schlüssel eine Farblinie zugeordnet; die Farblinien sind hier durch durchge-

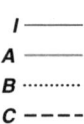

	I	A	B	C
I	I	A	B	C
A	A	B	C	I
B	B	C	I	A
C	C	I	A	B

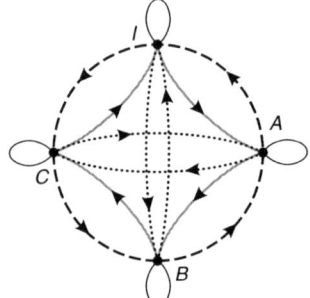 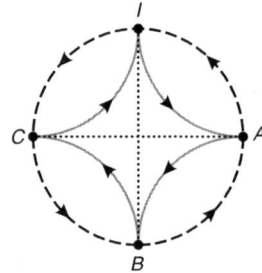

zogene, gestrichelte, fette und gepunktete Linien ersetzt worden. Um zu verstehen, wie der Graph die in der Tabelle enthaltene Information reproduziert, betrachten wir die Linie, die von B nach A führt. Man findet ihre Farbe, indem man von B links neben der Tabelle aus nach rechts zu dem Feld geht, das A enthält, und dann die dem Buchstaben oben über der Spalte, also C, zugeordnete Farbe wählt. Mit diesem Verfahren findet man auch die Farben aller anderen Linien.

Wenn zwei Punkte in einem solchen Cayleyschen Farbgraphen durch zwei unterschiedlich gezeichnete Linien verbunden sind, sind die zugeordneten Operationen Umkehrungen voneinander. Wenn beide Linien auf gleiche Art gezeichnet sind, ist die so angedeutete Operation ihre eigene Umkehrung. In diesem Fall läßt sich der Graph vereinfachen, indem man die beiden gerichteten gleich gezeichneten Linien durch eine ungerichtete Linie ersetzt.

Die Identität wird durch eine Schleife dargestellt, die jeden Punkt des Graphen mit sich selbst verbindet; weil es in jeder Ecke des Graphen eine solche Schleife gibt, können wir sie auch alle weglassen. Die Abbildung auf Seite 124 zeigt rechts unten die vereinfachte Fassung des Graphen.

Die Abbildung auf Seite 126 zeigt einen vereinfachten Cayleyschen Farbgraphen für die Kleinsche Vierergruppe und für die nichtabelsche Sechsergruppe. Bei Graphen höherer Ordnung empfiehlt es sich, keine Farben oder unterschiedlich gezeichnete Linien zu benutzen, sondern statt dessen jede Linie mit dem Symbol des zugehörigen Gruppenelements zu bezeichnen.

Aus dem Farbgraphen einer Gruppe läßt sich leicht die Gruppentafel konstruieren und umgekehrt. Graphen sind oft eine wertvolle Hilfe, weil sie Eigenschaften zeigen, die sich nicht auf einfache Art und Weise aus der Multiplikationstabelle ablesen lassen. Man sieht beispielsweise leicht, daß der Graph in zwei getrennte Graphen zerfällt, wenn man die ungerichteten Kanten wegläßt. Jeder der beiden Graphen ist ein Farbgraph für eine zyklische Dreiergruppe, aber nur der zu den Operationen I, D, E gehörige Graph entspricht einer Gruppe, denn die Menge der Operationen A, B und C enthält kein Einselement. Jede Teilmenge der Gruppenelemente, die selbst eine Gruppe bildet, heißt eine Untergruppe. Die Betrachtung des Farbgraphen zeigt also, daß die zyklische Dreiergruppe eine Untergruppe der Permutationsgruppe von sechs Elementen ist.

Bis jetzt haben wir nur endliche Gruppen betrachtet, also Gruppen mit endlich vielen Elementen. Es gibt natürlich auch Gruppen mit unendlich vielen Elementen. Sie lassen sich in zwei Klassen unterteilen, nämlich in diskrete Gruppen, die abzählbar viele Elemente haben, und in stetige Gruppen, die überabzählbar viele Elemente haben. Eine unendliche Menge heißt abzählbar, wenn ihre Elemente eineindeutig den positiven ganzen Zahlen 1, 2, ... zugeordnet werden können. Die natürlichen Zahlen sind also selbst ein Beispiel für eine abzählbar unendliche Menge, die Punkte auf der reellen Geraden dagegen sind ein Beispiel für eine überabzählbar unendliche Menge. Die ganzen Zahlen bilden unter der Addition eine diskrete abelsche Gruppe, bei der 0 die

I ——
A ——
B ········
C ----

	I	A	B	C
I	I	A	B	C
A	A	I	C	B
B	B	C	I	A
C	C	B	A	I

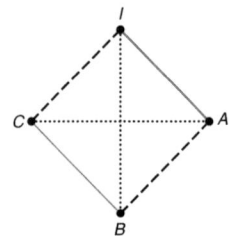

I   IDENTITÄT

A $1\,2\,3 \longrightarrow 132$

B $1\,2\,3 \longrightarrow 321$

C $1\,2\,3 \longrightarrow 213$

D $1\,2\,3 \longrightarrow 312$

E $1\,2\,3 \longrightarrow 231$

	I	A	B	C	D	E
I	I	A	B	C	D	E
A	A	I	D	E	B	C
B	B	E	I	D	C	A
C	C	D	E	I	A	B
D	D	C	A	B	E	I
E	E	B	C	A	I	D

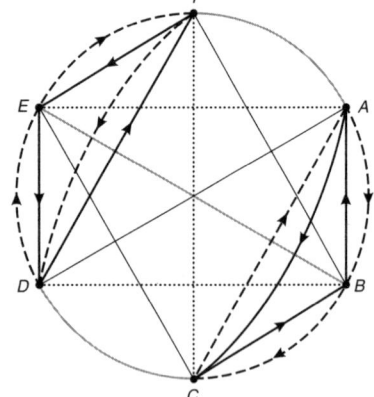

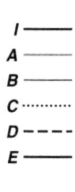

I ——
A ——
B ——
C ········
D ----
E ——

Rolle der Identität spielt und -a das Inverse eines Elements a ist. Die reellen Zahlen andererseits bilden sowohl unter der Addition als auch, wenn die 0 ausgeschlossen wird, unter der Multiplikation eine stetige Gruppe. Im Fall der Multiplikation ist 1 die Identität und 1/a das Inverse von a. Stetige Gruppen heißen nach dem norwegischen Mathematiker Sophus Marius Lie Lie-Gruppen. Ein triviales geometrisches Beispiel einer Lie-Gruppe ist die Gruppe aller Drehungen eines Kreises (oder einer Kugel oder einer Hyperkugel) um seinen Mittelpunkt, wobei die Drehung beliebig klein sein kann.

Der Gruppenbegriff hat sich als ein äußerst fruchtbarer mathematischer Begriff erwiesen. Nicht nur tauchen Gruppen in fast allen Zweigen der Mathematik auf, sondern sie haben auch zahllose Anwendungen in den Naturwissenschaften. Überall, wo Symmetrie herrscht, ist eine Gruppe im Spiel. So bilden die Lorentz-Transformationen der Relativitätstheorie eine Lie-Gruppe, die auf der stetigen Drehung eines Körpers in der Raumzeit beruht. Endliche Gruppen beschreiben nicht nur die Regelmäßigkeiten der Kristallstrukturen, sondern sie sind auch in der Chemie, der Quantenmechanik und in der Teilchenphysik unentbehrlich. Die Symmetrie des berühmten achtfachen Wegs ist ein Klassifikationsschema für die als Hadronen bekannte Familie subatomarer Teilchen, das auf der Lie-Gruppe beruht. Die Geometrie läßt sich als die Untersuchung der Eigenschaften von Figuren definieren, die bei allen Transformationen invariant bleiben, die zu einer für diese Figuren kennzeichnenden Gruppe gehören.

Selbst in der Unterhaltungsmathematik spielen Gruppen gelegentlich eine Rolle. Da sich jede endliche Gruppe durch eine Menge von Permutationen von n Objekten darstellen läßt, überrascht es nicht, wenn man eine Beziehung zwischen Gruppen und Kartenmischen, Jonglieren, Glockenläuten, dem Verschieben von Blöcken und allen möglichen kombinatorischen Aufgaben wie etwa dem Rubik-Würfel herstellen kann. In einer früheren Kolumne[3] habe ich aufgezeigt, welche Beziehung zwischen den

---

[3] Sie wurde in meinem Buch *New Mathematical Diversions* nachgedruckt.

Gruppen und der Theorie der Zöpfe besteht und wie sie helfen kann, Zaubertricks mit Schnüren und verknoteten Taschentüchern zu „durchschauen".

Angesichts der Eleganz und Nützlichkeit der Gruppen ist es verständlich, daß Mathematiker sie gern vollständig klassifizieren möchten. Die Lie-Gruppen sind schon klassifiziert, aber es gibt andere unendliche Gruppen, die sich jeder Klassifizierung entziehen. Wie ist es mit endlichen Gruppen? Man könnte denken, sie seien leichter zu klassifizieren als Lie-Gruppen, aber das wurde nicht bestätigt. Jetzt aber ist diese schwierige Aufgabe gelöst.

Alle endlichen Gruppen bestehen aus Bausteinen, sogenannten einfachen Gruppen, aus denen sie so ähnlich zusammengesetzt sind wie chemische Verbindungen aus Elementen, Proteine aus Aminosäuren und Zahlen aus Primzahlen. Eine einfache Gruppe ist eine Gruppe, die außer sich selbst und der trivialen Gruppe der Identität keine weiteren „Normalteiler" enthält. Was damit gemeint ist, läßt sich am besten folgendermaßen erklären: Man betrachte in einer Gruppe G eine Teilmenge ihrer Elemente, die selbst eine Gruppe bildet. Wir nennen sie eine Untergruppe und bezeichnen sie mit U. Die Menge der Produkte gU, die man erhält, indem man ein Element g der Gruppe G mit jedem Element der Untergruppe U multipliziert, heißt Linksnebenklasse von g nach U. Ähnlich wird die Menge der Produkte Ug, die sich durch Multiplikationen eines jeden Elements von U mit g ergeben, Rechtsnebenklasse von g nach U genannt. Wenn nun für alle g die Gleichheit gU = Ug gilt, also die linken und rechten Untergruppen übereinstimmen, nennt man die Untergruppe U einen Normalteiler von G.

So ist beispielsweise die zyklische Dreiergruppe ein Normalteiler der Permutationsgruppe der Zahlen 1, 2 und 3. Die Gruppe dieser Permutationen ist also nicht einfach. Weil die einfachen Gruppen die Bausteine aller Gruppen sind, muß man die endlichen einfachen Gruppen klassifizieren, wenn man die endlichen Gruppen klassifizieren will.

Fast alle endlichen einfachen Gruppen gehören zu Familien

mit unendlich vielen einfachen Gruppen, und wenn man eine solche Familie gefunden hat, ist das eine befriedigende Klassifizierung, denn für alle Familienmitglieder gilt die gleiche Konstruktionsvorschrift. So sind beispielsweise die zyklischen Gruppen mit Primzahlordnung endliche einfache Gruppen (sie lassen sich durch Drehungen regulärer Polygone veranschaulichen, bei denen die Anzahl der Kanten eine Primzahl ist). Sie sind sogar die einzigen endlichen einfachen Gruppen, die zugleich abelsch und zyklisch sind. Nach einem berühmten Satz des französischen Mathematikers Joseph Louis Lagrange muß die Ordnung jeder Untergruppe, also die Anzahl ihrer Elemente, ein Teiler der Ordnung der Gruppe sein, in der sie enthalten ist. Da eine Primzahl außer sich selbst und 1 keine Teiler hat, folgt aus diesem Satz, daß Gruppen von Primzahlordnung keine echten Untergruppen enthalten können, also einfach sein müssen. Übrigens: Wenn eine Gruppe keine echten Untergruppen hat, also keine Untergruppen außer sich selbst und der Identität, hat sie sicherlich auch keine Normalteiler; deshalb ist jede Gruppe von Primzahlordnung einfach.

Eine wichtige Familie einfacher endlicher Gruppen ist die Menge der alternierenden Gruppen A_n der geraden Permutationen von n Objekten, wobei n eine ganze Zahl größer als 4 ist. Eine Permutation heißt gerade, wenn sie sich in einer geraden Anzahl von Schritten erreichen läßt, wobei jeder Schritt in der Vertauschung von zwei Objekten besteht. So ist beispielsweise die zyklische Dreiergruppe auch eine alternierende Gruppe, weil 231 sich in zwei Schritten aus 123 ergibt. (Man vertausche zuerst 1 und 2 und dann 1 und 3.) Dasselbe gilt auch für jedes andere Paar zyklischer Permutationen von drei Objekten. Die Hälfte aller Permutationen sind gerade Permutationen, und weil n Objekte auf n! Weisen permutiert werden können, hat jede alternierende Gruppe die Ordnung n!/2. Die ungeraden Permutationen bilden keine Gruppe, weil die Menge der ungeraden Permutationen nicht abgeschlossen ist, denn die aufeinanderfolgende Ausführung von zwei ungeraden Permutationen ist äquivalent zu einer geraden Permutation.

Es gibt 16 andere unendliche Familien endlicher einfacher Gruppen, die alle weder abelsch noch zyklisch sind. Die Ordnungen der einfachen Gruppen (ohne die zyklischen) bilden eine unendliche Folge, die mit 60 beginnt, der Ordnung der alternierenden Gruppe von fünf Elementen. Diese Gruppe ist äquivalent zur Gruppe der Drehungen eines regelmäßigen Dodekaeders oder Ikosaeders. Die Anfangsglieder der Folge sind 60, 168, 360, 504, 660, 1092, 2448, 2520, 3420, 4080, 5616, 6048, 6072, 7800, 7920, ... Wenn diese unendliche Folge durch die Zahl 1 und alle Primzahlen ergänzt wird, gibt die so entstandene Folge die Ordnungen aller endlichen einfachen Gruppen an, die auch schon lyrisch beschworen worden sind.

Leider enthält die Liste auch einige Gruppen (die erste hat die Ordnung 7920), die keiner dieser endlichen Familien angehören. Diese nichtabelschen Gruppen entziehen sich jeder Klassifizierung. Mathematiker nennen sie sporadische einfache Gruppen, obwohl sie ziemlich kompliziert sind. Falls es unendlich viele dieser sporadischen Gruppen gäbe, aber kein Ordnungsprinzip, wäre die Aufgabe hoffnungslos, alle endlichen einfachen Gruppen und damit alle endlichen Gruppen zu klassifizieren. Es gibt jedoch zwingende Gründe für die Annahme, daß es außer den 26 bekannten keine weiteren sporadischen einfachen Gruppen gibt. Die Geschichte der Klassifikation der endlichen einfachen Gruppen läßt sich aus der Ballade eines unbekannten oder sich verborgen haltenden Verfassers ablesen. Angeblich wurde sie auf einem zerknüllten Zettel am Boden der Eckhart-Bibliothek der Universität von Chicago gefunden.[4] Mit den „Schlingen" sind die einfachen zyklischen Gruppen gemeint, und A_n ist das Symbol für die alternierende Gruppe von n Objekten.

---

[4] Die Ballade wurde zuerst in *The American Mathematical Monthly*, November 1973, veröffentlicht.

Eine einfache Ballade

Was sind die Ordnungen der einfachen Gruppen?
Jene mein ich, die sich nicht als zyklisch verpuppen.
Mit Ausnahme ihrer hat seinerzeit
Mister Burnside die Ordnung vieler prophezeit.

Permutationen erzeugen, wenn sie alternieren,
Und n über vier, Gruppen A_n, die verführen.
Dann zeigte, gleich fünf und nicht peu à peu,
Einfache neue Gruppen der Monsieur Mathieu.

Auch andere haben diese studiert,
Artin und Chevalley seien hier zitiert.
Mit endlichen Matrizen machten sie Listen:
Die Frage ist jetzt, ob sie welche vermißten.

Nach Suzuki und Ree bleibt ergebnislos,
Die Jagd mit diesen Methoden bloß.
Sie schrieben Matrizen, nur vier mal vier,
Einfache Gruppen bildend, auf ihr Papier.

Dann erhellt das Opus von Thompson und Feit
Dieses Problem außerordentlich gescheit.
Eine Gruppe, deren Ordnung nicht teilbar durch zwei,
Ist zyklisch oder auflösbar. Ganz zweifelsfrei.

Suzuki und Ree hatten Erstaunen gebracht,
Aber Theoretiker haben cool weitergemacht.
Sie offenbarten den Dreh,
Der aus alt machte neu, stante pede.

Aber die Wehrhaften sind hartgesotten,
Weil die Gruppen Mathieus aller Vernunft spotten.
Und weder A_n noch Chevalley oder verdreht,
Man nennt sie sporadisch und schnürt sie zum Paket.

Sind sie Geschöpfe von Hölle oder Himmel?
Zvonimir Janko packt der Wissensfimmel:
Vergessen, und das war schrecklich,
Hatten die Meister die Ordnung 175 560.

Die Schleusen sind offen! Neue Gruppen sind in!
Zwölf weitere sprossen, das gab der Suche Sinn.
Von Janko und Conway und Fischer und Held,
McLaughlin, Suzuki und Higman und Sims.

Sie merken, die letzten Verse sind nicht gereimt.
Das ist auch so gemeint.
Weil einfache Gruppen mit dem Chaos ringen,
Kehren wir bescheiden zurück zu den Schlingen.

Die Suche nach den sporadischen einfachen Gruppen begann um
1865, als der französische Mathematiker Émile Léonard Mathieu
die ersten fünf entdeckt hatte. Die kleinste dieser Gruppen, M_{11},
enthält 7920 Operationen und ist eine Untergruppe der Gruppe
der Permutationen von 11 Objekten. Erst ein Jahrhundert später,
1965, fand Zvonimir Janko an der Universität Heidelberg die sechste sporadische Gruppe; sie hat die Ordnung 175 560. Drei Jahre
später überraschte John Horton Conway, damals an der Universität
Cambridge, die Welt der Mathematik mit der Entdeckung von drei
weiteren solchen Gruppen. Er benutzte dazu das von dem britischen Mathematiker John Leech entdeckte und nach ihm benannte
Leech-Gitter, das es erlaubt, Einheits-Hypersphären in einem 24di-
mensionalen Raum eng zu packen. Im Leech-Gitter berührt jede
Hyperkugel genau 196 560 andere Hyperkugeln.
    Leech entdeckte dieses Gitter bei seiner Arbeit mit fehlerkorri-
gierenden Codes. Interessanterweise sind gewisse sporadische
Gruppen eng verwandt mit Codes, die das Entziffern von ver-
rauschten Nachrichten ermöglichen. Zwei der von Mathieu entdeckten sporadischen Gruppen, M_{23} und M_{24},, hängen mit dem
oft für militärische Zwecke benutzten Golay-Code zusammen.
Grob gesagt beruht ein guter fehlerkorrigierender Code auf einer

Untermenge von Einheitshypersphären, die so weit voneinander entfernt sind, wie es bei einer dichten Packung möglich ist.

Anfang 1980 kannte man zwei Dutzend sporadische Gruppen, und man hielt zwei weitere, J_4 und F_1, für hochverdächtig. Die Abbildung auf Seite 134 gibt eine vollständige Liste dieser 26 sporadischen Gruppen. Im Februar 1980 gelang es David Benson, Conway, Simon P. Norton, Richard Parker und Jonathan Thackray, alle Mathematiker in Cambridge, die 1975 von Janko zur Diskussion gestellte Gruppe J_4 zu konstruieren. Das Monster F_1, die bei weitem größte sporadische Gruppe, wurde 1973 unabhängig voneinander von Griess und Bernd Fischer vermutet und, wie schon erwähnt, im Januar 1980 von Griess konstruiert. In F_1 sind mehrere viel kleinere sporadische Gruppen eingebettet, deren Existenz fast trivialerweise aus der Existenz von F_1 folgt. Ihre Berechnung erforderte viel Computerzeit, deshalb war jedermann erstaunt, daß Griess F_1 fast ausschließlich ohne Computerhilfe konstruierte. F_1 beruht, so meint man, auf einer Gruppe von Drehungen eines Raums mit 196 883 Dimensionen.

Daniel Gorenstein von der Rutgers University hatte 1972 ein Programm zur Vervollständigung der Klassifikation der endlichen einfachen Gruppen skizziert, das 16 Schritte erforderte. Diese Anleitung zu einem Beweis wurde bald von Michael Aschbacher am Caltech verbessert und deutlich „beschleunigt". Beide Forscher sind weltweit anerkannte Fachleute für Gruppen – Aschbacher ist Träger des hochbegehrten Cole-Preises für Algebra. Wie *The New York Times* vom 19. Mai 1977 berichtete, sagte Gorenstein, er habe seit 1959 an jedem Tag fünf Stunden, sieben Tage in der Woche und 52 Wochen im Jahr an diesem Beweis gearbeitet. „Ich wollte das Problem lösen", sagte er, „weil ich es lösen wollte, und nicht, um der Menschheit etwas Gutes zu tun".

Die Klassifizierung aller endlichen einfachen Gruppen war im August 1980 abgeschlossen. Der Beweis beruht auf Hunderten von Arbeiten von über einhundert Mathematikern in aller Welt, die in den letzten drei Jahrzehnten geschrieben wurden. Der vollständige Beweis wird, wenn er in mehreren Bänden veröffentlicht wird, über 5000 Seiten erfordern! Es bleibt zu sehen, ob er verein-

NAME DER GRUPPE	ANZAHL DER ELEMENTE	ENTDECKER
M_{11}	$2^4 \times 3^2 \times 5 \times 11$	Mathieu
M_{12}	$2^6 \times 3^3 \times 5 \times 11$	Mathieu
M_{22}	$2^7 \times 3^2 \times 5 \times 7 \times 11$	Mathieu
M_{23}	$2^7 \times 3^2 \times 5 \times 7 \times 11 \times 23$	Mathieu
M_{24}	$2^{10} \times 3^3 \times 5 \times 7 \times 11 \times 23$	Mathieu
J_1	$2^3 \times 3 \times 5 \times 7 \times 11 \times 19$	Janko
J_2	$2^7 \times 3^3 \times 5^2 \times 7$	Hall, Wales
J_3	$2^7 \times 3^5 \times 5 \times 17 \times 19$	Higman, McKay
J_4	$2^{21} \times 3^3 \times 5 \times 7 \times 11^3 \times 23 \times 29 \times 31 \times 37 \times 43$	Benson, Conway, Janko, Norton, Parker, Thackray
HS	$2^9 \times 3^2 \times 5^3 \times 7 \times 11$	Higman, Sims
MC	$2^7 \times 3^6 \times 5^3 \times 7 \times 11$	McLaughlin
Sz	$2^{13} \times 3^7 \times 5^2 \times 7 \times 11 \times 13$	Suzuki
C_1	$2^{21} \times 3^9 \times 5^4 \times 7^2 \times 11 \times 13 \times 23$	Conway
C_2	$2^{18} \times 3^6 \times 5^3 \times 7 \times 11 \times 23$	Conway
C_3	$2^{10} \times 3^7 \times 5^3 \times 7 \times 11 \times 23$	Conway
He	$2^{10} \times 3^3 \times 5^2 \times 7^3 \times 17$	Held, Higman, McKay
F_{22}	$2^{17} \times 3^9 \times 5^2 \times 7 \times 11 \times 13$	Fischer
F_{23}	$2^{18} \times 3^{13} \times 5^2 \times 7 \times 11 \times 13 \times 17 \times 23$	Fischer
F_{24}	$2^{21} \times 3^{16} \times 5^2 \times 7^3 \times 11 \times 13 \times 17 \times 23 \times 29$	Fischer
Ly	$2^8 \times 3^7 \times 5^6 \times 7 \times 11 \times 31 \times 37 \times 67$	Lyons, Sims
O	$2^9 \times 3^4 \times 5 \times 7^3 \times 11 \times 19 \times 31$	O'Nan, Sims
R	$2^{14} \times 3^3 \times 5^3 \times 7 \times 13 \times 29$	Conway, Rudvalis, Wales
F_5	$2^{14} \times 3^6 \times 5^6 \times 7 \times 11 \times 19$	Conway, Fischer, Harada, Norton, Smith
F_3	$2^{15} \times 3^{10} \times 5^3 \times 7^2 \times 13 \times 19 \times 31$	Smith, Thompson
F_2	$2^{41} \times 3^{13} \times 5^6 \times 7^2 \times 11 \times 13 \times 17 \times 19 \times 23 \times 29 \times 31 \times 41 \times 47$	Fischer, Leon, Sims
F_1	$2^{46} \times 3^{20} \times 5^9 \times 7^6 \times 11^2 \times 13^3 \times 17 \times 19 \times 23 \times 29 \times 31 \times 41 \times 47 \times 59 \times 71$	Fischer, Griess

facht oder verkürzt werden kann. Wie allgemein erwartet worden war, gibt es nicht mehr als 26 sporadische Gruppen.

Beweise sind in der Gruppentheorie gewöhnlich ungewöhnlich lang. Ein berühmter Beweis von John Thompson und Walter Feit, der unter anderem die von William Burnside aufgestellte Vermutung bewies, daß alle nichtabelschen endlichen einfachen Gruppen gerade Ordnung haben, benötigte über 250 Seiten und füllte eine ganze Ausgabe von *The Pacific Journal of Mathematics* (Band 13, S. 775–1029, 1963).

„Einfache Gruppen sind schön", schrieb John Conway, kurz bevor die Klassifizierung abgeschlossen war, „und ich würde gern mehr davon kennenlernen, aber widerstrebend gelange ich allmählich zu der Ansicht, daß ich wahrscheinlich keine mehr zu Gesicht bekommen werde."

Als der Vierfarbensatz durch einen ungeheuer umfangreichen Computerausdruck bewiesen wurde, meinten einige Mathematiker, durch die Computer würde eine qualitativ neue Art von Beweis eingeführt. Weil Computer Maschinen sind, die Fehler machen können, bekräftigen solche Beweise ihrer Meinung nach die Ansicht, daß die Mathematik eine Erfahrungswissenschaft ist und so fehlbar wie die Physik. Der Klassifizierungssatz straft diese seltsame Ansicht Lügen. Der Beweis ist viel umfangreicher als der Ausdruck des Beweises für den Vierfarbensatz und genau so fehleranfällig. Außerdem kann man wirklich nicht behaupten, daß Computerbeweise zuverlässiger seien als enorm lange Beweise, die ohne Computerhilfe erstellt werden, weil Computer umprogrammiert werden können und ein Programm dazu dienen kann, das andere zu überprüfen. Außerdem unterscheidet sich ein Computer von einer Rechenmaschine und auch von einem Abakus lediglich durch die Geschwindigkeit, mit der er mit den Symbolen umgehen kann. Ein Mathematiker, der einen modernen Computer benutzt, unterscheidet sich nicht wesentlich von einem Mathematiker, der einen Taschenrechner benutzt, wenn er große Zahlen miteinander multipliziert oder dividiert.

Man kann natürlich im voraus nicht sagen, ob ein mathematisches Ergebnis, dessen Entdeckung nicht durch praktische Überlegungen motiviert wurde, jemals von praktischem Nutzen sein wird. Wir wissen, daß die Struktur des Universums durch Gruppen beschrieben werden kann. Die Natur bevorzugt anscheinend kleine, unkomplizierte Gruppen; vielleicht ist das aber eine Illusion, die auf der Tatsache beruht, daß sich für kleine Gruppen leicht Anwendungen finden lassen, besonders in einer Welt, die auf drei räumliche Dimensionen beschränkt ist. Die Stringtheorie macht sogar einen, wenn auch hypothetischen Gebrauch von der zum Monster gehörigen Lie-Algebra. Wer weiß, ob sich nicht, falls die Menschheit überlebt, irgendwann in ferner Zukunft herausstellt, daß selbst das Monster wichtige, aber gegenwärtig unvorstellbare Anwendungen findet?

Antworten

Das Problem bestand darin zu bestimmen, ob die drei Modelle der Gruppen der Ordnung 4 Beispiele für zyklische oder Kleinsche Gruppen sind. Alle drei sind Kleinsche Vierergruppen. Am einfachsten überprüft man, ob jede Operation in der Gruppe ihr eigenes Inverses ist. Wenn das der Fall ist, ist die Gruppe eine Kleinsche Vierergruppe.

Taxi-Geometrie

Eine Vermutung, tief und profund
Besagt, ein Kreis sei kreisrund.
In einer Arbeit von Erdös
Geschrieben auf kurdisch
Ein Gegenbeispiel ward getan kund.

Anonym

Wenn eines oder mehrere der Postulate der euklidischen Geometrie abgeändert werden, können höchst seltsame Geometrien entstehen, die genauso widerspruchsfrei sind wie die ebene Geometrie, die wir aus der Schule kennen. Von diesen nichteuklidischen Geometrien haben sich einige für die moderne Physik und Kosmologie als enorm nützlich erwiesen, die beiden wichtigsten jedoch, die elliptische und die hyperbolische Geometrie, lassen sich weniger leicht veranschaulichen und bleiben deshalb dem Nichtmathematiker oft unverständlich. Es ist für Laien schwer, die Aussagen zu verstehen und nachzuvollziehen und interessante nichteuklidische Probleme zu lösen.

In diesem Kapitel betrachten wir mit den Hilfsmitteln der Elementarmathematik eine ganz andere Art nichteuklidischer Geometrie. Sie ist so einfach zu verstehen, daß jeder, der sie auf gewöhnlichem Rechenpapier verfolgt, nacherleben kann, wie aufregend es ist, neue Sätze zu entdecken. Diese Geometrie wird gelegentlich „Taxi-Geometrie" genannt, denn sie läßt sich am besten veranschaulichen, indem man sich vorstellt, man führe im Taxi durch eine Stadt, deren Straßen ein Gitter mit Seitenlänge 1 bilden.

137

In mancher Hinsicht hat die Taxi-Geometrie eine seltsame Ähnlichkeit mit der Geometrie der gewöhnlichen Ebene. Andererseits ist sie so verschieden, daß ihre Erforschung viel Spaß macht. Außerdem vermittelt die Beschäftigung mit ihr ein gutes Gefühl für die Unterschiede zwischen einem solchen logisch widerspruchsfreien formalen System und der euklidischen Geometrie.

Als erster hat sich meines Wissens Hermann Minkowski mit der Taxi-Geometrie befaßt. Dieser aus Rußland stammende Mathematiker war in Zürich Lehrer des jungen Albert Einstein und später in Göttingen Kollege und Freund von David Hilbert. Dort starb er auf dem Höhepunkt seines Schaffens 1909 als 45jähriger an einer Blinddarmentzündung. Wir verdanken Minkowski, nach dem die in der Relativitätstheorie gebräuchlichen Raum-Zeit-Diagramme benannt wurden („Minkowski-Diagramme"), die großartige Formulierung der speziellen Relativitätstheorie als vierdimensionaler Raum-Zeit-Geometrie. Minkowski beschäftigte sich um die Jahrhundertwende mit der „Geometrie der Zahlen", als er Spezialfälle metrischer Räume untersuchte, also topologische Räume, in denen, wie in der Taxi-Geometrie, je zwei Punkten eine nichtnegative Zahl – ihr Abstand – zugeordnet ist.

Der Taxi-Geometrie liegt ein metrischer Raum zugrunde, in dem die Punkte des Raums den Schnittpunkten der horizontalen und vertikalen Geraden des karierten Papiers oder auch den Kreuzungen der Straßen unserer idealisierten Stadt entsprechen. Wenn zwei Punkte A und B an derselben Straße liegen, mißt man den Abstand zwischen ihnen wie in der euklidischen Geometrie, indem man die Anzahl der Einheitsstrecken zählt, die zwischen A und B liegen. Wenn aber A und B nicht in derselben Straße liegen, wird ihre Entfernung nicht nach dem Lehrsatz des Pythagoras berechnet, sondern durch Abzählen der Einheitsstrecken, die ein Taxi fahren muß, wenn es entlang einer möglichst kurzen Strecke von A nach B (oder umgekehrt) fährt. Es gibt mehrere Möglichkeiten, die Taxi-Geometrie durch Axiome und Definitionen zu formalisieren. Ich verzichte hier auf solche allgemeinen Ansätze und erläutere die Geometrie an anschaulichen Beispielen.

In der euklidischen Geometrie ist der kleinste Abstand zwi-

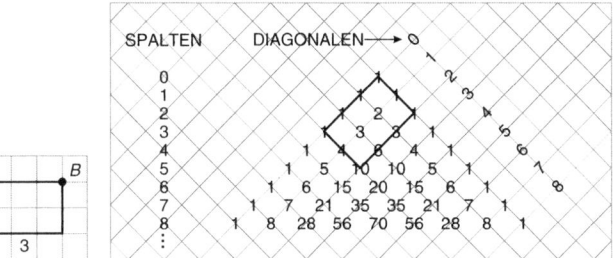

schen zwei Punkten (die Luftlinie) eine eindeutig bestimmte Gerade. In der Taxi-Geometrie kann es viele kürzeste Verbindungswege zweier Punkte geben. Im folgenden bezeichnen wir einen solchen kürzesten Verbindungsweg, den ein Taxi fahren kann, um von einem Punkt zum anderen zu gelangen, einfach als „Pfad".

Wie viele verschiedene Pfade verbinden zwei Punkte, die nicht in derselben Straße liegen? Bei der Beantwortung kann Pascals berühmtes Zahlendreieck helfen. Man betrachte die Punkte A und B, also die diagonal gegenüberliegenden Ecken eines Rechtecks mit den Seitenlängen 2 und 3 in der Abbildung oben links. Wenn man das Rechteck so auf das Pascalsche Dreieck legt, wie es die dicken Linien rechts in der Abbildung zeigen, kann man die Lösung an der untersten Ecke des Rechtecks ablesen. Es führen also 10 Pfade von A nach B. Weil das Pascalsche Dreieck spiegelsymmetrisch ist, hätte man das Rechteck auch so einzeichnen können, daß es zur anderen Seite gekippt ist, ohne daß sich am Ergebnis etwas ändert. Zur Erinnerung: Im Pascalschen Dreieck ist jede Zahl die Summe der beiden unmittelbar darüberstehenden Zahlen.[1]

Leser, die mit Kombinatorik vertraut sind, wissen, wie bequem sich aus Pascals Dreieck ablesen läßt, wie viele Möglichkeiten es gibt, eine Menge von n Dingen aus einer größeren Menge von r Dingen herauszugreifen. Die Antwort ergibt sich als die Zahl im Schnittpunkt der n-ten Diagonale und der r-ten Reihe des Drei-

---

[1] Mehr über das Pascalsche Dreieck finden Sie in Kapitel 15 meines Buchs *Mathematischer Karneval*, Berlin, Ullstein, 1978.

ecks. In dem von uns betrachteten taxi-geometrischen Fall gibt es 10 Möglichkeiten, aus 5 Dingen 2 herauszugreifen. Dabei entspricht 2 der einen Seite unseres Rechtecks und 5 der Summe beider Seiten. Auch die Anzahl der kürzesten Wege, auf denen ein Taxi entlang eines 3×2-Rechtecks zum diagonal gegenüberliegenden Punkt fahren kann, ist 10.

Um in der Taxi-Geometrie die Anzahl der Wege zwischen zwei Punkten zu finden, muß man nicht unbedingt das Pascalsche Dreieck zeichnen, sondern man kann die Anzahl N der Möglichkeiten, n Dinge aus r Dingen herauszugreifen, auch nach der bekannten Formel $N = r!/(n!(r - n)!)$ berechnen. In unserem Taxiproblem ist r! = 1 × 2 × 3 × 4 × 5, also 120, n! = 1 × 2 = 2, und (r – n)! = 1 × 2 × 3 = 6, und damit ist N = 120/12 = 10.

Weil das Rechteck in Pascals Dreieck beliebig ausgerichtet sein darf, ist offensichtlich, daß es genauso viele Möglichkeiten gibt, n Dinge aus einer größeren Menge von r Dingen herauszugreifen, wie es Möglichkeiten gibt, aus r Dingen r – n Dinge herauszugreifen. Das ist auch deshalb klar, weil ja immer, wenn eine eindeutige Menge von n Dingen aus r Dingen herausgegriffen wird, eine eindeutige Menge von r – n Dingen übrigbleibt. Wenn also in der Taxi-Geometrie ein euklidisches Rechteck auf das Gitter gelegt wird, ist die Anzahl der Taxi-Pfade zwischen zwei diagonal gegenüberliegenden Ecken gleich der Anzahl der Pfade, die die anderen beiden Ecken verbinden.

Da die „Geraden" (die kürzesten Wege) der Taxi-Geometrie aus euklidischer Sicht oft sehr umwegig erscheinen, hat der Begriff des Winkels in diesem System keinen oder einen ganz besonderen Sinn. Man kann aber in enger Analogie zu euklidischen Vielecken auch hier Vielecke definieren. Die Taxi-Geometrie kennt sogar „Zweiecke", die ja in der euklidischen Geometrie unmöglich sind. Die Abbildung auf der nächsten Seite zeigt einige Beispiele. Offenbar können mehrere Zweiecke dieselben „Eckpunkte" haben, aber die beiden „Seiten" eines Zweiecks müssen immer gleich lang sein, denn sie verbinden ja dieselben zwei Punkte.

Die untere Abbildung auf der nächsten Seite zeigt ein Taxi-Dreieck mit den Ecken A, B und C, dessen Seiten die Länge 14, 8

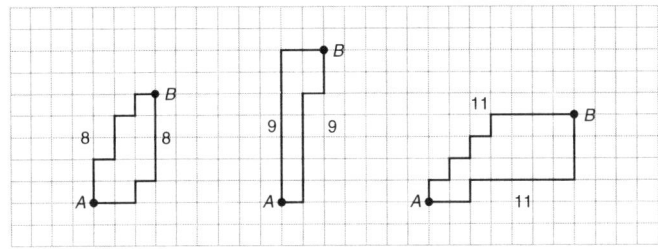

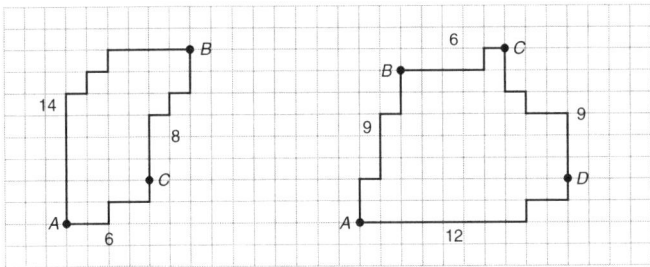

und 6 haben. Die Seiten von Taxi-Vielecken müssen natürlich Taxi-Pfade sein, und die Kanten eines Vielecks vorgegebener Größe können sich ihrer Form, aber nicht ihrer Länge nach unterscheiden. Das Dreieck links in der Abbildung unten verletzt übrigens den in der euklidischen Geometrie gültigen Satz, daß die Summe von je zwei Seiten eines Dreiecks größer sein muß als die dritte Seite, denn in diesem Fall ist die Summe der Seiten mit der Länge 6 und 8 gleich der dritten, nämlich 14. Rechts in der unteren Abbildung sehen Sie ein Taxi-Viereck mit den Seiten 9, 6, 9 und 12.

Die Abbildung auf Seite 142 oben zeigt drei Taxiquadrate mit Seitenlänge 6. Nur für das Quadrat links gilt der euklidische Satz, daß die Diagonalen eines Quadrats gleich lang sind. Wie diese Figuren zeigen, können Taxi-Quadrate euklidisch gesehen unendlich vielgestaltig sein.

Ein Kreis wird in der Taxi-Geometrie genau wie in der euklidischen Geometrie als geometrischer Ort aller Punkte definiert, die

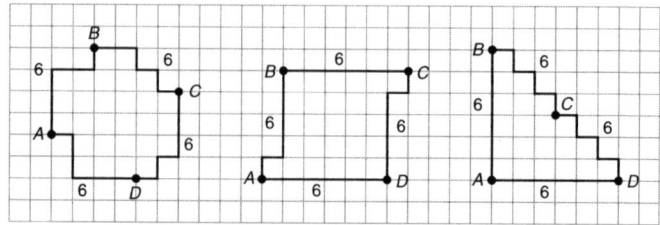

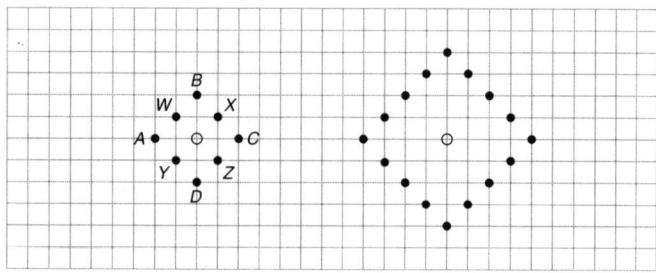

von einem vorgegebenen Punkt gleich weit entfernt sind. Das Ergebnis ist verblüffend! Nehmen wir an, der Abstand sei 2. Der sich
so ergebende Kreis besteht aus den acht Punkten links in der unteren Abbildung – eine wirklich schöne Quadratur des Kreises!
Vom Mittelpunkt O führt jeweils nur ein Radius zu den Punkten
A, B, C und D, aber zu jedem der vier anderen Punkte führen
zwei Radien. Es läßt sich leicht zeigen, daß jeder Taxi-Kreis mit
Radius r aus 4r Punkten besteht und einen Umfang von 8r hat.
Wenn wir π wie in der euklidischen Geometrie als das Verhältnis
von Umfang zu Durchmesser definieren, ist das Taxi-π genau 4.

Auf dem Taxi-Kreis mit acht Punkten liegen die Scheitelpunkte
der Taxi-Vielecke mit 2, 3, 4, 5, 6, 7 und 8 Seiten. So findet man
beispielsweise das Zweieck DX, das gleichseitige Dreieck BCD,
das Quadrat ABCD, das regelmäßige Fünfeck AWXZY, das regelmäßige Sechseck AWBXZY und das regelmäßige Siebeneck
AWXCZDY. Die acht Punkte des Kreises bilden die Ecken einer
ganzen Klasse regelmäßiger Achtecke.

142

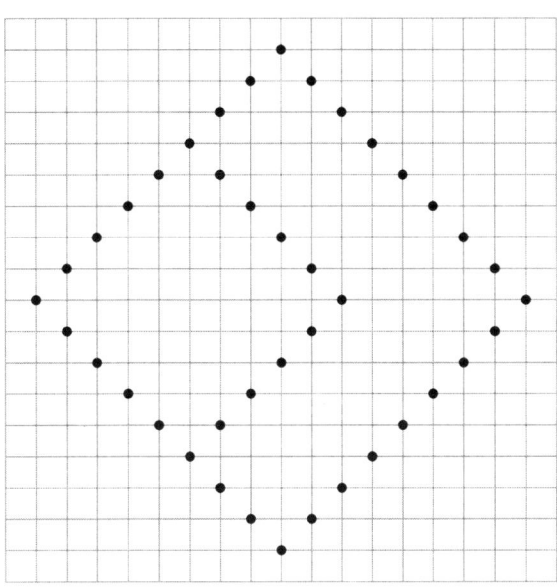

Während sich zwei Kreise in der euklidischen Geometrie an höchstens zwei Punkten schneiden können, haben zwei Taxi-Kreise unter Umständen beliebig, wenn auch nur endlich viele Schnittpunkte, wie die obige Abbildung zeigt. Zwei Kreise können um so mehr Schnittpunkte haben, je größer sie sind. Durch Probieren kann man in der Taxi-Geometrie auch zu den anderen drei Kegelschnitten ausgezeichnete Analoga finden. Ein Beispiel sind die in der Abbildung auf Seite 144 gezeigten vier Taxi-Ellipsen mit 12 Punkten. Wie eine euklidische Ellipse ist eine Taxi-Ellipse der geometrische Ort der Punkte, für die die Summe der Abstände von zwei festen Punkten A und B konstant ist. Diese sogenannten Brennpunkte sind hier durch Kreise markiert; in allen Beispielen in der Abbildung ist die konstante Summe 6.

Die vierte Ellipse wird entartet genannt; sie entspricht der euklidischen Geraden AB, die dann entsteht, wenn die konstante Summe, die eine euklidische Ellipse definiert, gleich dem Abstand ihrer Brennpunkte ist. In der Taxi-Geometrie ist das Ergebnis eine auf

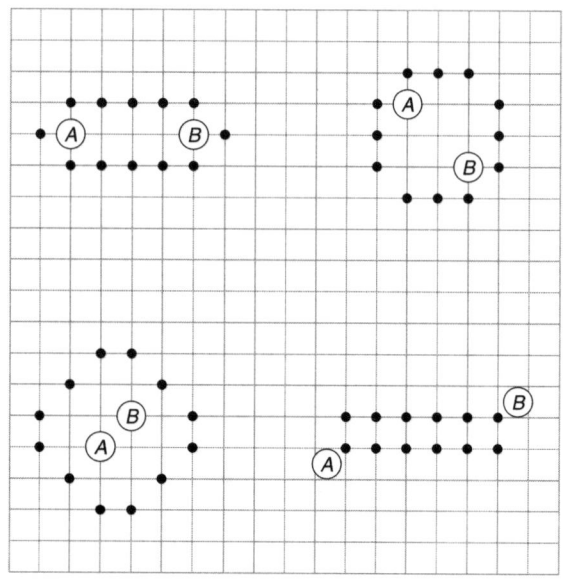

einer Geraden liegende Folge von Punkten, falls A und B in derselben Straße liegen. Andernfalls besteht die Ellipse aus all den Punkten im euklidischen Rechteck von Gitterlinien, bei denen A und B
einander diagonal gegenüberliegen. Nehmen wir beispielsweise an,
A und B seien diagonal gegenüberliegende Ecken eines Quadrats,
dessen Gitterseiten die Länge 4 haben. In diesem Fall ist der Taxi-
Abstand von A und B gleich 8, und jeder der 25 Punkte des Quadrats ist von A und B so weit entfernt, daß die Summe seiner Entfernungen von A und B gleich 8 ist. Diese 25 Punkte bilden die entartete Ellipse mit der konstanten Summe 8 und den Brennpunkten
A und B. Wenn die konstante Summe größer ist als der Taxi-Abstand zwischen A und B, wird die Taxi-Ellipse wie in der euklidischen Geometrie um so kreisförmiger, je näher die Brennpunkte
aneinanderrücken. Wenn A und B zusammenfallen, wird die Ellipse in beiden Geometrien zu einem Kreis.

Eine euklidische Parabel ist der geometrische Ort aller Punkte,
deren Abstand von einem Brennpunkt A gleich der kürzesten

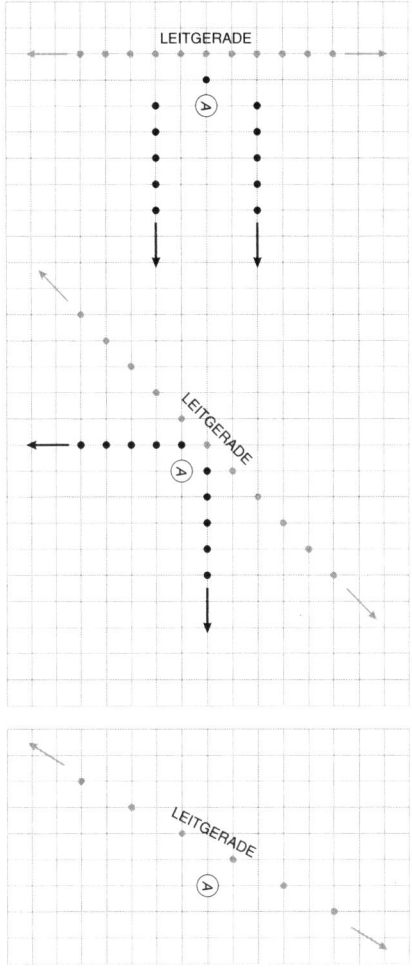

Entfernung von einer festen Geraden, der sogenannten Leitgeraden, ist. Wenn eine Taxi-Leitgerade als die Menge der Punkte auf einer euklidischen Geraden definiert wird, lassen sich auch Taxi-Parabeln definieren. Die Abbildung oben zeigt zwei Beispiele. In der unteren Abbildung sind eine Leitgerade und ein Brennpunkt vorgegeben. Finden Sie die zugehörige Parabel?

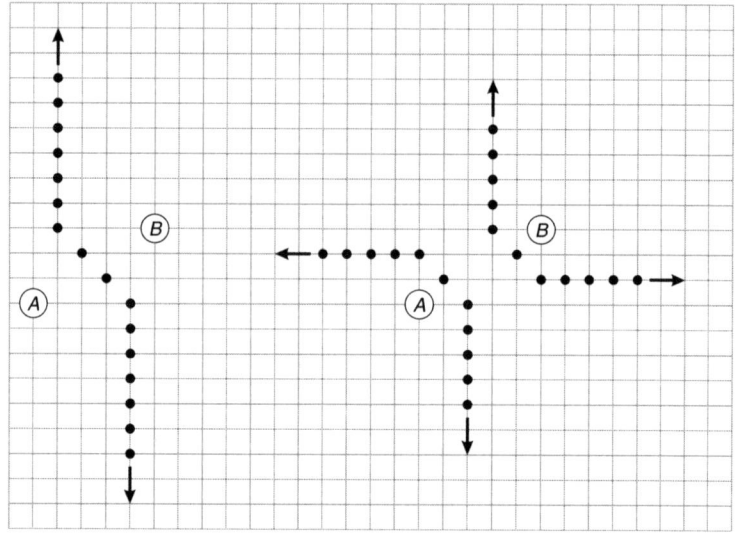

Taxi-Hyperbeln sind komplizierter. Eine euklidische Hyperbel ist der geometrische Ort aller Punkte, für die die Differenz der Abstände zu zwei Punkten, den Brennpunkten, konstant ist. Das Erscheinungsbild einer Taxi-Hyperbel hängt entscheidend von der Wahl der Brennpunkte und der Abstandsdifferenz ab. In der obigen Abbildung links sind die Brennpunkte A und B so angeordnet, daß sich der Grenzfall einer degenerierten Hyperbel mit nur einem Ast ergibt, bei dem die konstante Abstandsdifferenz 0 ist. Die Abbildung rechts zeigt zwei unendlich lange Äste einer Taxi-Hyperbel mit konstanter Abstandsdifferenz 4.

Die Taxi-Geometrie birgt noch mehr Überraschungen. So hat die Hyperbel in der Abbildung auf Seite 147 die Abstandsdifferenz 2. Hier sind die beiden Zweige jeweils zwei unendliche Punktmengen, von denen eine in dem Sektor oben links liegt und eine unten rechts; jede hat einen unendlich langen „Schweif". Wie die Abbildung unten zeigt, ergeben sich sehr ähnliche Punktmengen, wenn die Konstante 8 ist; dann liegen die unendlichen Punktmengen in den Teilen der Ebene oben rechts und unten links, und es gibt keine Schweife.

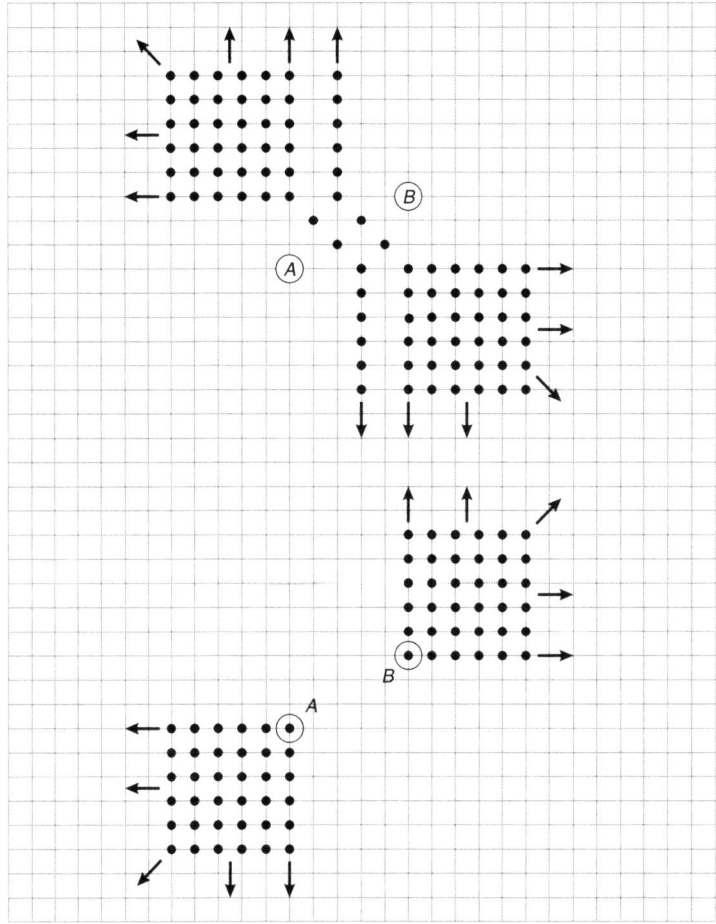

Wenn die Brennpunkte so angebracht sind wie bei diesen Beispielen, kann die konstante Differenz keine ungerade Zahl sein, weil die sich ergebende Figur sonst Punkte enthielte, die keine Gitterpunkte sind, und nur sie sind in der Taxi-Geometrie zugelassen. Wenn Sie versuchsweise A und B an diagonal gegenüberliegende Ecken eines euklidischen Rechtecks mit den Gitterseiten 3 und 6 anlegen und die Hyperbel einzeichnen, bei der die

147

konstante Differenz 1 ist, erhalten Sie zwei „parallele" Äste, von denen jeder der entarteten Hyperbel mit einer konstanten Abstandsdifferenz 0 ähnelt. Ein schwierigeres Problem ist es, die Bedingungen anzugeben, die zu den fünf allgemeinen Klassen von Taxi-Hyperbeln führen.

Es gibt meines Wissens nur ein Buch über Taxi-Geometrie.[2] Es ist besonders jenen zu empfehlen, die wissen möchten, wie sich die Taxi-Geometrie elegant auf die ganze cartesische Ebene verallgemeinern läßt, auf der sich alle Punkte als geordnete Paare reeller Zahlen der beiden Koordinatenachsen darstellen lassen. Der Abstand zweier Punkte soll natürlich auch dort der kürzeste Weg entlang von Achsenparallelen sein, deshalb sind in dieser stetigen Form der Taxi-Geometrie zwei beliebige Punkte, die nicht in derselben Straße liegen, durch unendlich viele verschiedene Wege verbunden, die alle kürzeste Wege sind.

Wie Kraus, ein Mathematiker an der Universität von Michigan, in diesem Buch zeigt, befriedigt die stetige Taxi-Geometrie alle Postulate der euklidischen Geometrie bis auf eines, und das ist nicht etwa wie bei der elliptischen und hyperbolischen Geometrie das berüchtigte Parallelenaxiom, sondern das sogenannte Seite-Winkel-Seite-Axiom, wonach Dreiecke genau dann kongruent sind, wenn sie in zwei Seiten und dem von ihnen eingeschlossenen Winkel übereinstimmen.

Zwischen der von mir beschriebenen diskreten Taxi-Geometrie, die auf das beschränkt ist, was oft das Gitter der ganzen Zahlen genannt wird, und der stetigen Fassung liegt eine Taxi-Geometrie, in der die Punkte des zugeordneten Raums als geordnete Paare rationaler Zahlen definiert sind. Selbst auf dem Gitter der ganzen Zahlen liefert die Taxi-Geometrie jedoch ein faszinierendes und fruchtbares Forschungsgebiet für Hobby-Mathematiker und mathematisch interessierte Schüler. Ich habe hier kaum die Oberfläche gekratzt und viele der grundlegenden Fragen unbeantwortet gelassen. Wie definiert man Parallelen? Was ist das beste Analogon zu einer Winkelhalbierenden? Und zu einer

---

[2] Eugene F. Kraus: *Taxicab Geometry*, Dover, 1986.

Mittelsenkrechten? Läßt sich der Begriff der Fläche vernünftig festlegen?

Die Taxi-Geometrie läßt sich gut auf drei- und höherdimensionale Gitter verallgemeinern, und ihre Erkundung auf anderen Arten von Gittern wie Dreiecks- oder Sechsecksgittern, die entweder endlich oder unendlich sein können, ist immer noch ein offenes und weites Feld. Die Gitter brauchen keineswegs auf die Ebene beschränkt zu bleiben, sondern können auch auf der Oberfläche von Zylindern, Kugeln, Toren, Möbiusbändern, Kleinschen Flaschen definiert werden – wo immer Sie wollen. Sie müssen nur dafür sorgen, daß Ihre Taxifahrer auf der Straße bleiben und immer den kürzesten Weg von einem Ort zum anderen wählen.

Antwort

Die Abbildung unten gibt die Lösung für die Aufgabe, zu dem vorgegebenen Brennpunkt A und der Leitgeraden L eine Taxi-Parabel zu finden.

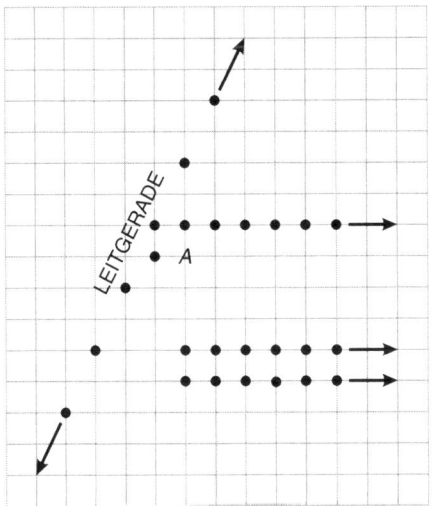

Addendum

Kenneth W. Abbott, ein New Yorker Computerfachmann, hat sich eine amüsante Verallgemeinerung der diskreten „Taxi-Geometrie" ausgedacht. Wie in der Taxi-Geometrie sind die Punkte des nichteuklidischen Raums die Schnittpunkte von Gitterlinien auf einem Quadratgitter. In Abbotts Verallgemeinerung ist der „Abstand" zweier Punkte eine ganze Zahl, die als $\sqrt[n]{x^n + y^n}$ definiert ist, wobei x horizontal und y vertikal gemessen wird und n eine beliebige positive ganze Zahl ist.

Für n = 1 ergibt sich die in diesem Kapitel erklärte einfache Taxi-Geometrie. Alle „Kreise" sind Mengen, die von einem Mittelpunkt gleichen Abstand haben. Sie haben die in der Abbildung auf Seite 151 unten gezeigte Form, wobei die Radien jeweils 1, 2, 3, 4 und 5 sind.

Wenn n gleich 2 ist, haben Kreise mit demselben Radius die in der mittleren Abbildung gezeigte Form. Die ersten vier Kreise bestehen aus nur vier Punkten, die auf den Achsen durch die gemeinsame Mitte der fünf Kreise liegen. Wir nennen diese Kreise „trivial". Für n gleich 1 ist der Kreis mit dem Radius 1 trivial, alle anderen nicht. Wenn n = 2 ist, ist der fünfte Kreis nicht trivial. In dieser Geometrie gibt es unendlich viele triviale und nichttriviale Kreise. Für alle trivialen Kreise ist π gleich $2\sqrt{2}$, für die nichttrivialen Kreise hat π andere Werte. Für den fünften Kreis, der den Radius 5 hat, ist $\pi = (4\sqrt{10} + 2\sqrt{2})/5$.

Wenn n gleich 3 ist, sind die ersten fünf Kreise oben in der Abbildung trivial. In dieser Geometrie ist π für alle trivialen Kreise $2(n + 1)/n$.

Jetzt können wir einen erstaunlichen Satz formulieren: Jede so verallgemeinerte Taxi-Geometrie mit n größer als 2 kann nur triviale Kreise enthalten. Es läßt sich, wie Abbott bemerkte, leicht zeigen, daß dieser Satz äquivalent ist zum Großen Fermatschen Satz!

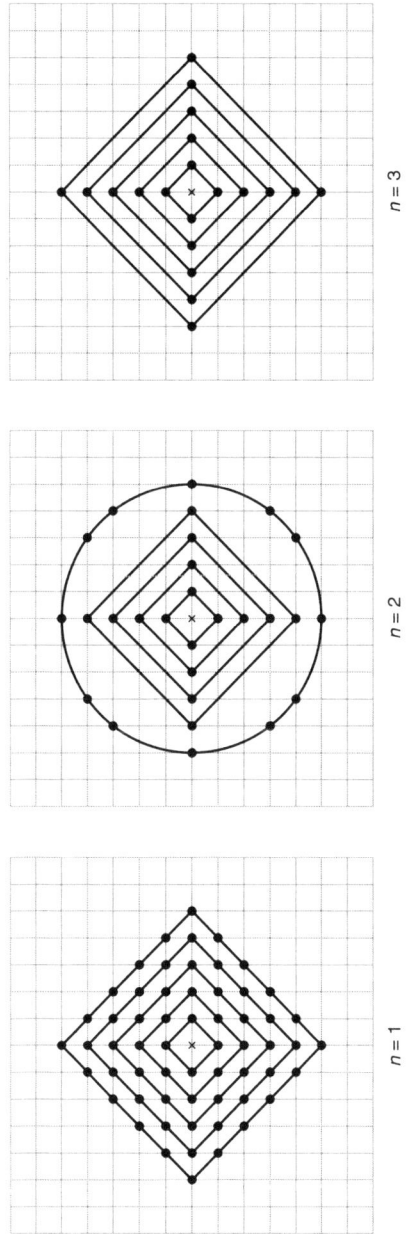

$n = 3$

$n = 2$

$n = 1$

Schubfächer für Probleme mit Pillen, Punkten und Musikern

Wenn ein Heiratsvermittler m heiratswillige Frauen mit n heiratswilligen Herren bekanntmachen möchte und m > n ist, muß er mindestens zwei Damen mit demselben Herrn bekanntmachen. Anonym

Können Sie beweisen, daß sehr viele deutschsprachige Menschen genau gleich viele Haare auf dem Kopf haben? Und was hat das mit dem folgenden Problem zu tun? In einer Schublade liegen 60 Socken, die sich nur durch ihre Farbe unterscheiden: 10 Paare sind rot, 10 blau und 10 grün. Die Socken liegen wahllos durcheinander, und das Zimmer ist vollkommen dunkel. Sie wollen ein gleichfarbiges Paar haben. Wie viele Strümpfe müssen Sie dann mindestens ausprobieren?

Die folgenden Aufgaben sind nicht ganz so einfach. Wenn ein gewöhnlicher Bruch a/b in Dezimalform geschrieben wird, hat er entweder nur endlich viele Stellen oder eine Periode, die nicht länger ist als b. Können Sie das beweisen? Und stimmt es, daß von 5 auf ein gleichseitiges Dreieck mit Seitenlänge 1 gezeichneten Punkten mindestens 2 Punkte nicht mehr als 0,5 Abstand haben? Hinweis: Unterteilen Sie das Dreieck in vier kleinere gleichseitige Dreiecke der Seitenlänge 0,5.

Diese und tausend andere Probleme nicht nur der unterhaltenden, sondern auch der „ernsthaften" Mathematik lassen sich mit Hilfe des Schubfachprinzips lösen. Dieses altbekannte und äußerst nützliche Prinzip wird zu Ehren des deutschen Mathematikers Peter Gustav Lejeune Dirichlet, der im 19. Jahrhundert in Göttingen lehrte, auch das Dirichlet-Prinzip genannt. Es ist das Thema dieses Kapitels, das bis auf die Bemerkungen nicht von mir, sondern von Ross Honsberger geschrieben wurde. Honsberger, ein Mathematiker an der Universität von Waterloo, hat mehrere Bücher verfaßt und herausgegeben, die alle ausgezeichnete Quellen für ungewöhnliche unterhaltsame Probleme sind. Honsberger überschreibt seine Erörterung des Schubfachprinzips: „Kann etwas so Einfaches nützlich sein?"

Man betrachte die Aussage: „Wenn zwei ganze Zahlen sich zu mehr als 100 addieren, ist mindestens eine von ihnen größer als 50." Es ist überhaupt nicht offensichtlich, daß das hinter dieser Behauptung steckende „Überschußprinzip" nicht trivial ist. In seiner einfachsten Form läßt es sich folgendermaßen formulieren: Wenn $n + 1$ (oder mehr) Dinge auf n Fächer verteilt werden, muß ein Fach mindestens 2 dieser Dinge enthalten. Allgemeiner gilt: Wenn $kn + 1$ (oder mehr) Dinge auf n Fächer verteilt werden, muß ein Fach mindestens $k + 1$ dieser Dinge enthalten.

Selbst in seiner allgemeinsten Form behauptet dieses Schubfachprinzip nur die offensichtliche Tatsache, daß die Werte einer Datenmenge weder alle unter noch alle über einem Mittelwert liegen können. Trotzdem ist das Prinzip ein für die Mathematik sehr wichtiges und erstaunlich vielseitiges Hilfsmittel. Die erste der sieben folgenden besonders schönen elementaren Anwendungen stammt aus der Geometrie.

1. Die Flächen eines Polyeders
Bei einem Polyeder haben mindestens zwei Seitenflächen gleich viele Kanten. Um zu beweisen, daß das immer der Fall ist, müssen wir uns nur vorstellen, was passiert, wenn wir die Flächen auf eine Reihe von Kästen verteilen, die mit den Zahlen 3, 4, …, n bezeichnet sind, so daß eine Seite mit r Kanten in den Kasten mit der Zahl r kommt. Da die Kanten jeweils zwischen zwei Flächen liegen, ist eine Fläche, die die Maximalzahl n von Kanten hat, selbst von n Flächen umgeben, also hat das Polyeder mindestens $n + 1$ Flächen. Nach dem Schubfachprinzip muß es einen Kasten geben,

in dem mindestens zwei Flächen sind, womit bewiesen ist, daß es mindestens zwei Flächen mit gleicher Kantenzahl gibt. Man kann sogar leicht zeigen, daß es immer mindestens zwei verschiedene Seitenflächen mit gleicher Kantenzahl geben muß.

2. Zehn positive ganze Zahlen unter 100

Mit dieser Anwendung des Schubfachprinzips können Sie Ihre Freunde verblüffen. Ganz gleich, welche Menge M von 10 positiven ganzen Zahlen unter 100 gewählt wird, immer gibt es zwei vollständig verschiedene Möglichkeiten, Zahlen aus M herauszugreifen, die dieselbe Summe haben. In der Menge 3, 9, 14, 21, 26, 35, 42, 59, 63, 76 addieren sich beispielsweise sowohl 14 und 63 als auch 35 und 42 zu 77. Ähnlich ergibt die Summe von 3, 9, 14 die Zahl 26, die selbst wieder dazu gehört.

Um einzusehen, warum dies immer der Fall ist, bedenke man, daß keine solche Summe größer sein kann als die Summe der 10 größten Zahlen der Menge, also als $90 + 91 + \ldots + 99$. Diese Zahlen addieren sich zu 945; wir ordnen jetzt die Teilmengen von M entsprechend ihrer Summe in Fächer mit den Zahlen 1, 2, ..., 945. Da jedes Element von M entweder zu einer dieser Teilmengen gehört oder nicht, ist die Anzahl der zu klassifizierenden Teilmengen (unter Auslassung der leeren Menge, die keine Elemente hat) $2^{10} - 1$ oder 1023. Nach dem Schubfachprinzip muß es ein Fach geben, das (mindestens) zwei verschiedene Teilmengen A und B enthält. Wenn wir alle Zahlen weglassen, die sowohl zu A als auch zu B gehören, erhalten wir zwei getrennte Teilmengen A' und B', die keine gemeinsamen Elemente haben, deren Elemente aber die gleichen Summen ergeben. Weil es 78 mehr Teilmengen gibt als Fächer, enthält jede Menge M sogar Dutzende von Teilmengenpaare mit gleichen Summen.

3. Pillen[1]

Ein Arzt, der ein neues Medikament ausprobiert, gibt einem Patienten die Anweisung, über einen Zeitraum von 30 Tagen hinweg

---

[1] Diese Anwendung des Schubfachprinzips verdanke ich Kenneth R. Rebman, einem Mathematiker an der California State University in Hayward.

154

48 Pillen einzunehmen. Der Patient soll jeden Tag mindestens eine einnehmen und am Ende der 30 Tage alle genommen haben, sonst aber darf er selbst entscheiden, wie viele er wann nimmt. Unabhängig davon, wie der Patient sich die Pillen einteilt, wird es immer eine Reihe von Tagen geben, in denen er insgesamt 11 Pillen schluckt. Es ist sogar stets möglich, für jeden Wert k zwischen 1 und 30 mit Ausnahme von 16, 17 und 18 eine Reihe von aufeinanderfolgenden Tagen anzugeben, an denen der Patient insgesamt k Pillen zu sich genommen hat.

Zum Beweis dafür, daß bestimmte Werte von k eine Ausnahme von dieser Regel bilden, brauchen wir nur eine Pillenverteilung anzugeben, bei der es keine Folge von Tagen gibt, an denen k Pillen eingenommen werden. Die Fälle k = 16, k = 17 und k = 18 lassen sich sofort durch die folgende Verteilung ausschließen: Der Patient nimmt an jedem Tag eine Pille, nur am 16. nimmt er 19.

$$\underbrace{111...1}_{15} \; 19 \; \underbrace{11...1}_{14}$$

Jetzt betrachte man den Fall k = 11. Wenn p_i die Gesamtzahl der Pillen bezeichnet, die der Patient bis zum Ende des i-ten Tages eingenommen hat, ist p_{30} gleich 48, und die positiven Zahlen p_1, $p_2 ... p_{30}$ bilden eine streng monoton steigende Folge $0 < p_1 < p_2 < ... < p_{30} = 48$. Das Zeichen „<" wird als „ist kleiner als" gelesen; bei einer streng monoton steigenden Folge ist jedes Element größer als sein Vorgänger. Wenn man zu jeder der Zahlen in dieser Folge 11 addiert, entsteht eine neue streng monoton steigende Folge: $11 < p_1 + 11 < p_2 + 11 < ... < p_{30} + 11 = 59$.

Die erste Folge hat 30 Glieder p_i und die zweite 30 Glieder $p_i + 11$, und alle 60 dieser positiven Zahlen sind kleiner oder gleich 59. Deshalb sind wegen des Schubfachprinzips mindestens zwei von ihnen gleich. Weil aber keine zwei p_i gleich sind, können auch keine zwei $p_i + 11$ gleich sein. Deshalb muß eines der p_j gleich einem der $p_j + 11$ sein; dann ist $p_i - p_j$ gleich 11, und daraus folgt, daß an den aufeinanderfolgenden Tagen j + 1, j + 2, ..., i genau 11 Pillen genommen werden.

155

Diese Überlegung trifft für jeden Wert von k bis einschließlich 11 zu, was beweist, daß diese Eigenschaft für alle k-Werte von 1 bis 11 gilt. Die verbleibenden Fälle sind etwas schwieriger auszuschließen, aber auch hier hilft das Schubfachprinzip. Als nächstes betrachten wir die Fälle k = 31 bis 47. Obwohl es für diese Werte von k sicherlich in vielen Fällen Lösungen gibt, zeigt die folgende Familie von Verteilungen, daß keine von ihnen eine Lösung garantiert. Für n zwischen 1 und 17 wird der Wert k = 30 + n durch die folgende Verteilung ausgeschlossen:

$$\underbrace{(19-n)\ 11...1}_{18}\underbrace{(n+1)\ 11...1}_{17-n}$$

Wenn beispielsweise n = 7 ist, schließt die folgende Verteilung den Fall k = 37 aus.

$$\underbrace{12\ 11...1}_{18}\ \underbrace{8\ 11...1}_{10}$$

4. 101 Zahlen

Wenn aus der Menge der Zahlen 1, 2, ..., 200 wahllos eine Menge von 101 Zahlen a_1, a_2..., ... a_{101} herausgegriffen wird, gibt es in dieser Menge erstaunlicherweise immer zwei Zahlen, von denen eine die andere ohne Rest teilt. Zum Beweis dieser Behauptung führen wir eine raffinierte Schreibweise für ganze Zahlen ein: Wir dividieren eine ganze Zahl zunächst so oft wie möglich durch 2 und bringen sie so auf die Form $2^r q$, wobei q eine ungerade Zahl ist, die auch 1 sein kann, und r angibt, wie oft die Zahl durch 2 teilbar ist. Das läßt sich natürlich bei jeder positiven ganzen Zahl n machen. Wenn man jede der ausgewählten Zahlen so schreibt, erhält man eine Menge von 101 Werten von q, von denen jeder zur Menge der 100 ungeraden Zahlen 1, 3, 5, ..., 199 gehört. Nach dem Schubfachprinzip müssen zwei dieser q-Werte übereinstimmen. Deshalb ist für gewisse ganze Zahlen i und j $a_i = 2^{r_i}q$ und $a_j == 2^{r_i}q$. Von diesen beiden Zahlen ist die mit der kleineren Zweierpotenz offensichtlich ein Teiler der anderen.

Entsprechend läßt sich mit Hilfe des Schubfachprinzips leicht zeigen, daß jede Menge M, die aus 102 Zahlen aus der Menge 1, 2, …, 200 besteht, zwei verschiedene Zahlen enthalten muß, deren Summe eine dritte Zahl in M ergibt. (Hier ist es nicht nötig, die Form $2^r q$ zu verwenden.)

Ich wende mich jetzt zwei spektakulären Anwendungen des Schubfachprinzips auf geometrische Probleme zu.

5. Sechshundertfünfzig Punkte in einem Kreis

Man betrachte einen Kreis K mit Radius 16 und einen Ring R mit einem äußeren Radius 3 und einem inneren Radius 2. Dieser Ring läßt sich immer so auf die Kreisscheibe legen, daß er mindestens 10 von 650 beliebig über die Kreisscheibe verteilten Punkten bedeckt. Zum Beweis dieser erstaunlichen Aussage denken wir uns 650 Kopien des Rings R, die wir so auf das vom Kreis K eingeschlossene Gebiet legen, daß jeder Punkt der Menge M der 650 Punkte Mittelpunkt eines der Ringe ist, wie die Abbildung zeigt. Für Punkte von M in der Nähe des Randes reicht der Ring natürlich über den Kreisrand hinaus, aber sicherlich enthält ein Kreis D, der konzentrisch ist mit D und den Radius 19 hat (der Summe des Radius von K und des Rings), alle Kopien von R. Die Fläche von D ist dann gleich 19^2 oder 361 π.

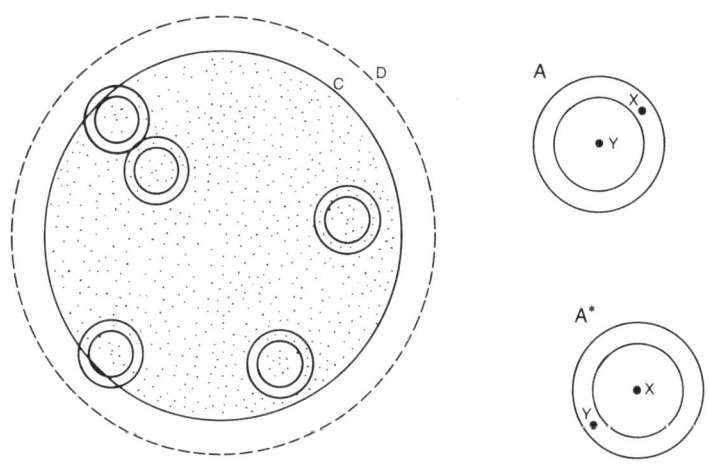

Da die Fläche von R gleich $3^2 \pi - 2^2 \pi = 5 \pi$ ist, haben die 650 Kopien von R eine Gesamtfläche von 3250 π.

An diesem Punkt bietet sich die Anwendung einer „stetigen" Fassung des Schubfachprinzips an. Jede Kopie von R bedeckt einen Teil von D, wenn er auf dem Kreis liegt. Nehmen wir an, daß kein Teil von D unter mehr als neun verschiedenen Kopien von R liegt, wenn alle 650 Kopien des Kreises auf D gelegt wurden. Die Gesamtfläche der Kopien ist dann nicht größer als das Neunfache der Fläche von D. Das Neunfache von 361 π ist 3249 π, also kleiner als die Gesamtfläche der Ringe, die ja 3250 π beträgt. Wegen des Schubfachprinzips muß es also einen Punkt x von D geben, der von mindestens 10 Kopien von R überdeckt wird.

Sei jetzt Y ein Punkt von M, der im Mittelpunkt einer dieser zehn Kopien von R liegt. Dann muß der Abstand von X und Y größer sein als der innere Radius von R und kleiner als der äußere Radius, und Y würde, wie die Abbildung rechts oben zeigt, von einer Kopie von R überdeckt, deren Mittelpunkt in X liegt. Wir nennen diese Kopie R*. Da es mindestens neun weitere Mittelpunkte wie Y gibt, muß R* mindestens 10 Punkte von M überdecken, und die Behauptung ist bewiesen.[2]

6. Die Musikkapelle

Das nächste Beispiel handelt von einer Musikkapelle, bei der jeweils m Musiker nebeneinander und n Musiker hintereinander stehen. Als der Kapellmeister die Kapelle von der linken Seite betrachtet, bemerkt er, daß einige der kleineren Mitglieder von größeren verdeckt sind. Er korrigiert diesen Schönheitsfehler, indem er die Musiker in jeder Reihe so aufstellt, daß aus dieser Sicht der jeweils linke Musiker nicht größer ist als sein rechter Nachbar. Als der Kapellmeister später vorn steht, werden jedoch wieder einige der kleineren Musiker von größeren verdeckt. Jetzt ordnet er die Musiker in ihren Reihen jeweils so an, daß die weiter hinten ste-

---

[2] Dieses Problem wurde von Viktors Linis von der Universität von Ottawa in *Crux mathematicorum*, Band 5, November 1979, S. 271, gestellt.

henden mindestens so groß sind wie ihre Vordermänner. Weil der Kapellmeister befürchtet, er habe dadurch die Ordnung in den Reihen gestört, ist er freudig überrascht zu sehen, daß die Reihen immer noch von links nach rechts die richtige Anordnung haben. Es zerstört also nicht die aufsteigende Ordnung in den Reihen, wenn innerhalb der Spalten eine aufsteigende Ordnung hergestellt wird.

Wir beweisen diese überraschende Tatsache indirekt, indem wir aus der Annahme, sie treffe nicht zu, einen Widerspruch herleiten. Wir nehmen also an, daß es nach der Neuordnung der Spalten eine Reihe gibt, in der ein größerer Musiker a vor oder links von einem kleineren Musiker b steht. Wir nennen, wie die Abbildung zeigt, die Spalte mit dem größeren Musiker a jetzt i, und die Spalte, in der der kleinere Musiker steht, j. Da in den Spalten gerade eine nicht absteigende Ordnung geschaffen wurde, ist jeder Musiker im Abschnitt P, der aus a und allen hinter ihm stehenden Musikern besteht, mindestens so groß wie a, und entsprechend ist jeder Musiker im Abschnitt Q, der aus b und allen vor ihm stehenden Musikern besteht, höchstens so groß wie b. Da a größer ist als b, folgt, daß jeder Musiker im Abschnitt P größer ist als jeder Musiker in Q.

Jetzt betrachte man den Zustand, in dem die Reihen neu geordnet sind, aber nicht die Spalten. Dazu müssen die Musiker im Abschnitt P wieder in ihre frühere Stellung in Spalte i zurückgehen und jene im Abschnitt Q wieder in die Spalte j. Die Musiker

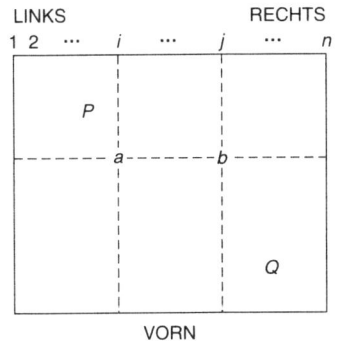
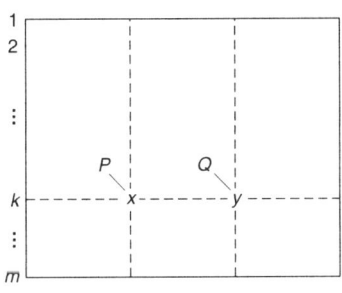

in P und Q werden also so auf die Reihen 1, 2, ..., m verteilt, als ob die m Reihen Fächer wären. Weil die Abschnitte P und Q die Gesamtlänge m + 1 haben, gibt es in beiden Abschnitten höchstens m + 1 Musiker. Nach dem Schubfachprinzip müssen zwei der Musiker in derselben Reihe sein. Sie können aber nicht beide aus demselben Spaltenabschnitt kommen, also steht in der k-ten Reihe ein Musiker x aus P in der Spalte i und ein Musiker y aus Q in der Spalte j, wie die Abbildung zeigt. Da x größer ist als y, widerspricht das der schon etablierten, nichtabnehmenden Anordnung der Reihen, und damit ist der Satz bewiesen.[3]

Das der Anschauung widersprechende Ergebnis, das Honsberger am Beispiel der Musikkapelle veranschaulicht, läßt sich gut mit einem Stapel Spielkarten nachahmen. Man mische und teile 24 Karten offen in einer beliebigen rechteckigen Anordnung wie in der Abbildung auf Seite 161 oben und ordne sie dann so an, daß die Werte von links nach rechts nicht abnehmen. Beispielsweise ist die Anordnung in dem mittleren Abschnitt der Abbildung (6, 7, 10, 10, J, K) erlaubt. Jetzt ordne man jede Spalte so, daß die vier Werte von oben nach unten nicht abnehmen, wie unten zu sehen ist. Wenn man die Anordnung der Karten in einer Spalte verändert, ändert sich natürlich die Anordnung der Karten in den Reihen. Trotzdem sind die Reihen auch nach der Umordnung der Spalten geordnet.

Auf diesem überraschenden Ergebnis beruht ein Kartentrick, der in der Zeitschrift für Magier *The Pallbearer Review* (S. 513, April 1972) veröffentlicht wurde. Man teile fünf Pokerhände aus und ordne jede so, daß die fünf Kartenwerte von hinten nach vorn abnehmen. Dann sammle man die Karten in beliebiger

---

[3] Das Problem mit der Marschkapelle erschien in mannigfacher Gestalt in den sechziger Jahren in mehreren mathematischen Journalen. David Gale und Richard M. Karp schrieben eine Arbeit über „The Non-Messing-up Theorem", 1971, Operations Research Center der Engineering School der University of California at Berkeley.

Donald Knuth erörtert dieses Theorem im dritten Band seines klassischen Werks *Art of Computerprogramming* im Zusammenhang mit einer Sortiermethode, die „Shellsort" genannt wird. Knuth hat den Satz nicht entdeckt, wohl aber Gale und Karp auf ihn aufmerksam gemacht. Er stellt in seinem Buch eine originelle Verallgemeinerung vor.

Reihenfolge wieder ein und teile sie neu aus, so daß die Karten wie üblich verdeckt sind. Die Anordnung der Karten ist dann eine völlig andere. Erläutern Sie nun, daß Sie den Karten beibringen wollen, sich selbst zu ordnen. Nehmen Sie jede Hand auf, ordnen Sie die Karten erneut und legen Sie sie verdeckt hin. Sammeln Sie sie ein, indem Sie die fünfte Hand (die des Gebers) oben auf die vierte Hand legen, diese beiden oben auf die dritte und so weiter. Teilen Sie fünf weitere Hände wie üblich verdeckt aus. Die Karten haben ihre Lektion gelernt: Obwohl die Karten wieder ganz anders verteilt sind, ist jede Hand geordnet.

Dieses Ergebnis ist Teil der Theorie der Young-Tableaux, einer Klasse von Zahlenanordnungen, die nach Alfred Young benannt sind, dem britischen Geistlichen, der sie in einer 1900 veröffentlichten Arbeit einführte und analysierte. Die Anordnungen haben inzwischen in der Quantentheorie wichtige Anwendungen gefunden.

7. Teilfolgen von Zahlenfolgen

Dieses letzte Beispiel beweist eine interessante Eigenschaft von Teilfolgen der Zahlenfolge 1, 2, ..., $n^2 + 1$: Jede Teilfolge dieser Zahlen muß, von links nach rechts betrachtet, entweder eine monoton steigende oder eine monoton fallende Teilfolge von mindestens $n + 1$ Gliedern enthalten. Sei beispielsweise $n = 3$, dann enthält die Teilfolge 6, 5, 3, 7, 1, 2, 8, 4, 10 die fallende Teilfolge 6, 5, 3, 1. Wie dieses Beispiel zeigt, braucht eine Teilfolge nicht aus aufeinanderfolgenden Elementen der Anordnung zu bestehen.

Zum Beweis dieser Behauptung ordnen wir jeder Zahl i der Teilfolge ein Zahlenpaar (x,y) zu, wobei x die Länge der längsten monoton steigenden und mit i beginnenden Teilfolge bezeichnet, und y entsprechend die Länge der längsten fallenden mit i beginnenden Teilfolge.

Auf diese Weise erhält man $n^2 + 1$ Koordinaten„paare" (x,y); wenn einer der Werte x oder y gleich $n + 1$ ist, ist die Behauptung bewiesen. Wenn andererseits jeder Wert von x oder y kleiner oder gleich n ist, gibt es höchstens n^2 verschiedene Paare (x,y). In diesem Fall folgt aus dem Schubfachprinzip, daß ein Paar (x,y) die Koordinaten von mindestens zwei Zahlen i und j der Folge sein müssen. Da i und j verschieden sind, muß eine der beiden Zahlen kleiner sein als die andere. Wenn i kleiner ist als j, ist die x-Koordinate von i größer als die von j, und wenn i größer ist als j, ist die y-Koordinate von i größer als die von j. In beiden Fällen ergibt sich ein Widerspruch, und die Behauptung ist bewiesen.

Zum Schluß stelle ich drei amüsante Übungsaufgaben.
1. Ein Gitterpunkt ist ein Punkt in einer Koordinatenebene, dessen Koordinaten beide ganzzahlig sind. Man beweise, daß unabhängig davon, wie die fünf Gitterpunkte gewählt werden, mindestens eine der Verbindungsstrecken der Punkte auch durch einen Gitterpunkt in der Ebene gehen muß.

2. Sechs Kreise (einschließlich ihrer Ränder) sind so in der Ebene angeordnet, daß keiner von ihnen die Mitte eines anderen enthält. Man beweise, daß es keinen Punkt gibt, der zu allen sechs Kreisen gehört.

3. Man beweise, daß es in jeder Folge von $m \cdot n + 1$ verschiedenen reellen Zahlen entweder eine steigende Teilfolge von mindestens der Länge $m + 1$ oder eine fallende Teilfolge von mindestens der Länge $n + 1$ geben muß.

Antworten

1. Um zu zeigen, daß mindestens eine der Verbindungsstrecken der fünf Gitterpunkte durch einen Gitterpunkt in der Koordinatenebene gehen muß, bedenke man, daß es vier „Paritätsklassen" für die Koordinaten eines Gitterpunkts gibt, nämlich ungerade, ungerade; ungerade, gerade; gerade, ungerade und gerade, gerade. Nach dem Schubfachprinzip müssen zwei der fünf Gitterpunkte, etwa (x_1, y_1) und (x_2, y_2), zur selben Klasse gehören. Dann müssen $x_1 + x_2$ und $y_1 + y_2$ beide gerade Zahlen sein, und der Mittelpunkt der Verbindungsstrecke der Punkte, nämlich $[(x_1 + x_2)/2, (y_1 + y_2)/2]$, ist ein Gitterpunkt.

2. Um zu zeigen, daß sechs Kreise, die so in der Ebene liegen, daß keiner von ihnen den Mittelpunkt eines anderen enthält, keinen gemeinsamen Punkt haben können, nehme man an, das Gegenteil träfe zu. Dann gibt es also einen Punkt O, der auf allen sechs Kreisen liegt. Dieser Punkt O sei mit jedem der sechs Mittelpunkte verbunden. O kann nicht auf der Verbindungslinie zweier Mittelpunkte liegen, weil kein Kreis den Mittelpunkt eines anderen Kreises enthält und alle Kreise O enthalten. Deshalb gehen alle sechs Strecken fächerförmig von O weg. Wenn OA und OB zwei benachbarte Segmente des Fächers sind, können sie, da O zu jedem der Kreise gehört, nicht größer sein als die Radien der Kreise, in denen sie liegen. Da nun aber keiner der Kreise den Mittelpunkt des anderen enthält, muß AB größer sein als jeder dieser

163

Radien. Also ist AB länger als die anderen beiden Seiten des Dreiecks AOB, und der AB gegenüberliegende Winkel AOB muß größer sein als jeder der anderen Winkel in dem Dreieck. Also muß der Winkel AOB größer sein als 60°. Dann aber setzen sich alle sechs Winkel zu einem Winkel zusammen, der größer ist als 360°, und damit ist der Satz durch Widerspruch bewiesen.

3. Um zu beweisen, daß jede Folge von $m \cdot n + 1$ verschiedenen reellen Zahlen entweder eine fallende Teilfolge der Länge $m + 1$ oder eine steigende Teilfolge der Länge $n + 1$ enthält, ordnen wir wie im siebten unserer Beispiele „Koordinaten" (x, y) zu. Die Behauptung ist richtig, wenn x größer ist als m oder wenn y größer ist als n. Wenn nun x kleiner oder gleich n ist und y kleiner oder gleich n, gibt es nur $m \cdot n$ verschiedene Paare (x, y). Nach dem Schubfachprinzip müssen zwei der Paare, die den $m \cdot n + 1$ Zahlen zugeordnet werden, gleich sein, und das ist ein Widerspruch.

Das starke Gesetz der kleinen Primzahlen

Laßt uns nun die Primzahlen preisen,
Wie unsere Väter, die uns zeugten:
Sie sind gewaltig und haben ihren eigenen Reiz,
Denn sie wurden nicht gezeugt.
Sie haben weder Ahnen noch Faktoren
Jede ein Adam unter den multiplizierten
Generationen.   Helene Spalding

„Das starke Gesetz der kleinen Zahlen" ist der provozierende Titel einer unveröffentlichten Arbeit von Richard Kenneth Guy, auf der das Folgende weitgehend beruht.[1]

„Wir halten die Mathematik für eine exakte Wissenschaft", beginnt Guy, „aber das trifft auf mathematische Entdeckungen nicht zu. In der mathematischen Forschung kommt es vor allem darauf an, die richtigen Fragen zu stellen und abstrakte Strukturen zu erkennen."

Leider gibt es kein Patentrezept für gute Fragen und keine

---

[1] Guy ist Mathematiker an der Universität von Calgary und war viele Jahre lang Herausgeber der Rubrik „Forschungsprobleme" der Zeitschrift *American Mathematical Monthly*. Er hat zahlreiche Facharbeiten verfaßt und gemeinsam mit John Horton Conway und Elwyn R. Berlekamp das zweibändige Buch *Winning Ways* mit unterhaltungsmathematischen Problemen veröffentlicht.

Möglichkeit, im voraus zu entscheiden, ob eine beobachtete Regelmäßigkeit zu einem wichtigen neuen Satz führt oder lediglich ein glücklicher Zufall ist. In dieser Hinsicht sind forschende Mathematiker seltsamerweise in einer ähnlichen Situation wie Naturwissenschaftler. Sie alle stellen Fragen, machen Experimente und suchen nach Gesetzmäßigkeiten, aber erst im Lauf der Zeit stellt sich heraus, ob sich eine beobachtete Regelmäßigkeit bei neuen Beobachtungen, mit neuen Parametern, wiederholt und schließlich zur Entdeckung eines allgemeinen Gesetzes führt oder ob Gegenbeispiele auftauchen, die die Hypothese widerlegen. Allerdings können Mathematiker gelegentlich im Rahmen eines formalen Systems Sätze beweisen, und das ist Naturwissenschaftlern versagt. Bis ein Beweis gefunden ist, müssen sich Mathematiker jedoch ganz ähnlich wie Naturwissenschaftler auf Folgerungen verlassen, die auf der Erfahrung beruhen und fehleranfällig sind. Dies gilt insbesondere für kombinatorische Probleme, bei denen es um unendliche Zahlenfolgen geht.

Wenn die betrachteten Zahlen klein sind, lassen sich oft auffallende Regelmäßigkeiten erkennen, die deutlich auf einen allgemeingültigen Satz hinweisen. Guy nennt dies das „starke Gesetz der kleinen Zahlen". Manchmal bewährt sich das Gesetz und manchmal nicht. Wenn die Regelmäßigkeit, wie so oft, lediglich zufällig ist, verschwendet ein Mathematiker möglicherweise ungeheuer viel Zeit mit dem Versuch, einen Beweis für ein gar nicht geltendes Gesetz zu finden. Das starke Gesetz der kleinen Zahlen kann umgekehrt auch in die Irre führen, wenn aufgrund einiger weniger Gegenbeispiele die Suche nach einer Gesetzmäßigkeit aufgegeben wird, obwohl es sie, wenn auch etwas komplizierter als erwartet, doch gibt.

Die heutigen Computer sind eine große Hilfe, weil sie Vermutungen, in denen größere Zahlen vorkommen, mit wenig Zeitaufwand untersuchen können, was eine Hypothese entweder rasch zu Fall bringen oder die Wahrscheinlichkeit ihrer Richtigkeit stark erhöhen kann. Bei vielen kombinatorischen Problemen jedoch werden die Zahlen mit phantastischer Geschwindigkeit größer, und dann kann der Computer kaum wesentlich mehr Fälle untersuchen als ein Mensch mit Bleistift und Papier. In solchen Fällen stehen die Mathematiker vor einem höchst unzugänglichen Problem.

Man könnte viele Bücher mit Beispielen dafür füllen, wie das starke Gesetz der kleinen Zahlen zu wichtigen Lehrsätzen geführt hat, wie es Forscher täuschte und nach Sätzen suchen ließ, die es nicht gibt, oder wie es sie glauben ließ, ein gültiger Satz gelte doch nicht. Gelegentlich legt es ihnen auch einen Satz nahe, der zwar höchstwahrscheinlich richtig ist, sich aber allen Beweisversuchen widersetzt. In den Beispielen, die ich jetzt beschreiben werde, beschränken wir uns auf positive Primzahlen.

Primzahlen sind natürliche Zahlen größer als 1, die außer 1 und sich selbst keine Teiler haben: 2, 3, 5, 7, 11, 13, 17, 19, 23, 29, 31, … Alle Primzahlen außer 2 sind ungerade. Es gibt keine einfache Gleichung, die alle Primzahlen und nur Primzahlen erzeugt. Das besagt auch die zweite Strophe des Gedichts von Helen Spalding:

Niemand kann ihr Kommen vorhersagen.
Bei den Ordinalzahlen
Haben sie keine reservierten Plätze,
Sondern wählen sie nach Belieben.
Unter den Kardinalzahlen ragen sie empor
Wie Päpste beim Überraschungsbesuch,
Jede absolut, unergründlich, selbstbestimmt.

Euklid hat bewiesen, daß es unendlich viele Primzahlen gibt, aber je größer sie werden, um so größer sind auch die Lücken zwischen ihnen. Dasselbe gilt für die Potenzen von Primzahlen. Abgesehen von 6 ist jede natürliche Zahl kleiner als 10 eine Potenz einer Primzahl, und über ein Drittel aller Zahlen unter hundert sind Potenzen von Primzahlen. Aber es wäre unsinnig, wenn man aus der Dichte dieser kleinen Primzahlen schließen wollte, daß die Dichte der Primzahlpotenzen eine untere Schranke hat. Die Dichte der Primzahlpotenzen ist um so geringer, je größer der betrachtete Zahlenbereich ist, und sie kann beliebig klein sein, wenn der Bereich groß genug ist.

Am Anfang, wo das Chaos
Endet und die Null entsteht,
Drängen sie sich in den Vordergrund, üppig wie ein Wald.
In mittleren Entfernungen ist dieser Wald lichter.
Zur Unendlichkeit hin
sind sie selten wie Kometen, die nie wiederkehren.

Im Bereich der Primzahlen lassen sich viele Beispiele für bemerkenswerte Regelmäßigkeiten finden, die rein zufällig sind und höchstens in die Irre führen. Man betrachte diese Folge von Primzahlen: 3, 31, 331, 3331, 33 331, 333 331, 3 333 331, 33 333 331. Dahinter steckt kein Bildungsgesetz für Primzahlen, denn 333 333 331 ist eine zusammengesetzte Zahl mit den Faktoren 17 und 19 607 843. Man kann übrigens in allen Fällen dieser Art beruhigt wetten, daß irgendwann zusammengesetzte Zahlen erscheinen. Wade Philpott und Joe Reitch Jr. haben die Zahlen von der Art 3333 …1 untersucht und gefunden, daß alle sechs Zahlen, die 9 bis 14 Dreien enthalten, zusammengesetzt sind.

Vor einigen Jahren fiel dem Anthropologen Reo F. Fortune von der Universität Cambridge, der einmal mit Margaret Mead verheiratet war, eine seltsame Regelmäßigkeit bei kleinen Primzahlen auf. Man gebe eine Primzahl p vor, multipliziere, mit 2 beginnend, nacheinander alle Primzahlen, die kleiner sind als diese Zahl und addiere 1. Dann bestimme man die nächstgrößere Primzahl und subtrahiere von ihr das zuvor berechnete Produkt der Primzahlen. Die Abbildung demonstriert die Anwendung dieses Verfahrens auf die ersten acht Fälle und gibt die acht so gebildeten „Fortune-Zahlen" an. Ist das Ergebnis immer eine Primzahl?

Fortune meint, das sei der Fall, und die meisten Zahlentheoretiker stimmen ihm zu, haben aber bisher keinen Beweis dafür gefun-

$2 + 1 = 3$	$5 - 2 = 3$
$(2 \times 3) + 1 = 7$	$11 - 6 = 5$
$(2 \times 3 \times 5) + 1 = 31$	$37 - 30 = 7$
$(2 \times 3 \times 5 \times 7) + 1 = 211$	$223 - 210 = 13$
$(2 \times 3 \times 5 \times 7 \times 11) + 1 = 2311$	$2333 - 2310 = 23$
$(2 \times 3 \times \ldots \times 13) + 1 = 30031$	$30047 - 30030 = 17$
$(2 \times 3 \times \ldots \times 17) + 1 = 510511$	$510529 - 510510 = 19$
$(2 \times 3 \times \ldots \times 19) + 1 = 9699691$	$9699713 - 9699690 = 23$

den. Nach Meinung von Guy besteht in absehbarer Zukunft auch wenig Hoffnung. Vielleicht können Sie die Vermutung mit etwas Fortune widerlegen. Übrigens sind in der Abbildung auf Seite 168 links die ersten fünf Zahlen auf der rechten Seite der Gleichung Primzahlen. Ist das immer der Fall? Nein, nicht bei den nächsten drei Zahlen. Mark Templer hat gezeigt,[2] daß das um 1 vergrößerte Produkt der Primzahlen kleiner oder gleich p für die ersten fünf Primzahlen eine Primzahl ist und auch für p = 31, p = 379, p = 1019 und p = 1021, aber für kein anderes p kleiner als 1032. Wie R. E. Crandell mir nach Erscheinen dieses Kapitels im *Scientific American* mitteilte, konnte er die Liste der Primzahlen sogar noch bis 2657 erweitern, aber keine andere Primzahl unter 3000 aufnehmen.

Eine andere merkwürdige und noch unbewiesene Hypothese wurde 1958 von dem amerikanischen Mathematiker und Zauberkünstler Norman L. Gilbreath aufgestellt. Man schreibe die Primzahlen in einer Zeile und unter je zwei Zahlen jeweils ihre Differenz auf. Unter die zweite Zeile schreibe man jeweils den Betrag der Differenz der darüberstehenden Zahlen und mache damit solange weiter, wie man Lust hat. Die Abbildung auf Seite 170 zeigt in einer Tabelle mit neun Zeilen die Differenzen für die ersten 24 Primzahlen. Die Gilbreath-Vermutung besagt nun, daß alle Zeilen mit 1 beginnen, was in unserem Fall für die ersten neun Zeilen zutrifft. Ray B. Killgrove und Ken E. Ralston haben diese Vermutung bis zur 63 419. Primzahl bestätigt.[3]

„Es ist unwahrscheinlich", schreibt Guy, „daß wir in naher Zukunft einen Beweis für die Vermutung von Gilbreath sehen werden, obwohl die Vermutung sicherlich richtig ist." Guy fügt hinzu, die Richtigkeit der Vermutung habe womöglich gar nichts mit der Eigenschaft einer Zahl zu tun, Primzahl zu sein. Nach Meinung von Hallard Croft könnte die Vermutung für jede Folge gelten, die mit 2 beginnt und sonst nur ungerade Zahlen enthält, die in

---

[2] „On the Primality of k! + 1 and 2*3*5* ...*p+1", *Mathematics of Computation*, Band 34, Nr. 149, S. 303–304, Januar 1980.
[3] *Mathematical Tables and Other Aids to Computation*, Band 13, Nr. 66, S. 12–122, April 1959.

2	3	5	7	11	13	17	19	23	29	31	37	41	43	47	53	59	61	67	71	73	79	83	89
1	2	2	4	2	4	2	4	6	2	6	4	2	4	6	6	2	6	4	2	6	4	6	
1	0	2	2	2	2	2	2	4	4	2	2	2	2	0	4	4	2	2	4	2	2		
1	2	0	0	0	0	0	2	0	2	0	0	0	2	4	0	2	0	2	2	0			
1	2	0	0	0	0	2	2	2	2	0	0	2	2	4	2	2	2	0	2				
1	2	0	0	0	2	0	0	0	2	0	2	0	2	2	0	0	2	2					
1	2	0	0	2	2	0	0	2	2	2	2	2	0	2	0	2	0						
1	2	0	2	0	2	0	2	0	0	0	0	2	2	2	2	2							
1	2	2	2	2	2	2	2	0	0	0	2	0	0	0	0								
1	0	0	0	0	0	0	2	0	0	2	2	0	0	0									

einem „vernünftigen" Maß anwachsen und einen „vernünftigen" Abstand voneinander haben. In diesem Fall wäre die Vermutung von Gilbreath vielleicht nicht ganz so geheimnisvoll, wie es auf den ersten Blick erscheint, obwohl sie außerordentlich schwer zu beweisen sein könnte.

Eine der bekanntesten aller unbewiesenen Primzahlvermutungen ist, daß es unendlich viele Primzahlzwillinge gibt, also Paare von Primzahlen, die sich nur um 2 unterscheiden. Die kleinsten Beispiele sind 3 und 5, 5 und 7, 11 und 13, 17 und 19, 29 und 31, 41 und 43, 59 und 61 sowie 71 und 73. Man kennt ungeheuer große Beispiele. Das größte Beispiel war ein Zahlenpaar mit 303 Stellen, das Michael A. Penk 1978 gefunden hat. Es wurde von zwei größeren Paaren übertroffen, die A. O. L. Atkin und Neil W. Rickert 1979 fanden, nämlich $694\,503\,810 \times 2^{2304} \pm 1$ und $1\,159\,142\,985 \times 2^{2304} \pm 1$. Das größere Zwillingspaar hat 703 Ziffern; die Zahlen beginnen mit 4337 und hören mit $17\,760 \pm 1$ auf. Der größte mir heute (1996) bekannte Primzahlzwilling ist das 1995 gefundene Paar $242\,206\,083 \times 2^{38880} \pm 1$. Jede dieser Zahlen hat 11 173 Stellen.

Die Zwillingsvermutung läßt sich auf Primzahlpaare erweitern, die sich um eine beliebige gerade Zahl n unterscheiden. Nur Prim-

170

zahlpaare, zu denen die Zahl 2 gehört, haben eine ungerade Differenz. Die Vermutung läßt sich weiter auf endliche Primzahlfolgen verallgemeinern, deren Glieder vorgegebene geradzahlige Differenzen haben. Beispielsweise entsprechen die folgenden Dreiergruppen von Primzahlen alle dem Schema k, k + 2, und k + 6: 5, 7 und 11; 11, 13 und 17; 17, 19 und 23; 41, 43 und 47 sowie 101, 103 und 107.

Man nimmt an, daß es für jedes Schema dieser Art, das nicht durch Teilbarkeitsüberlegungen verboten ist, unendlich viele Beispiele gibt. Das Schema k, k + 2 und k + 4 hat nur eine Lösung, bei der k eine Primzahl ist, nämlich 3, 5 und 7, weil jedes größere Trio dieser Art eine Zahl enthalten müßte, die durch 3 teilbar ist. Man vermutet auch, daß es unendlich viele Vierlinge der Form k, k + 2, k + 6 und k + 8 gibt. Das kleinste Beispiel ist 5, 7, 11 und 13. Für einige solche Schemata kennt man kein oder nur ein Beispiel. R. E. Crandell hat auf das Oktett 11, 13, 17, 19, 23, 29, 31 und 37 hingewiesen, und John D. Hallyburton Jr., der für Digital Equipment Corporation arbeitet, fand sieben weitere solche Folgen. Die Ausgangszahlen waren:

15 760 091
25 658 441
93 625 991
182 403 491
226 449 521
661 972 301
910 935 911

Ken Conrow verlängerte Hallyburtons Liste der Anfangszahlen für das Oktett auf 49 Primzahlen, von denen die sechs von Hallyburton genannten die kleinsten sind. Seine Liste enthält alle entsprechenden Primzahlen unter zehn Milliarden.

Schon in der Antike waren Zahlentheoretiker von den Zahlen fasziniert, die heute Mersenne-Zahlen heißen. Diese Zahlen haben die Form $2^n - 1$, und ihre Faszination beruht auf dem Zusammen-

171

hang mit vollkommenen Zahlen: Zahlen wie 6, 28, 496 heißen vollkommen, weil sie die Summe ihrer Faktoren sind, wobei 1 dazugezählt wird, nicht die Zahl selbst. Wenn eine Mersenne-Zahl eine Primzahl ist, so ist die nach der euklidischen Formel $2^{n-1}(2^n-1)$ berechnete Zahl eine vollkommene Zahl.

Es ist leicht zu sehen, daß eine Mersenne-Zahl nur dann eine Primzahl ist, wenn der Exponent eine Primzahl ist. Ist umgekehrt eine Mersenne-Zahl immer eine Primzahl, wenn der Exponent n eine Primzahl ist? Das starke Gesetz der kleinen Zahlen legt das nahe, denn die Aussage gilt für n gleich 2, 3, 5 und 7, versagt jedoch für n = 11, weil $2^{11}-1$ gleich 2047, und das ist 23 × 89. Es gilt für n = 13, n = 17 und n = 19, und versagt wieder für n = 23. Von da an werden die Erfolgsmeldungen seltener; die 27. Mersenne-Primzahl 2^{44497} fand 1979 ein Computer[4], die 33. Mersenne-Primzahl wurde 1994 von David Slowinski und Paul Gage mit Hilfe einer Cray C916 gefunden. Die Zahl lautet $2^{858433} - 1$ und hat 258 716 Stellen. Sie wurde innerhalb von 30 Minuten identifiziert, aber der Beweis, daß sie eine Primzahl ist, brauchte 72 Stunden. Diese Zahl ist natürlich auch eine neue vollkommene Zahl. Der Bereich zwischen dieser Primzahl und der 32. Mersenne-Zahl ist noch nicht gründlich erforscht, es könnte also ein oder zwei kleinere Mersennsche Primzahlen geben, die bisher nicht eingefangen wurden.

Die sogenannten Fermat-Zahlen haben die Form $2^{2n} + 1$. Für n = 0, n = 1, n = 2, n = 3 und n = 4 ist die Fermat-Zahl eine Primzahl (3, 5, 17, 257 und 65 537). Pierre de Fermat meinte, alle Zahlen dieser Art seien Primzahlen, übersah aber die Tatsache, daß n = 5 zu der Zahl 4 294 967 297 führt, dem Produkt der Primzahlen 641 und 6 700 417. Es sind keine anderen Fermatschen Primzahlen bekannt als die fünf von Fermat gefundenen, und niemand weiß, ob es andere gibt. Man hat mittlerweile Fermat-Zahlen für n = 5 bis 9 faktorisiert. Die zehnte Fermatzahl hat 309 Stellen; sie ist den bekannten Faktorisierungsmethoden anscheinend immer

---

[4] Das Programm wurde von David Slowinski mit Hilfe von Harry L. Nelson vom Lawrence Livermore Laboratory der Universität von Kalifornien geschrieben.

noch nicht zugänglich. Übrigens haben alle Fermatschen Zahlen in binärer Schreibweise die Form einer 1 mit n Nullen und einer 1 am Ende. Mersenne-Zahlen bestehen in binärer Schreibweise ausschließlich aus Einsen.

Auch zwischen Primzahlen und Fakultäten besteht anscheinend ein seltsamer Zusammenhang. Der Ausdruck n! (gesprochen: n Fakultät) bedeutet 1 x 2 x 3 x ... x n. Durch abwechselnde Addition und Subtraktion von Fakultäten ergibt sich eine Folge von Primzahlen:

$$3! - 2! + 1! = 5$$
$$4! - 3! + 2! - 1! = 19$$
$$5! - 4! + 3! - 2! + 1! = 101$$
$$6! - 5! + 4! - 3! + 2! - 1! = 619$$
$$7! - 6! + 5! - 4! + 3! - 2! + 1! = 4421$$
$$8! - 7! + 6! - 5! + 4! - 3! + 2! - 1! = 35\,899$$

In all diesen Fällen ist die Zahl rechts eine Primzahl. Leider versagt das starke Gesetz der kleinen Zahlen beim nächsten Schritt, denn das Ergebnis 326 981 ist das Produkt der Primzahlen 79 und 4139. Die nächsten Primzahlen erhält man für n gleich 10, 15 und 19.

Die Tabelle in der oberen Abbildung auf der nächsten Seite ist folgendermaßen entstanden. Wir beginnen mit 41, addieren 2 und erhalten die Primzahl 43. Zu 43 addieren wir 4 und erhalten die Primzahl 47. Zu 47 addieren wir 6 und erhalten die Primzahl 53. Wenn wir so weitermachen, jede neue Primzahl als die erste Zahl der nächsten Reihe schreiben und Zahlen der Folge 2, 4, 6, 8, ... dazu addieren, ist das Ergebnis in jedem Fall eine Primzahl. Führt diese Folge immer weiter zu Primzahlen oder versagt sie schließlich?

Der kanadische Mathematiker Leo Moser hat die seltsame Situation konstruiert, die wir in der Abbildung unten zeigen. Jede Folge entsteht aus der unmittelbar darüberstehenden, indem man zwischen alle Zahlenpaare der darüberstehenden Folge, die sich zu n addieren, die Zahl n einschiebt. Rechts steht die Anzahl k der Zahlen in jeder Folge. Die ersten sechs k-Zahlen stellen die

```
        GERADE
        ZAHLEN   PRIMZAHLEN
           ↓        ↓
         41 +  2 = 43
         43 +  4 = 47
         47 +  6 = 53
         53 +  8 = 61
         61 + 10 = 71
         71 + 12 = 83
         83 + 14 = 97
         97 + 16 = 113
        113 + 18 = 131
        131 + 20 = 151
        151 + 22 = 173
        173 + 24 = 197
        197 + 26 = 223
        223 + 28 = 251
        251 + 30 = 281
        281 + 32 = 313
        313 + 34 = 347
        347 + 36 = 383
           ⋮
```

ersten sechs Primzahlen dar. Die nächste Primzahl, 17, wird überschlagen, aber 19 ist wieder eine Primzahl. Sind alle k-Zahlen Primzahlen? Wie lautet die Gleichung für die n-te k-Zahl?

n	FOLGE	K
1	1,1	2
2	1, 2, 1	3
3	1, 3, 2, 3, 1	5
4	1, 4, 3, 2, 3, 4, 1	7
5	1, 5, 4, 3, 5, 2, 5, 3, 4, 5, 1	11
6	1, 6, 5, 4, 3, 5, 2, 5, 3, 4, 5, 6, 1	13
7	1, 7, 6, 5, 4, 7, 3, 5, 7, 2, 7, 5, 3, 7, 4, 5, 6, 7, 1	19

Alle Primzahlen außer 2 haben die Form $4k \pm 1$, was bedeutet, daß jede Primzahl außer 2 um eins größer oder um eins kleiner ist als ein Vielfaches von 4. Dies folgt trivialerweise aus der Tatsache, daß jede ungerade Zahl um eins größer oder kleiner ist als ein Vielfaches von 4. Man schreibe die ungeraden Primzahlen

ihrer Reihe nach auf, und zwar die 4k – 1-Primzahlen in die obere
Reihe und die 4k + 1-Primzahlen darunter.

3	7	11	19	23	43	59	67	71	79	83
5	13	17	29	37	53	61	73			

Bis hierhin „gewinnt die obere Reihe das Rennen". Bleibt die
obere Reihe stets die längere, wenn wir die beiden Reihen fortset-
zen? Guy empfielt, nicht viel Zeit mit einer empirischen Überprüfung zu vergeuden, weil es lange dauert, bis die zweite Reihe vorn
liegt, und auch dann hat man nichts bewiesen. Der große englische
Mathematiker John E. Littlewood zeigte, daß die Reihen abwechselnd unendlich oft vorn liegen.

Alle Primzahlen größer als 5 haben die Form 6k ± 1. Wenn wir
diese beiden „Pferde" ins Rennen schicken, wechseln auch sie sich
unendlich oft in der Führung ab. Man hat andere Primzahlrennen
untersucht, etwa die vier Pferde in dem Rennen des Vierspänners
8k ± 1, 8k ± 3. Obwohl die Vermutung überhaupt noch nicht bestätigt wurde, glauben die meisten Zahlentheoretiker, daß unabhängig von der Anzahl der Pferde bei allen solchen Rennen jedes
Pferd auf Dauer unendlich oft vorn liegt.

Primzahlen der Form 4k + 1 (die untere Reihe in dem Rennen
des 4k ± 1-Gespanns) lassen sich immer eindeutig als Summe eines
Paars ungleicher Quadratzahlen schreiben. So ist 5 gleich 4 + 1, 13
gleich 4 + 9 und so weiter. Dieser Satz wurde von Fermat bewiesen; er ist ein hervorragendes Beispiel für eine Gesetzmäßigkeit,
bei der das starke Gesetz der kleinen Zahlen nicht in die Irre, sondern zu einem beweisbaren Satz führt. Es sind schon seit langem
viele Beweise bekannt; 1977 veröffentlichte Loren C. Larson vom
St. Olaf College in Minnesota einen wunderschönen neuen Beweis, der auf dem vertrauten Problem beruhte, wie man auf einem
n x n-Schachbrett n Damen so aufstellen kann, daß keine die andere schlagen kann.

Die Abbildung auf der nächsten Seite zeigt die Minimallösung
für das Dameproblem, das die folgenden Eigenschaften hat: (1) Es
gibt ein Feld genau in der Mitte, und auf ihm steht eine Dame. (2)

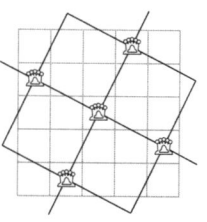

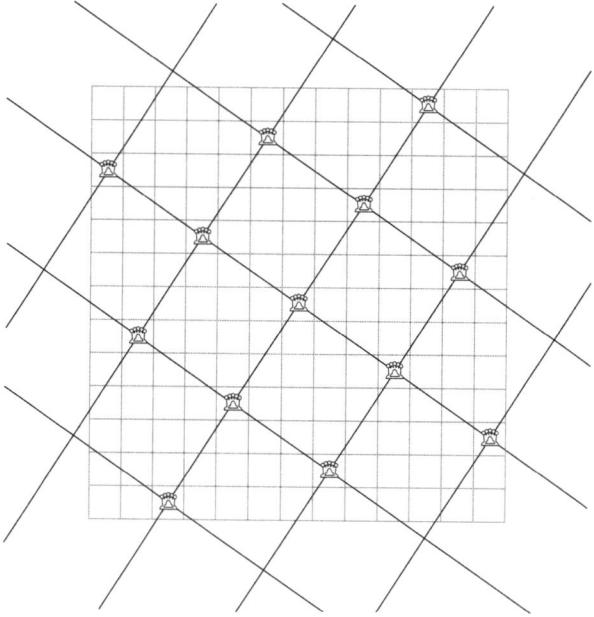

Alle anderen Damen lassen sich vom Mittelfeld aus durch einen verallgemeinerten Springerzug erreichen, bei dem die Figur m Felder in eine und n Felder in eine dazu senkrechte Richtung zieht (m und n sind verschiedene ganze Zahlen). (3) Die Endgestalt ist vierfach drehsymmetrisch (sie geht also bei Drehungen um 90° in sich selbst über). Die Abbildung zeigt unten die nächstgrößere Lösung mit all diesen Eigenschaften mit 13 Damen auf einem Brett mit 13 x 13 Feldern.

176

Wenn wir von der Dame auf dem Mittelfeld absehen, muß die Anzahl der Damen bei solchen Lösungen in jedem Quadranten offenbar immer gleich sein. Also gibt es 4k + 1 Damen. Larson zeigt, daß sich Lösungen dieser Art genau dann konstruieren lassen, wenn die Anzahl der Damen einer solchen Primzahl entspricht.

Bei allen solchen Lösungen kann das Spielfeld in identische kleinere Quadrate unterteilt werden, wie die schrägen Linien in der Abbildung auf Seite 176 zeigen. Wenn wir uns das Spielfeld zu einem Ring deformiert denken, indem wir den oberen und unteren Rand und den rechten und linken Rand jeweils miteinander verbinden, sehen wir, daß jedes Spielfeld mit der Seitenlänge p aus p Rauten besteht. Da das Brett die Fläche p^2 hat, ist die Fläche jedes kleinen Quadrats $\sqrt{p}$. Da p die Hypotenuse eines rechtwinkligen Dreiecks ist, dessen Seiten gleich m und n (den beiden Komponenten des verallgemeinerten Springerzugs) sind, folgt aus dem Satz des Pythagoras, daß p (die Fläche des Quadrats über der Hypotenuse) gleich der Summe der Quadrate über m und n sein muß. Da p aber eine Primzahl der Form 4k + 1 ist, muß jede solche Primzahl die Summe von zwei verschiedenen Quadraten sein. Ich habe Larsons Beweis, der auf früheren Überlegungen von George Pólya beruht, hier stark verkürzt.[5]

Die vierte und letzte Strophe von Spaldings Gedicht bildet einen passenden Abschluß dieses Kapitels:

O ihr Primzahlen, ihr höchst unwahrscheinlichen Zahlen,
Lange mögen Formeljäger
Schwitzen in der Abstraktion,
Verdorren zu Gerippen von Geduld.
Ihr bleibt Non-Konformisten,
Lästige Phänomene, unzugänglich
Allen Systemen, Folgen, Gesetzen
Oder Erklärungen.

---

[5] Die Einzelheiten finden sich in seinem Aufsatz: „A Theorem about Primes Proved on a Chessboard", *Mathematics Magazine*, Band 50, Nr. 2, S. 69–74, März 1977.

Antworten

Die erste der unbeantworteten Fragen betrifft ein Verfahren, das anscheinend nur Primzahlen erzeugt. Haben Sie dies als eine Verkleidung der berühmten Eulerschen Formel der Primzahlerzeugung $41 + x^2 + x$ erkannt? Wenn x ganzzahlige Werte annimmt (angefangen mit 0) führt die Formel zu 40 Primzahlen. Sie versagt bei $n = 40$, denn das führt zu der zusammengesetzten Zahl $1681 = 41^2$.

Leo Mosers Dreiecksmuster beruht auf den Eigenschaften einer Folge sogenannter Farey-Brüche. Die Anzahl der Folgenglieder in den ersten neun Reihen ist eine Primzahl. Das Verfahren versagt bei $n = 10$, denn die Folge hat 33 Glieder. Wenn man Ziffern zählt und nicht Zahlen, hat die 10. Folge 37 Ziffern, eine Primzahl, aber die nächste Folge hat $57 = 3 \times 19$ Ziffern.

Um die k-Zahlen für die n-te Reihe zu erhalten, addiere man 1 zur Summe der Euler-Totienten für die Zahlen 1 bis n. Der Euler-Totient einer natürlichen Zahl n ist die Anzahl natürlicher Zahlen, die nicht größer sind als n und mit n nur 1 als gemeinsamen Faktor haben. Für 1 bis 10 sind die Euler-Quotienten 1, 1, 2, 2, 4, 2, 6, 4, 6 und 4. Die Summe dieser Zahlen ist 32. Wenn man 1 hinzuzählt, erhält man die zusammengesetzte Zahl 33 für die nächste Zeile. Mir ist nicht bekannt, ob Moser diese Merkwürdigkeit je veröffentlicht hat.

178

Damespiele

*Das Damespiel ist eigentümlich geeignet, die
Aufmerksamkeit zu fesseln, ohne sie anzu-
strengen. Dieses Brettspiel hat etwas Gelasse-
nes und Gravitätisches, das den Geist
unmerklich beruhigt.*

James Boswell, *Dr. Samuel Johnson,
Leben und Meinungen*

Die Anfänge des Damespiels liegen im dunkeln, die meisten
Historiker, die sich mit der Geschichte des Spiels befaßt haben,
vermuten seinen Ursprung im 12. Jahrhundert in Südfrankreich.[1]

In Westeuropa und den USA zählt das Damespiel sicherlich zu
den bekanntesten Brettspielen, wenn man bedenkt, wie viele Kin-
der das Spiel erlernen und die Regeln nie wieder vergessen. Allerdings rangiert Dame weit hinter Schach. Man muß sich nur verge-
genwärtigen, wie viele Bücher es zu dem Thema gibt, wie viele

---

[1] Der Katalog *Spiele. Gesellschaftsspiele aus einem Jahrtausend* zur gleichnamigen
Ausstellung des Bayerischen Nationalmuseums München, 1972, erwähnt die Legen-
de, nach der Palamedes das Spiel erfunden habe, um die während der Belagerung
von Troja eingeschlossenen Damen zu unterhalten. Der Name wird auch darauf zu-
rückgeführt, daß das Spiel „selbst von den mit nicht so viel Intelligenz ausgestatteten
Damen" beherrscht werden könne. Johann Koch führt in seinem Buch *Das Damespiel, auf feste Regeln gebracht,* Magdeburg, 1811, den Namen darauf zurück, daß
der Spieler versuche, einen Damm zu bauen, van der Linde *(Geschichte und Littera-
tur des Schachspiels,* Berlin, 1874) leitet es aus dem Schachspiel her, bei dem nach
jetzt veralteten Regeln ein Bauer in eine Dame verwandelt werden konnte, wenn er
die letzte gegnerische Reihe erreicht (Anm. d. Übers.).

Erwachsene Spitzenspieler werden und auf wieviel Interesse die Meisterschaften stoßen. Wer kennt auch nur einen einzigen Experten für das Damespiel oder gar den amtierenden Weltmeister? Viele Jahre lang gehörte dieser Titel einem der größten Damespieler, die je gelebt haben, nämlich Dr. Marion Tinsley, Topologe am Department für Mathematik an der A. und M. University in Talahassee, Florida.

In der gesamten westlichen Welt gelten heute dieselben Schachregeln, beim Damespiel jedoch gibt es Dutzende regionaler Varianten. In Westeuropa und Rußland, besonders aber in Frankreich und Holland, ist eine Fassung beliebt, die internationale Dame oder polnische Dame genannt wird (in Polen heißt sie allerdings französische Dame) und die auf einem 10 x 10-Brett gespielt wird, wobei jede Seite mit 20 Steinen beginnt. Nach ihren Regeln werden die Turniere der „Fédération du Jeu des Dames" ausgetragen. Zur besseren Unterscheidung von der aus Spielemagazinen bekannteren und in den USA wettkampfmäßig gespielten „Dame 64" wird sie auch „Dame 100" genannt. Im französisch sprechenden Kanada hat das Brett sogar 12 x 12 Felder, und jede Seite beginnt mit 30 Steinen.

Die Regeln für das Damespiel sind viel einfacher als die für das Schachspiel; ein Großmeister im Damespiel verliert viel seltener aufgrund eines Fehlers gegen einen schlechteren Spieler als ein Großmeister im Schach, und das macht das Damespiel für Anfänger reizvoll. Damespieler zitieren gern Edgar Allan Poe, der die beiden Spiele zu Beginn seiner Kurzgeschichte *Der Doppelmord in der Rue Morgue* vergleicht:

Jedenfalls möchte ich diese Gelegenheit benutzen, um zu behaupten, daß die höheren Kräfte des Geistes durch das bescheidene Damespiel viel lebhafter und nutzbringender angeregt werden als durch die anspruchsvollen Nichtigkeiten des Schachspiels. Bei diesem können die Figuren verschiedene und wunderliche Bewegungen von unterschiedlichem und veränderlichem Wert ausführen, und man hält (wie so oft) das Komplizierte für etwas Scharfsinniges. Das Schachspiel nimmt die Aufmerksamkeit stark in Anspruch. Erlahmt sie auch nur einen Augenblick, so läuft man Gefahr, etwas zu übersehen, und die Folge können Verluste oder gar die Niederlage sein. Da die zu Gebote stehenden Züge zahlreich und von ungleichem Wert sind, ist es sehr leicht möglich, einen Fehler zu machen, und in neun von zehn Fällen wird der Spieler, der seine Gedanken zu konzentrieren versteht, auch über einen geschickteren Spieler siegen. Im Damespiel hingegen, bei dem es nur eine Art von Zügen mit wenigen Veränderungen gibt, ist die Wahrscheinlichkeit eines Versehens gering. Die Aufmerksamkeit wird weniger in Anspruch genommen, und die Vorteile, die ein Spieler über den anderen erringt, verdankt er seinem größeren Scharfsinn.

Weltmeister Tinsley sagte einmal: „Beim Schachspielen hat man gleichsam die Übersicht über einen endlosen Ozean, beim Damespielen blickt man dagegen in einen abgrundtiefen Brunnen."

Weil das Damespiel so einfach ist, waren alle Eröffnungen des Spiels um 1900 so vollständig analysiert, daß die meisten Turniere unentschieden endeten. Um das Spiel spannender zu machen, führte England etwa um diese Zeit das Verfahren ein, alle Kombinationen eines ersten Zugs von Schwarz und der Reaktion von Weiß auf Karten zu schreiben, von denen die Spieler zu Spielbeginn eine ziehen mußten. Ihr Spiel begann dann mit dieser Eröffnung. Da jede Seite die Wahl zwischen sieben möglichen Eröffnungen hat, gibt es 49 Paare von Anfangszügen. Zwei davon (9-14, 21-17 und 10-14, 21-17) wurden ausgeschlossen, weil sie zum Verlust eines weißen Steins führen. Später schloß man zwei andere Paare (11-16, 23-19 und 12-16, 23-19) aus, weil sie Schwarz einen deutlichen Vorteil gaben. Damit blieben 45 Karten übrig, die jeweils die Eröffnung festlegen.

Bei Dame-Diagrammen wird das Brett wie in der Abbildung auf Seite 182 beziffert; der Deutlichkeit halber kann man die Farben der Felder vertauschen und die Steine auf die weißen Felder zeichnen. Das Spiel wird auf den dunklen Feldern gespielt, und die „Doppelecke", also das helle Spielfeld, ist immer unten rechts vom Spieler. Die Spieler werden Schwarz und Weiß genannt, ob-

wohl die Figuren gewöhnlich rot und weiß sind und die Felder bei
Turnieren grün und beige. Schwarz macht immer den ersten Zug,
und die schwarzen Steine stehen zu Beginn auf den Feldern mit
den niedrigen Zahlen. Ich empfehle Ihnen, die Felder Ihres Bretts
wie in der Abbildung zu beziffern, wenn Sie die folgenden Überlegungen auf Ihrem Spielbrett nachvollziehen wollen.

Im Lauf der Jahrzehnte beherrschten die Experten bald alle Varianten, die auf die Eröffnungszüge folgten, so gut, daß sie erneut
„auf Nummer Sicher" spielten und die Spiele zumeist unentschieden ausgingen. Die englische Beschränkung auf die ersten zwei
Züge wurde daher Mitte der dreißiger Jahre in den USA von einer
Zufallsauswahl der ersten drei Züge abgelöst. Heute wird bei den
meisten Spielen eine von 142 Karten gezogen, auf denen je eine andere Gruppe von drei ersten Zügen verzeichnet ist. Weil viele dieser Gruppen einer Seite (gewöhnlich dem zweiten Spieler) einen
Vorteil verschaffen, werden jeweils zwei Spiele mit derselben Eröffnung gespielt, wobei jeder Spieler einmal den ersten Zug hat.

Wenn die Eröffnungszüge nicht vorgegeben werden, also „nach
Belieben" gespielt wird, gehen Spiele unter Experten immer unentschieden aus. Selbst bei einer Vorgabe der ersten drei Züge sind
etwa 80 % aller Turnierspiele Remis-Spiele. Wenn ein Experte gewinnt, dann gewöhnlich deshalb, weil der Verlierer einen Fehler
gemacht hat oder weil es dem Gewinner gelang, einen neuen und
überraschenden Zug zu finden und (möglicherweise jahrelang) ge-

heimzuhalten. Ein solcher „Überraschungszug" stellt eine Verbesserung der herkömmlichen „Lehrbuchzüge" dar und trifft den Gegner unvorbereitet. Früher durften die Spieler gewöhnlich höchstens fünf Minuten über einen Zug nachdenken und sogar nur eine Minute, wenn ein Stein auf nur eine Art geschlagen werden konnte. Heute benutzt man Schachuhren, und jeder Spieler muß in einer Stunde 30 Züge machen. Wenn ein Spieler einen Überraschungszug vorbereitet hat, bleibt dem Gegner oft nicht genügend Zeit, ihn zu analysieren.

Beim Weltmeisterschaftskampf des damaligen Titelverteidigers, Walter Hellman Sr., eines Stahlarbeiters aus Gary im US-Staat Indiana, gegen den amerikanischen Meister, Eugene Frazier, wurden 1967 36 Partien gespielt, von denen 31 unentschieden ausgingen und Hellman fünf gewann. Im letzten Spiel führte ein Überraschungszug zum Sieg. „Ich hatte diesen Zug früher schon einmal gespielt", erzählte Hellman einem Journalisten, „aber er war nicht veröffentlicht worden. Frazier hatte eine Möglichkeit, den Angriff abzuwehren, aber die verbleibenden fünf Minuten reichten nicht aus, sie zu finden."

In einem Leserbrief an den *Scientific American*, der im August 1980 veröffentlicht wurde, schrieb Tinsley dazu:

Ich möchte einige Bemerkungen zu Martin Gardners Artikel über das Damespiel machen. Er schreibt: „Wenn ein Experte gewinnt, dann gewöhnlich deshalb, weil der Verlierer einen Fehler gemacht hat oder weil es dem Gewinner gelang, einen neuen und überraschenden Zug zu finden und … geheimzuhalten." Das ist völlig irreführend. Sicherlich kommen Schnitzer vor, und es werden auch Überraschungszüge geplant. Der Spieler muß das Spiel unbedingt beherrschen. Am wichtigsten aber ist die Fähigkeit, Einsicht in das Spiel zu haben und weit vorauszusehen. Walter Hellman konnte aufgrund seines ungeheuer großen Wissens in seinen Kämpfen um den Weltmeistertitel gegen Asa Long (1948 und 1961) mehrere Überraschungszüge landen. Long seinerseits verfügte über ganz hervorragende analytische Fähigkeiten und machte die Gewinnzüge so schwierig, daß Hellman sie nicht finden konnte. Experten siegen in der Regel gewöhnlich mit sehr geringem Vorsprung. Long gewann sein erstes nationales Turnier als 18jähriger; er spielte besser als Spieler, die viel mehr über das Damespiel wußten als er, und zwar weil er ein so guter Spieler war, nicht wegen der Überraschungszüge.

Wegen seiner Einfachheit ist das Damespiel schließlich der Computeranalyse viel leichter zugänglich als das Schachspiel. Bis etwa 1975 galt ein von Arthur L. Samuel entwickeltes lernfähiges Programm als das beste. Samuel konnte es nach seiner Emeritierung als Forschungsdirektor bei IBM am Labor für künstliche Intelligenz an der Stanford University sogar noch weiter verbessern. Ein besonders leistungsfähiges, aber nicht lernfähiges Programm wurde von Eric C. Jensen und Tom R. Truscott entwickelt, als sie an der Duke University bei Alan W. Biermann künstliche Intelligenz studierten.

Damespieler werden nach ihren Fähigkeiten in drei Klassen eingeteilt. Von dem an der Duke University entwickelten Programm wurde behauptet, es spiele in der Anfangsphase auf Meisterstärke, aber ein Großmeister, der einige Zeit gegen dieses Programm spielt, kann seine Schwächen erkennen und sie zu seinen Gunsten nutzen. Dieses Programm hatte den Nachteil, ohne Strategie zu spielen. Es folgte nicht einmal bei den Eröffnungszügen der Tradition, sondern verteilte seine Steine in einer Weise über das Spielfeld, daß die Großmeister es für dumm hielten. Sein Vorzug war die unglaubliche Geschwindigkeit, mit der es alle möglichen Züge viel weiter voraussehen konnte als ein menschlicher Gegner. Außerdem verrechnet es sich niemals. Die Erfinder des Programms waren bald überzeugt: „Das Duke-Programm klopft schon jetzt an die Tür der Weltmeisterschaft."

Dame-Großmeister beurteilten die Leistungen des Computers in den achtziger Jahren viel skeptischer und teilten die Meinung von W. Burke Grandjean, dem Sekretär des amerikanischen Verbands der Damespieler, der den Optimismus der Gruppe von Duke für ausgesprochen naiv hielt. Mittlerweile sind jedoch Dameprogramme auf dem Markt, die auf zwei Leistungsebenen spielen (Checker Challenger 2), und sogar solche mit fünf Leistungsebenen

(Checker Challenger 4), aber sie spielen weit unter dem Niveau der von Samuel und der Gruppe an der Duke University entwickelten Programme.

Die Begründer der künstlichen Intelligenz haben sich bei ihren Vorhersagen, wann ein Computerschachprogramm alle Großmeister besiegen und Weltmeister werden würde, immer wieder eklatant geirrt. Sogar der Supercomputer Deep Blue konnte in einem Wettkampf den amtierenden Weltmeister Gari Kasparow erst 1997 zum ersten Mal schlagen. Auch in bezug auf Dameprogramme wurden in der Vergangenheit übermäßig optimistische Vorhersagen gemacht. Richard Bellman von der Rand Corporation beispielsweise schrieb 1965:[2]

„Wir können wohl mit Gewißheit sagen, daß das Damespiel in zehn Jahren ein völlig entscheidbares Spiel sein wird, wenn wir größere Computer haben."

Seitdem sind mehr als 30 Jahre vergangen, und das Damespiel ist noch immer nicht entscheidbar, obwohl die Dameprogramme rasch besser werden. Im Jahre 1996 waren – sowohl für Dame 64 als auch für Dame 100 – mehrere leistungsfähige Programme im Handel.[3] Von den Programmen für Dame 64 ist CHINOOK deutlich das beste.[4] Tinsley spielte 1990 in einem Schaukampf zum ersten Mal gegen CHINOOK, wobei er ein Spiel gewann, keines verlor und 13mal unentschieden spielte. 1992 wurde in London ein offizieller Wettkampf ausgetragen. Tinsley gewann damals 4 Spiele, verlor 2 und spielte 33mal unentschieden. Damit hatte Tinsley in 42 Jahren nur siebenmal verloren!

Als 1994 das Rückspiel stattfand, war CHINOOK erheblich verbessert worden, hielt für die Eröffnung Dutzende neuer und gehei-

---

[2] „On the Application of Dynamic Programming to the Determination of Optimal Play in Chess and Checkers" in *Proceedings of the National Academy of Sciences,* Band 53, Februar 1965, S. 244–247.

[3] Programme für Dame 100 wurden insbesondere in Holland entwickelt. Zu den bekanntesten gehören CERBERUS, DAMOCLES, und TRUUS (alle für MS-DOS) (Anm. d. Übers.).

[4] Es wurde von den drei Computerwissenschaftlern Jonathan Schaeffer, Robert Lake und Paul Lu mit Unterstützung der beiden Dame-Experten Martin Bryant und Norman Treloar an der Universität von Alberta in Edmonton, Alberta, Kanada, entwickelt.

mer Überraschungszüge parat und konnte alle Zweige des Spielbaums mindestens 21 Züge weit durchsuchen! Die ersten sechs Spiele gingen unentschieden aus, dann beantragte Tinsley wegen gesundheitlicher Beschwerden eine Unterbrechung. Man diagnostizierte Krebs, an dem Tinsley 1995 als unbesiegter Meister starb. Die Weltmeisterschaft ging damit an CHINOOK, und die Frage, wer besser spielte, Tinsley oder CHINOOK, blieb offen ...

CHINOOK verteidigte seinen Titel, als das Programm gegen Meister Don Lafferty unentschieden spielte. Beim Rückspiel 1995 gegen Lafferty gewann das Programm ein Spiel, verlor keins und spielte 31mal unentschieden.

Zur Zeit ist Ron King der menschliche Dame-64-Weltmeister. Er hat noch nicht offiziell gegen CHINOOK gespielt, aber Schaeffer und seine Mitarbeiter sind sicher, daß es seit dem Tod von Tinsley keinen Damespieler gibt, der CHINOOK besiegen kann. Die Rangfolge der vier besten Spieler ist jetzt die folgende: CHINOOK 2712, Ron King 2632, Asa Long 2631 und Don Lafferty 2625.

CHINOOK wird fast täglich besser, und seine Hersteller hoffen, einmal Dame „lösen" zu können, indem sie ihr Programm verbessern, bis es ein vollkommenes Spiel spielt. So scheint es also im Jahre 1997 endgültig soweit zu sein, daß sowohl Schach wie auch Dame am besten vom Computer gespielt werden. Sie können gegen CHINOOK spielen, wenn Sie die Web-Site http://www.cs.valberra.da/~chinook aufrufen.

Computerkundige Leser sind vielleicht daran interessiert, daß ein auf ein 2n x 2n-Brett verallgemeinertes Damespiel genau wie verallgemeinertes Go „P-Raum hart" ist. Dies bedeutet beispielsweise, daß andere Spiele wie Schach und Go dann, wenn sie auf n x n-Bretter verallgemeinert werden, durch äquivalente Schachpositionen auf Brettern simuliert werden können, deren Größe eine polynomische Funktion von n ist.[5]

Es läßt sich leicht beweisen, daß es keine kürzere Schachpartie gibt als das „Narrenmatt", bei dem der zweite Spieler bei seinem

---

[5] Der Beweis, daß Dame P-Raum hart ist, wurde von Avierzi Fraenkel in Israel in Zusammenarbeit mit Michael Garey und David Johnson von Bell Labs geführt.

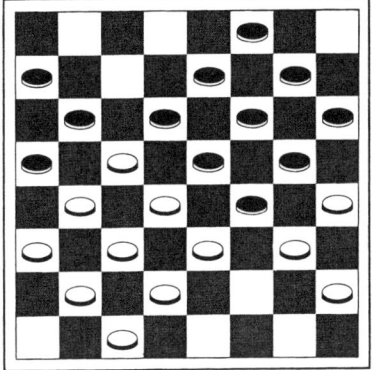

SCHWARZ	WEISS
1. 9-13	24-20
2. 12-16	21-17
3. 10-15	23-18
4. 15-19	18-14
5. 8-12	25-21
6. 4-8	29-25
7. 6-10	27-23
8. 10-15	23-18
9. 2-6	31-27
10. 6-9	27-24
11. 1-6	32-27
12. 6-10	27-23

zweiten Zug schachmatt setzt. Überraschenderweise ist nicht klar, welches die kürzeste Damepartie ist. Lange hielt man das aus 24 Zügen bestehende Einkesselungsspiel, dessen Endstellung die Abbildung oben zeigt, für die kürzeste Damepartie. Es gibt viele Folgen von 24 Zügen, die zu der Stellung in der Abbildung führen, aber die Stellung selbst wird für eindeutig gehalten. Bei der angegebenen Zugfolge ist jeder Zug von Weiß (bezüglich der Brettmitte) symmetrisch zum unmittelbar vorhergegangenen Zug von Schwarz.[6] Das Spiel beginnt mit der sogenannten Edinburgh-Eröffnung. Der erste Zug, 9-13, ist zwar bei allen Anfängern beliebt, gilt aber als ungünstig für Schwarz, und deshalb beginnt das symmetrische Spiel häufiger mit der sogenannten Kelso-Kreuz-Eröffnung 10-15, 23-18.

Sam Loyd hat in *Cyclopedia of Puzzles* (1914) eine nichtsymmetrische Zugfolge angegeben, die zu derselben Stellung führt; Loyd behauptet fälschlicherweise von ihr, es sei das „kürzestmögliche Spiel".[7] Es ist übrigens auch nicht, wie ich lange meinte, das kürzeste Spiel, bei dem keine Steine geschlagen werden. Alan

---

[6] Mir ist nicht bekannt, wer das Spiel zuerst in diese symmetrische Fassung gebracht hat. Die hier angegebene Fassung wurde von Rudolf Ondrejka aus Linwood, N.J., erarbeitet.

[7] Sam Loyd: *Cyclopedia of Puzzles,* 1914, S. 379. Er nimmt dabei irrtümlich an, das Brett sei um 90° gedreht worden.

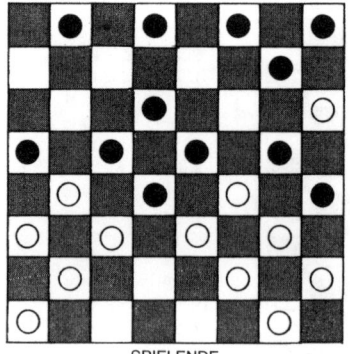

SCHWARZ	WEISS
1. 12-16	22-17
2. 16-20	23-19
3. 11-15	19-16
4. 9-14	16-12
5. 14-18	26-22
6. 5-9	31-26
7. 9-14	26-23
8. 6-9	23-19
9. 9-13	30-26
10. 7-11	26-23
11. 11-16	

SPIELENDE

Malcolm Beckerson, der sich für die englische Fachzeitschrift *English Draughts Journal* Probleme ausdenkt, fand 28 mögliche Endstellungen für Spiele mit 24 Zügen, von denen nur zwei (darunter die von mir angegebene) symmetrisch sind. In 16 von ihnen könnte Weiß noch einen weiteren Zug machen, wenn nicht Schwarz am Zuge wäre. Beckerson fand 1963 mehrere Spiele, die sogar schon nach dem 21. Zug beendet sind. Eines wurde in *Games and Puzzles* (Juni 1976) veröffentlicht und in der 24. Ausgabe von *Guinness Book of Records* zum kürzesten Damespiel gekürt. Die Abbildung zeigt ein solches Spiel. Dann entdeckte Beckerson 1978, daß Weiß bei seinem 10. Zug (also nach 20 Zügen) gewinnen kann, wenn er alle schwarzen Steine nimmt. Dies ist jetzt das kürzeste bekannte Damespiel, aber noch ist nicht bewiesen, daß es nicht ein noch kürzeres gibt. Beckerson fand weitere Spiele mit 20 Zügen, bei denen alle schwarzen Spielsteine geschlagen werden, und auch solche, die die nicht geschlagenen Steine einkesseln. Die nebenstehende Abbildung zeigt eine solche Endstellung und die zugehörige Zugfolge.[8] Die Eröffnung heißt Newcastle-Eröffnung.

Es gibt noch viele andere ungelöste Dameprobleme, bei denen nach der kleinstmöglichen Anzahl von Zügen gefragt wird. Wie viele legale Züge sind mindestens nötig, um alle 24 Steine in 24

---

[8] Das Spiel wurde zuerst im März 1978 in der englischen Monatszeitung *Games and Puzzles* veröffentlicht.

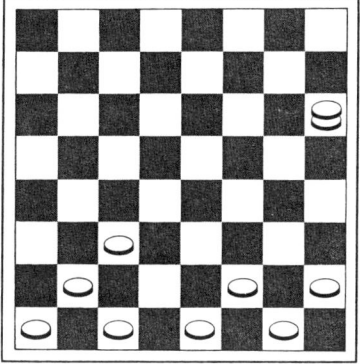

	SCHWARZ	WEISS
1.	11-16	21-17
2.	10-14	17x10
3.	6x15	23-18
4.	2-6	18x2 (K)
5.	9-14	2x18
6.	3-7	24-20
7.	1-6	20x2 (K)
8.	12-16	2x9
9.	5x23	26x3 (K)
10.	4-8	3x12

Damen zu verwandeln? Am bekanntesten ist die Lösung mit 180 Zügen (jeder Spieler zieht 90mal).[9]

Wieviel Züge sind nötig, um die Anfangsstellungen zu vertauschen? Wenn Schlagzwang besteht, braucht jede Seite, wenn sie allein auf dem Brett ist, mindestens 60 Züge, um die Anfangsfelder des Gegners zu besetzen, und daraus folgt, daß 2 x 60 oder 120 eine absolute untere Grenze ist. Es gibt eine Lösung mit 172 Zügen aus dem späten 19. Jahrhundert,[10] bei der am Spielende jede Seite sechs Damen hat. Vermutlich gibt es auch bedeutend kürzere Lösungen.

Dieses Problem hat eine interessante Geschichte. Es wurde zuerst in der englischen Zeitschrift *Gentlemen's Journal* (September 1872) von einem Dr. Brown gestellt, der eine Lösung in 172 Zügen angab. Natürlich herrscht Schlagzwang, deshalb darf sich in keiner der Lösungen eine Gelegenheit zum Springen ergeben. Die Anzahl der Züge wurde in einer vierteiligen Artikelserie der in Melbourne, Australien, erscheinenden *Weekly Times* vom 19. und 26. Juni und 3. und 10. Juli 1968 auf 120 reduziert. Brown hatte viele Züge vergeudet, indem er die Damen vor- und zurückziehen ließ, um anderen Steinen den Weg zu bahnen. Im letzten Artikel der Serie – sie

[9] Die Lösung stammt von John Harris und erschien im *Journal of Recreational Mathematics,* Band 9, Nr. 1, S. 45, 1976.

[10] *The Draughts-Player's Guide and Companion,* Frank Dunne, S. 94–95.

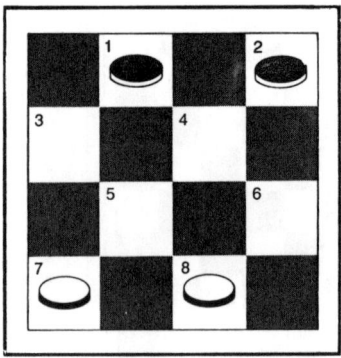

hieß „Der Austausch" – führte Harber den Beweis dafür, daß aber tatsächlich mindestens 120 Züge nötig sind.

Dieses Problem der Vertauschung der Anfangsstellung ist auch auf kleineren Spielbrettern interessant. Das 3 x 3-Brett ist trivial, aber das Problem fasziniert auf einem Brett mit 4 x 4 Feldern. Die Abbildung zeigt die Anfangsstellung; die Aufgabe besteht darin, die beiden Seiten mit möglichst wenigen erlaubten Zügen zu vertauschen. Natürlich besteht Schlagzwang, und jeder Stein, der in die Endlinie vordringt, wird zu einer Dame. Übrigens ist das kürzeste Spiel auf diesem Minibrett nach fünf Zügen beendet. Es geht unentschieden aus, wenn beide Seiten optimal spielen.

Ein Damespiel auf einem 4 x 4-Brett geht unentschieden aus, wenn beide Spieler fehlerfrei spielen. A. K. Dewdney gibt in seinem in der Bibliographie angeführten Artikel einen großen Teil des vollständigen Spielebaums an. Dewdney ist überzeugt, daß das 6 x 6-Spiel „höchstwahrscheinlich" und das übliche 8 x 8-Spiel „vermutlich" unentschieden ausgehen. Ich habe meine Gründe dafür, warum das 4 x 4-Spiel fast sicherlich ein Remis-Spiel ist, in einem früheren Artikel im *Scientific American* angegeben, der in *Logik unter dem Galgen* nachgedruckt wurde.

Wie ist es mit dem 5 x 5-Brett, wenn jede Seite mit drei Damen in der ersten Reihe beginnt? Überraschenderweise gewinnt, wie ich in dem genannten Kapitel begründe, der erste Spieler! Weil das Brett keine Doppelecke hat, auf der eine Dame ungefährdet

190

vor- und zurückziehen kann, ist ein erzwungenes Unentschieden ausgeschlossen.

Wie beim Schach wurden auch beim Damespiel unzählige Abänderungen des Spiels vorgeschlagen; so veränderte man die Größe des Spielbretts, die Anfangsstellung, die Regeln und so weiter.[11] Es gibt Varianten, bei denen die Spielpläne dreieckig oder sechseckig sind oder auch dreidimensional, bei denen es nicht nur Damesteine, sondern auch Schachfiguren gibt, und es gibt Varianten für drei oder vier Spieler. Wie man sich denken kann, läßt sich schwer sagen, wann ein Spiel dem Damespiel noch so ähnlich ist, daß man es für eine Variante hält, und wann es als neues Spiel gelten muß. Das Spiel „Türkische Dame" beispielsweise hat mit dem normalen Spiel praktisch nur noch das 8 × 8-Spielbrett und Spielsteine in zwei Farben gemein. Eine einfache Variante des üblichen Damespiels ordnet die Steine zu Beginn wie in der Abbildung auf Seite 192 und läßt alle Dameregeln gelten. Die Eröffnungszüge führen rasch zu Stellungen, die es in herkömmlichen Spielen nicht gibt.

Eine besonders ausgefallene Variante des Damespiels, über die man gern mehr wissen möchte, heißt „Superdame" und wurde von Charles Fort erfunden. Fort, ein New Yorker, interessierte sich für ungewöhnliche und wissenschaftlich nicht erklärbare Erscheinungen und hat damit sowohl die Science-fiction-Literatur als auch die zur Zeit überraschend große Begeisterung für paranormale Phänomene stark angeheizt. Wie sein Biograph erzählt,[12] wurde „Superdame" mit ganzen Armeen von Pappfiguren, bei denen Heftklammern als Griffe dienten, auf einem karierten Tischtuch gespielt.

Zu Beginn stehen die beiden Armeen einander in einer beliebigen vorher vereinbarten Anfangsformation gegenüber, die zwischen ihnen genügend Raum läßt. Wenn ein Spieler jeweils nur eine Figur zieht, dauert das Spiel womöglich wochenlang, deshalb ließ Fort Massenbewegungen zu. Fort schrieb in einem Brief dazu: „A darf beginnen und so oft ziehen, bis B ihn zum Aufhö-

---

[11] Das 1956 privat gedruckte Buch von Joseph Boyer und Vern R. Parton, *Les jeux des dames non orthodoxes,* gibt über 100 Varianten an.
[12] Damon Knight: *Charles Fort,* Doubleday, 1970.

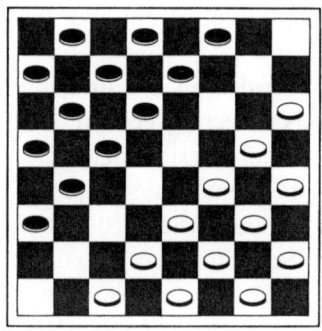

ren auffordert, sagen wir hundertmal. Dann macht B hundert
Züge. Vielleicht will A jetzt nochmals hundert Züge machen,
während B aufgrund der Kriegslage nur 30 zuläßt. Anschließend
beginnt möglicherweise wie im gewöhnlichen Damespiel ein
Nahkampf, bei dem jeder immer nur einen Zug machen darf.
Will ein Spieler eine ‚Massenbewegung‘ machen, muß er immer
erst die Erlaubnis seines Gegners einholen."

Ein solches Spiel dauerte gewöhnlich die ganze Nacht. Fort
schrieb 1930 an Tiffany Thayer, den Herausgeber der ersten von
Fort veröffentlichten Zeitschrift *Doubt*: „Superdame ist dabei,
ein großer Erfolg zu werden. Ich habe schon wieder vier Menschen getroffen, die es absurd finden."

Eine beliebte Variante des Damespiels ist die sogenannte
„Schlagdame". Dieses Spiel wird nach den Dameregeln gespielt,
aber gewonnen hat derjenige, dem es gelingt, alle Figuren zu verlieren. Eine Variante davon ist ein Wettspiel, das vermutlich von
englischen Glücksspielern erfunden wurde.[13] Weiß beginnt mit 12
Figuren in der üblichen Ausgangsstellung. Schwarz hat nur eine
Dame auf Feld 7. Schwarz gewinnt, wenn die schwarze Dame verloren ist, Weiß gewinnt, wenn alle 12 Steine verloren sind. Weiß
kann, wie Dunne zeigt, immer gewinnen. Es gibt drei ähnliche
Stellungen, mit denen Schwarz gewinnen kann, wenn Schwarz einen einfachen Spielstein auf Feld 1, Feld 4 oder Feld 5 hat.

---

[13] Frank Dunne: *The Draughts-Player's Guide and Companion,* S. 91–92.

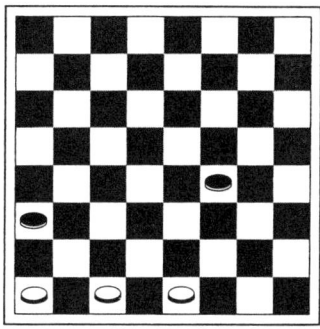

Unter Hunderten von schönen Wettspielen dieser Art beginnt eines der schönsten mit der oben abgebildeten Stellung.[14] Schwarz ist am Zug, Weiß wettet, daß Schwarz den Stein, den Schwarz als ersten zieht, nicht in eine Dame verwandeln kann. Sicherlich sollte Schwarz nicht den Stein auf Feld 21 bewegen, denn dann wäre er sofort verloren, so daß sich die Frage stellt, ob Schwarz den Stein auf Feld 19 ziehen und bis in die untere Reihe bringen kann. Je länger man die Stellung betrachtet, um so offensichtlicher scheint es, daß Schwarz die Wette leicht gewinnen kann. Trotzdem gewinnt Weiß. Vielleicht spielen Sie das Spiel einmal mit Freunden nach.

Ein letztes Problem: Gewöhnlich können zwei Damen eine einzelne Dame besiegen. Weniger bekannt ist, daß drei Damen zwei gegnerische Damen sogar dann besiegen können, wenn die beiden in Doppelecken sind. Im allgemeinen gewinnen drei Damen gegen zwei Damen am leichtesten, wenn ein Austausch erzwungen wird, also zwei gegen eins spielen.

Antworten

Beim ersten Problem ging es darum, die zwei weißen und die zwei schwarzen Steine auf einem 4 x 4-Brett mit möglichst wenig Zügen

---

[14] Ich danke Mel Stover für diesen Beitrag.

zu vertauschen. Dazu sind mindestens 16 Züge nötig. Wenn die schwarzen Quadrate des Spielbrettes mit 1 bis 8 beziffert werden, müssen die ersten vier Züge 2-4, 8-5, 4-6 und 5-4 sein. Der fünfte Zug kann 1-3 oder 6-8 sein, und danach gibt es viele Varianten. Eine typische Folge für die letzten 12 Züge ist 1-3, 4-1, 6-8, 7-5, 8-6, 5-4, 3-5, 4-2, 5-7, 1-3, 6-8 und 3-1.

Weiß kann das Wettspiel wie folgt gewinnen:

Schwarz	Weiß
19-24	29-25
24-28	30-26
21-30	31-27
30-32	

An diesem Punkt ist das Spiel vorbei. Schwarz hat zwar das Spiel gewonnen, aber die Wette verloren, weil er den zuerst gezogenen Stein nicht in eine Dame verwandeln konnte.

Die Abbildung zeigt eine Stellung, in der Weiß zwei Damen hat und am Zug ist, Schwarz aber nur eine Dame. Wenn Schwarz optimal spielt, ist ein Unentschieden zu erreichen. Abgesehen von der trivialen Falle, bei der Schwarz auf einer Diagonalen von zwei weißen Damen umzingelt wird, ist dies die einzige Stellung, mit der eine Dame gegen zwei Damen ein Unentschieden erreichen kann. Wenn keine der weißen Damen am Brettrand ist, kann Schwarz das Schlagen einer der weißen Damen erzwingen. Diese Falle bewährt sich auch, wenn die weißen Damen beide in derselben Ecke sind, etwa bei 30 und 21, und Schwarz auf 22.

Herschel F. Smith wies darauf hin, daß eine schwarze Dame auf 2 auch gegen zwei weiße Damen auf 6 und 7 gewinnen kann, aber natürlich läßt sich diese Ulkstellung nicht mit erlaubten Zügen erreichen.

Addenda

Ein guter Damespieler interessiert sich selten für Schach, und gute Schachspieler sind oft ebensowenig an Dame interessiert, aber es gibt mindestens drei bemerkenswerte Ausnahmen. Harry Nelson Pillsbury, ein Großmeister im Schach, war auch im Damespiel Meister. Newell Banks war sowohl ein Meister im Damespiel als auch ein hervorragender Schachspieler. Der Dritte war Irving Chernev, ein Meister beider Spiele und Verfasser beliebter Schachbücher. Er schreibt in *Chess Life and Review* (September 1979):

Als etwa Zwanzigjähriger habe ich Schach sogar fünf Jahre lang aufgegeben, um Dame zu lernen. In früher Jugend war ich einmal böse geschlagen worden, und ich hatte beschlossen, daß mich niemand jemals wieder so hoch besiegen sollte. Wenn mich jemand bezwingen würde, dann zumindest nicht so.
Ich wollte gern herausfinden, wie Großmeister spielen, und entdeckte, daß es viel Literatur über das Damespiel gibt und daß es ein großartiges Spiel sein kann. Es zeichnet sich durch große Schönheit und Wissenschaftlichkeit aus. Deshalb habe ich beschlossen, ein Buch über Dame zu schreiben und alles hineinzustecken, was ich in der Zwischenzeit gelernt habe.

Ich selbst habe einmal ein Spiel erfunden, das Ähnlichkeit mit dem Damespiel hat und Solomon heißt. Es wird auf einem Davidstern nach denselben Regeln gespielt wie Dame. Obwohl das Spiel einfach genug ist, um von einem Computerprogramm gelöst werden zu können, ist nicht bekannt, welche Seite bei einem fehlerfreien Spiel gewinnt oder ob Solomon unentschieden ausgeht. Es hat die interessante Eigenschaft, daß zwei Damen immer eine einzelne

195

Dame besiegen können, aber die Strategie ist schwerer herauszufinden als jene, durch die zwei Damen eine einzelne Dame besiegen, die sich in einer Doppelecke vorwärts und rückwärts bewegt.
Wie man vor langer Zeit bemerkt hat, kann man zwei Damespiele gleichzeitig auf demselben Brett spielen, wenn ein Spiel auf
den schwarzen und das andere auf den weißen Feldern gespielt wird.
Wie viele Damen kann eine Dame der anderen Farbe höchstens überspringen? Die Antwort ist neun; sie müssen in drei Reihen und in einer 3 x 3-Anordnung aufgestellt sein.

Eine wirklich phantastische Dame-Wette wurde von Mel Stover
beschrieben.[15] Ich möchte sie mit Stovers freundlicher Erlaubnis
in seiner eigenen Formulierung wiedergeben.

Um die unterschiedlichen Möglichkeiten dieses klug erdachten
Spiels zu verfolgen, statten wir dem „Mythischen Schach- und
Dame-Club" einen Besuch ab. Dort ist Joe Kalyika in ein Da-
mespiel mit seinem Freund Sam Palooka vertieft. Der Klub ist
bis auf einen einsamen Zaungast leer.

Sherwin Betts, der den beiden Damespielern unbekannt war,
hatte wegen seiner Schläue in Spielerkreisen einen Ruf als ge-
witzter Spieler, der gut von seinem Spiel leben konnte. Er
schätzte die beiden Damespieler rasch als mittelmäßig ein und
bemerkte, daß Joe Kalyika viel von jener angeberischen Blasiert-
heit hatte, an der man in aller Welt den Gauner erkennt.
Sam hatte 7-10 gezogen, und Joe behauptete, er habe gewonnen –
vergleichen Sie hierzu bitte die gegenüberliegende Abbildung
„Ich ziehe hierhin und Du dorthin und ich hierhin und Du ent-
weder dorthin oder dorthin und ich ziehe hierhin und gewinne."
22-17 21-25
17-13 25-29 oder 30
18-14 und Weiß gewinnt.

---

[15] *Recreational Mathematics Magazine* (April 1961), ein Vorläufer des *Journal of Re-*
creational Mathematics.

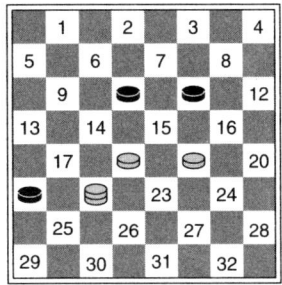

Betts unterbrach: „Ich weiß, es geht mich nichts an, aber bei diesem Spiel sollte Schwarz allemal ein Unentschieden machen."
„Haben Sie nicht alle Tassen im Schrank? Das ist ein klarer Gewinn für Weiß", rief Joe.
„Ja, ein Anfänger könnte das natürlich so sehen", sagte Betts in einem Tonfall, der offensichtlich aufreizend gemeint war.
„Anfänger, ich? Wenn Sie sich trauen, setzen Sie einen Fünfer und nehmen Schwarz. Ich zeige Ihnen dann, was ich meine, Zug um Zug."
Betts legte eine Fünfdollarnote auf den Tisch und setzte sich auf Palookas leeren Stuhl. Diesmal verlief das Spiel so:

    22-17 21-25
    17-13 10-14
    18- 9 25-30
    9- 6 30-26
    6- 2 26-23 und Schwarz macht das Unentschieden.

Kalyika schwieg, und Betts machte keine Anstalten, das Geld zu nehmen. „Ich nehme nicht gern Geld von jemandem, der keine Gelegenheit hatte, es zurückzugewinnen. Für zehn Dollar lasse ich Sie die Seite wählen. Wenn Sie Weiß nehmen, müssen Sie gewinnen, wenn Sie Schwarz nehmen, müssen Sie unentschieden spielen." Kalyika legte einen Zehner neben die beiden Fünfer und setzte sich auf den Stuhl, von dem Betts gerade aufgestanden war. Betts zog 22-17 und das Spiel verlief weiter so:

         21-25
    17-21 25-30

18-14 10-17
21-14 30-26
14-18 und Weiß gewinnt.

Betts' Lächeln brachte Joe in Rage. Kalyika legte die Damesteine wieder auf das Brett und setzte sich auf die weiße Seite. „Ich denke, jetzt bin ich mit Weiß dran", sagte Kalyika, während er 20 Dollar auf den Tisch legte. Betts, immer noch lächelnd, nahm wieder die schwarzen Steine.

22-17 21-25
17-21 10-14
18- 9 25-30
9- 6 30-26
6- 2 26-23 und Schwarz macht das Unentschieden.

„Möchten Sie es noch einmal versuchen?" fragte Betts. Kalyika sagte nichts, aber seine sowieso schon frische Hautfarbe war jetzt eher tiefrot und ließ auf seine Gedanken schließen. Wieder wurden die Plätze vertauscht. Inzwischen ging es um vierzig Dollar. Das Spiel verlief so:

22-17 21-25
17-21 10-14
18- 9 25-30
21-25 30-21
9- 6 21-17
6- 2 17-14
2- 7 und Weiß gewinnt.

„Vielleicht nehmen Sie Schwarz, und wir wetten achtzig Dollar", sagte Betts, aber als er sich umdrehte, war Kalyika nicht mehr da.

Sherwin Betts steckte die Geldscheine in seine Brieftasche, schüttelte betrübt den Kopf und ging langsam davon.

Modulararithmetik und die schlaue Hummer-Hexe

Ein Milchmädchen namens Marlen,
Das rechnet nur modulo zehn
Wenn ich, so sagt sie, geh
Über den kleinen Zeh,
Beginn ich von vorn, ganz bequem.

Die Kongruenztheorie, die gelegentlich auch Modularrechnung genannt wird, beruht auf Grundsätzen, die so alt sind wie die Arithmetik, aber erst Karl Friedrich Gauß, der Göttinger „Mathematikerfürst", den viele für den größten Mathematiker aller Zeiten halten, faßte sie alle zusammen. Die von ihm eingeführte vereinheitlichende Schreibweise ist so kompakt und nützlich, daß man sich nur schwer vorstellen kann, wie sich die Zahlentheorie ohne sie entwickelt hätte. Gauß, Sohn eines Maurers, war ein typisches Wunderkind; er schrieb schon als Zwanzigjähriger sein einflußreichstes Buch, die *Disquisitiones Arithmeticae,* die vier Jahre später, 1801, veröffentlicht wurden. In diesem Buch führte er den Begriff der Kongruenz von Zahlen ein.

Zwei ganze Zahlen a und b heißen nach Gauß kongruent modulo m (modulus ist das lateinische Wort für kleines Maß), wenn ihre Differenz durch die nichtverschwindende Zahl m teilbar ist. Anders gesagt: Zwei ganze Zahlen sind kongruent modulo m, wenn sie bei der Division durch m denselben Rest lassen. Gauß schrieb für diese Kongruenz drei kurze parallele Striche, wie es heute üblich ist: $a \equiv b \pmod{m}$. Wenn a und b nicht kongruent modulo m sind, schreiben wir $a \not\equiv b \pmod{m}$.

Nach dieser Definition sind beispielsweise die Zahlen 17 und 52 kongruent modulo 7, weil jede bei der Division einen Rest 3 hinterläßt. Anders gesagt: 52 − 17 = 35, und das ist gleich 7 x 5. Wenn wir den Multiplikator k nennen (in diesem Fall ist k = 5) und die größere Zahl a, ist b ≡ ka (mod m) gleichbedeutend mit b = a + km, wobei m der Modul ist und k eine ganze Zahl. Viele der Regeln der gewöhnlichen Arithmetik und Algebra (wie etwa Addition, Subtraktion und Multiplikation) gelten für das Rechnen mit Kongruenzen.

Zu jedem Modul m gibt es m „Restklassen". Der kleinste Modulus 2 unterscheidet zwischen geraden und ungeraden Zahlen. Alle geraden Zahlen sind kongruent 0 (mod 2) und haben die unendliche Restklasse … −4, −2, 0, 2, 4 … Alle ungeraden Zahlen sind kongruent 1 (mod 2) und haben die unendliche Restklasse … −3, −1, 1, 3, 5 … Für m = 3 sind die Reste 0, 1 und 2. Es gibt drei unendliche Klassen (mod 3) und so weiter für höhere Werte von m.

Gauß konnte mit Hilfe dieser Theorie der Kongruenzen viele einfache Regeln beweisen, mit denen sich entscheiden läßt, ob eine Zahl durch eine andere teilbar ist − und mit Zahl meinen wir von jetzt an immer „ganze Zahl". So ist n teilbar durch 3 genau dann, wenn die Quersumme, also die Summe ihrer Ziffern, kongruent 0 (mod 3) ist. Ähnlich ist n kongruent zu 0 (mod 9) genau dann, wenn die Quersumme kongruent 0 (mod 9) ist. Eine Zahl n ist kongruent 0 (mod 4) genau dann, wenn die letzten beiden Ziffern kongruent 0 (mod 4) sind, und n ist kongruent 0 (mod 8) genau dann, wenn die letzten drei Ziffern eine Zahl bilden, die kongruent 0 (mod 8) ist. Eine Zahl ist kongruent 0 (mod 11) genau dann, wenn die Differenz zwischen der Summe ihrer Ziffern an den geraden Stellen und der Summe ihrer Ziffern an ungeraden Stellen kongruent 0 (mod 11) ist.

Die Theorie der Kongruenzen hat zu wichtigen Sätzen über Primzahlen geführt und ihre Beweise vereinfachen können. Das gilt beispielsweise für den kleinen Fermatschen Satz, der sehr hilfreich ist, wenn man herausfinden will, ob eine Zahl eine Primzahl ist. Er besagt, daß die (p − 1)te Potenz einer Zahl a, die nicht durch die Primzahl p teilbar ist, bei Division durch a den Rest 1 läßt. In der von Gauß eingeführten Schreibweise ist $a^{(p-1)} \equiv 1 \pmod{p}$. Wenn man also eine Zahl zu einer Potenz erhöht, die um 1 kleiner ist als eine Primzahl, kann das Ergebnis Milliarden Ziffern haben, und ihre Berechnung kann außerhalb der Leistungsfähigkeit aller Computer liegen, aber wir können sicher sein, daß die um 1 verminderte so erhaltene Zahl ein Vielfaches der Primzahl p ist, obwohl sich dieses Ungeheuer unmöglich niederschreiben ließe.

Ein anderes berühmtes Ergebnis, das mit dem „kleinen Fermat" zusammenhängt, ist als Wilsons Satz bekannt. Wenn man aufeinanderfolgende Zahlen, mit 1 beginnend, multipliziert und bei einer Zahl aufhört, die einer beliebigen Primzahl unmittelbar vorangeht, ist das Ergebnis offenbar durch jede Zahl bis p teilbar, aber nicht durch p selbst. Wenn man 1 zu dem Produkt hinzuzählt, erhält man ein Vielfaches von p. So ist beispielsweise 1 mal 2 mal 3 mal 4 gleich 24, eine Zahl, die nicht durch die nächste Primzahl, nämlich 5, zu teilen ist. Aber 24 + 1 ist 25, und das ist ein Vielfaches von 5. Unter Verwendung der Zeichen für Fakultät und Kongruenz lautet Wilsons Theorem $(p-1)! + 1 \equiv 0 \pmod{p}$.

Dieser Satz war schon Leibniz bekannt; aber seine Wiederentdeckung wird John Wilson zugeschrieben. Lange Zeit glaubte man, der Satz sei außerordentlich schwierig zu beweisen, weil den Mathematikern keine gute Schreibweise für Primzahlen zur Verfügung stünde. Als Gauß davon erfuhr, sagte er, man brauche für einen solchen Beweis keine *notationes* (Bezeichnungen), sondern *notiones* (Begriffe). Wilsons Theorem ist ein großartiges Kriterium für Primzahlen, hilft aber leider nicht bei der Suche nach großen Primzahlen mit Hilfe von Computern.

Mit Hilfe der Theorie der Kongruenzen lassen sich Tausende grundlegender Sätze der Zahlentheorie knapp und genau formulieren und einfach und elegant beweisen. Auf solchen Sätzen wiederum beruhen viele Denksportaufgaben. So nehme man beispielsweise an, ein Würfelfabrikant liefere seine Würfel in großen würfelförmigen Behältern an die Großhändler. Ein Großhändler nimmt eine vollständige Reihe von Würfeln heraus, um ihre Fehlerfreiheit zu überprüfen, und dabei werden diese Würfel beschädigt. Er verpackt die verbleibenden Würfel in kleine Kästen zu jeweils sechs Würfeln. Wie viele Würfel bleiben übrig? Überraschenderweise bleiben keine übrig, ganz gleich, wie groß der ursprüngliche Behälter ist, wie leicht aus dem Satz $n^3 - n \equiv 0 \pmod 6$ folgt.

Die Möglichkeiten der Kongruenztheorie lassen sich gut an diesem Beispiel illustrieren.[1] Es geht darum, den merkwürdigen Satz zu beweisen, daß jede ganze Zahl n einige Vielfache hat, die aus einer Folge von 1 bestehen, auf die eine Reihe von 0 folgt. Wie kann man da vorgehen? Eine Möglichkeit ist, n „repräsentative Einheitszahlen" aufzuschreiben, die mit 1, 11, 111, 1111 beginnen, bis n solche Zahlen dastehen. Wenn man eine Zahl durch n teilt, ist die Anzahl der möglichen Reste offensichtlich n. Jetzt fügen wir unserer Liste von n solchen Zahlen eine weitere solche „Rep-Eins"-Zahl hinzu. Nach dem Schubfachprinzip müssen mindestens zwei Zahlen dieser Liste denselben Rest haben und also kongruent modulo n sein. Die Differenz zwischen zwei Zahlen, die kongruent 0 modulo n sind, ist nach Definition ein Vielfaches von n. Wenn wir die kleinere der beiden kongruenten Rep-Eins-Zahlen von der größeren abziehen, erhalten wir eine Zahl der gesuchten Form.

Wir veranschaulichen das Ganze an einem Beispiel und suchen eine Zahl der Form 111 ... 000 ..., die ein Vielfaches von 7 ist. Die ersten acht R-Eins-Zahlen sind 1, 11, 111, 1111, 11 111, 111 111, 1 111 111 und 11 111 111. Ihre Reste (mod 7) sind 1, 4, 6, 5, 2, 0, 1 und 4. Da wir es mit acht Zahlen zu tun haben, es aber nur sieben Reste gibt, müssen mindestens zwei Zahlen denselben Rest haben. In diesem Fall gibt es zwei solche Paare. Das kleinste Paar ist 1 und 1 111 111. Die Differenz ist 1 111 110 oder 7 x 158 730. Dies ist zugleich die kleinste Zahl mit der gewünschten Eigenschaft.

Die Modularrechnung spielt bei der Zeitmessung eine große Rolle. Wir zählen die Stunden in einem 24-System. Wenn es jetzt 3 Uhr ist und wir wissen wollen, wie spät es in 1000 Stunden ist, addieren wir einfach 1000 und 3 und teilen 1003 durch 24, erhal-

---

[1] Ich fand diese Aufgabe in Allan Gottliebs Rätselecke in *Technology Review*, Mai 1978.

ten den Rest 7 und kennen die Antwort: 19 Uhr. Die Uhr ist ein besonders anschauliches und vertrautes Modell für das Rechnen mit Restklassen, das in der Schule auch gern als „Uhrenrechnen" bezeichnet wird. Inoffizielle Zeitangaben werden oft in einem 12-System gemacht, wenn wir beispielsweise nachmittags sagen: Es ist jetzt 4 Uhr. Bei den Wochentagen zählen wir modulo 7, die Monate des Jahres modulo 12 und die Jahre pro Jahrhundert modulo 100.

---

1. Man nenne das Jahr J. Subtrahiere 1900 von J und nenne die Differenz N.
2. Dividiere N durch 19. Nenne den Rest A.
3. Dividiere (7A + 1) durch 19. Nenne den Quotienten B.
4. Dividiere (11A + 4 – B) durch 29. Nenne den Rest M.
5. Dividiere N durch 4. Nenne den Quotienten Q.
6. Dividiere (N + Q + 31 – M) durch 7. Nenne den Rest W.
7. Das Osterdatum ist 25 – M – W. Wenn das Ergebnis positiv ist, ist der Monat April. Wenn es negativ ist, ist der Monat März. 0 entspricht dem 31. März, –1 dem 30. März, –2 dem 29. März und so weiter bis –9 für den 22. März.

Auch bei Berechnung des Kalenders lassen sich viele Probleme gut als Kongruenzen schreiben. Gauß selbst gab Algorithmen für die Bestimmung des Wochentages an, wenn Jahr und Monatstag bekannt sind, und entwickelte auch Verfahren zur Berechnung der Osterdaten. Nach den Evangelien erstand Jesus an einem Sonntagmorgen in der Woche des Passahfestes von den Toten. Dieses Fest wird nach dem ersten Vollmond im Frühling begangen. Weil die ersten Christen die symbolische Beziehung zwischen dem Passah-Opfer und dem Opfertod Christi wahren wollten, wurde Ostern beim ersten Konzil von Nicäa (325 nach Christus) auf den ersten Sonntag nach dem ersten Vollmond nach der Tagundnachtgleiche im Frühling gefeiert. Nach dem damals geltenden Julianischen Kalender dauerte das Jahr etwas länger, als es tatsächlich ist, so daß sich das Datum der Frühlingstagundnachtgleiche allmählich vom 21. März zum April hin verschob. Als Papst Gregor XIII. 1582 den heutigen Kalender einführte, tat er das vor allem, damit das Osterfest wieder im Frühling gefeiert werden konnte. Die Berechnung der genauen Daten des Osterfestes war übrigens eine der wichtigsten Anwendungen der Mathematik auf die Natur, was zu einem eher traurigen Kommentar über den Zustand der damaligen Mathematik Anlaß geben könnte.

Der von Gauß entwickelte Algorithmus zur Bestimmung der Osterdaten im Julianischen und im Gregorianischen Kalender ist kompliziert und mußte durch Sonderregeln ergänzt werden, um Ausnahmen zu berücksichtigen. Für die Jahre von 1900 bis 2099 (einschließlich) entwickelte Thomas H. O'Beirne aus Glasgow eine Rechenregel (vergleiche die Abbildung auf S. 203), die keine Ausnahmen hat.[2]

O'Beirne lernte sein Verfahren auswendig und verblüffte seine Bekannten gern damit, daß er für jedes Jahr in diesem Zeitraum das Osterdatum im Kopf berechnete.

Ostern fällt immer in die Monate März oder April. Das früheste mögliche Datum ist der 22. März. Das war zuletzt 1818 der Fall (als an diesem Tag Vollmond war) und wird erst wieder 2285 der Fall sein. Der späteste Termin ist der 25. April. Das war zuletzt 1943 so und wird erst 2038 wieder so sein. Vielleicht möchten Sie O'Beirnes Verfahren an den Daten für Ostern in den Jahren 1996, 1997 und 1998 überprüfen. Am häufigsten fällt der Ostersonntag auf den 19. April und am zweithäufigsten auf den 18.

Dies gilt für relativ kurze Zeiträume. Für lange Zeiträume fanden Leser, die Computer zu Hilfe nahmen, daß der 31. März, 12. April und 15. April gleich häufig in Frage kommen. Thomas L. Lincoln vermutete, daß sich langfristig der 19. April als das häufigste Datum erweisen wird, wenn nach den heutigen Regeln weit in die Zukunft extrapoliert wird. Seine Vermutung wurde von vielen Lesern bestätigt, die den 19. April als das häufigste Datum und den 22. März als das am wenigsten häufige errechneten.

Auch zahllose Zaubertricks, vor allem solche mit Zahlen und Spielkarten, basieren auf Kongruenzen; viele von ihnen sind den Lesern meiner *Mathematischen Spielereien* bekannt. Ein beliebter Kartentrick beruht auf der Tatsache, daß die Summe aller Werte

[2] „The Regularity of Easter", *Bulletin of the Institute of Mathematics and Its Applications*, Band 2, Nr. 2, S. 46–49, April 1966.

der 52 Karten in einem Kartenpiel $364 \equiv 0$ (mod 13) ist. Bauern zählen 11, Damen 12 und Könige 13. Lassen Sie jemanden die Karten mischen und eine Karte ziehen, die nicht gezeigt wird. Dann schauen Sie sich die 51 Karten des Stapels kurz an und sagen, welche Karte weggenommen wurde.

Zauberkünstler haben sich viele Varianten ausgedacht; mir scheint der folgende Algorithmus für diesen Trick der einfachste zu sein. Wenn Sie die Karten anschauen, zählen Sie im Kopf alle Werte zusammen, ziehen aber immer dann, wenn die Summe 13 übersteigt, 13 ab und merken sich nur die Differenz. Die Aufgabe wird durch zwei Regeln stark vereinfacht:

1. Ignorieren Sie alle Könige. Ihr Wert, 13, ist kongruent 0 (mod 13), deshalb verändert er die Zahl nicht, die Sie im Kopf haben.
2. Addieren Sie für Bauern und Könige nicht 10, 11 und 12, sondern subtrahieren Sie 3, 2 oder 1. Darin spiegelt sich die Tatsache, daß $10 \equiv -3$ (mod 13) ist, $11 \equiv -2$ (mod 13) und $12 \equiv -1$ (mod 13).

Nachdem Sie die letzte Zahl umgedreht haben, subtrahieren Sie sie im Kopf von 13 und erhalten den Wert der fehlenden Karte. Wenn das Ergebnis 0 ist, ist die Karte ein König.

Wie finden Sie die Farbe heraus? Ein gutes Verfahren besteht darin, heimlich mit den Füßen im Zweiersystem zu zählen. Beginnen Sie mit beiden Füßen fest auf der Erde. Heben oder senken Sie dann für jedes Pik die linken Ferse und für jedes Kreuz die rechte. Für jedes Herz verändern Sie die Stellung beider Füße gleichzeitig, und bei Karo tun Sie gar nichts. Am Ende zeigen Ihre Füße an, welche Farbe die fehlende Karte hat: Wenn nur die linke Ferse oben ist, ist die Farbe Pik, wenn nur die rechte Ferse oben ist, ist sie Kreuz. Wenn beide Fersen oben sind, ist sie Herz, wenn sich beide Fersen unten befinden, ist sie Karo.

Mit einiger Übung kann man den Stapel erstaunlich rasch durchblättern und die fehlende Karte benennen.

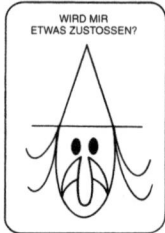

Der Zauberer Robert Hummer hat besonders viele mathematische Tricks erdacht, die oft auf Grundsätzen beruhen, bei denen
mod 2 gerechnet wird und man also nur gerade-ungerade unterscheiden muß. Ich stelle Ihnen hier erstmals eines seiner geheim-
nisvollen und geistreichen Verfahren vor, mit dem Sie die Zukunft
lesen können.

Zunächst benötigen Sie eine Reihe von sieben Karten wie in
der Abbildung oben. Machen Sie eine Kopie, kleben Sie sie auf
Karton und schneiden Sie sie aus. Und dann befragen Sie die Zukunft.

Sie dürfen an jedem Tag nur eine Frage stellen. Sie können es
natürlich mit mehr Fragen probieren, wenn Sie wollen, aber dann
kann die Glaubwürdigkeit der Antworten nicht garantiert werden.
Jede Antwort gilt nur für einen Zeitraum von sieben Tagen von
dem Tag an, an dem die Frage gestellt wurde. Wählen Sie die Karte mit der gewünschten Frage, und legen Sie sie zur Seite. Mischen
Sie die restlichen sechs Karten, und halten Sie sie mit dem Bild
nach unten. Halten Sie Ihre andere Hand über den Stapel, und sagen Sie langsam „Puthoffa Turga" (oder so ähnlich). Nehmen Sie
das obere Kartenpaar vom Stapel. Wenn die Hüte gleichfarbig

sind, legen Sie die Karten auf einen neuen Stapel. Wenn die Farben der Hüte nicht übereinstimmen, legen Sie sie einfach zur Seite. Wiederholen Sie das mit dem nächsten Paar. Wenn die Farben der Hüte gleich sind, legen Sie die Karten oben auf den Stapel und sonst zur Seite. Überprüfen Sie das letzte Paar und machen Sie dasselbe. Jetzt zählen Sie, wie viele Paare zueinander passen. Es können 0, 1, 2 oder 3 sein. Schreiben Sie diese Ziffer als erste Ziffer einer dreistelligen Zahl auf.

Nehmen Sie die sechs Karten, mischen Sie sie, sprechen Sie das geheimnisvolle Mantra und wiederholen Sie das Verfahren; diesmal jedoch achten Sie auf die Augen. Schreiben Sie die Anzahl der entsprechenden Paare als zweite Ziffer ihrer Zahl auf.

Mischen Sie die sechs Karten ein drittes und letztes Mal, sagen Sie noch einmal Ihren Spruch, und gehen Sie wieder paarweise den Stapel durch. Diesmal suchen Sie nach gleichem Ausdruck (Lächeln oder Stirnrunzeln). Die entsprechenden Paare werden gezählt – achten Sie darauf, daß Sie Paare zählen, nicht einzelne Karten –, und so erhalten Sie die letzte Ziffer ihrer Zahl.

---

000 Sie werden von einem Verwandten träumen.
001 Sie werden sich am Telephon streiten.
002 Sie werden von Elefanten träumen.
003 Sie werden sich mit einem Klempner zanken.
010 Sie werden einen verlorenen Ring wiederfinden.
011 Sie werden etwas sagen, was Ihnen schadet.
012 Sie werden das Wetter scheußlich finden.
013 Seien Sie vorsichtig, sonst verletzen Sie sich am Fuß.
020 Sie werden von einem alten Freund träumen.
021 Ja, aber Sie haben den Streit nicht angefangen.
022 Sie werden von einem Flugzeug träumen.
023 Nicht, wenn Sie sich nicht gehenlassen.
030 Sie werden auf der Straße Geld finden.
031 Nur ein kleiner Schnitt beim Rasieren.
032 Sie finden etwas lange Vermißtes in der Bademanteltasche.
033 Nein, aber Sie werden jemandem Schaden zufügen.
100 Nein, denn Geldfälscherei ist verboten.
101 Sie werden zum Weingeschäft gehen.

102 Nur wie immer.
103 Sie werden eine kurze Reise in den Süden machen.
110 Sie werden sich in eine Katze verlieben.
111 Vielleicht.
112 Sie werden sich in einem Geschäft in einen Unbekannten verlieben.
113 Nein, sicher nicht.
120 Sie erhalten mit der Post einen unerwarteten Scheck.
121 Sie werden über eine Bierdose fallen.
122 Höchstens DM 1000.
123 Sie werden einen Freund besuchen, der in einer anderen Stadt wohnt.
130 Sie werden sich in ein neues Auto verlieben.
131 Ja, ganz bestimmt.
132 Sie werden sich in eine Wohnungsmaklerin verlieben.
133 Dumme Frage.
200 Sie werden träumen, Sie seien ein Vogel.
201 Sie werden nie Streit haben.
202 Ein Traum wird Sie mitten in der Nacht aufwecken.
203 Sie werden sich mit einem alten Freund zerstreiten.
210 Sie werden einen Schlüssel wiederfinden.
211 An den nächsten sieben Tagen wird Ihnen nichts passieren, aber passen Sie am achten Tag gut auf.
212 Sie werden etwas Unangenehmes in Ihrem Bett finden.
213 Passen Sie auf, jemand will Ihnen einen Schlag versetzen.
220 Sie werden von einer Torte träumen.
221 Vermeiden Sie Auseinandersetzungen im Bus.
222 Sie werden von einer fliegenden Untertasse träumen.
223 Passen Sie auf, daß Sie keinen ärgern, der Harvey heißt.
230 Sie werden diesen Trick verwirrend finden.
231 In dieser Woche sollten Sie nicht auf Trittleitern steigen.
232 Morgen werden Ihnen die Nachrichten gar nicht gefallen.
233 Treppensteigen kann gefährlich sein.
300 Ja, sehr viel Geld.
301 Im Gegenteil, Sie werden Geld verlieren.
303 Sie werden in der Phantasie eine wunderschöne Reise machen.
310 Sie werden sich zur Abwechslung einmal nicht verlieben.
311 Sie können die Frage genausogut beantworten wie ich.
312 Sie werden sich in einen Filmstar verlieben.
313 Wen glauben Sie auf den Arm nehmen zu können?
320 Ja, aber das meiste geht für die Steuern drauf.
321 Ja, aber die Reise wird Ihnen keinen Spaß machen.
322 Etwas, aber Sie geben es sofort wieder aus.
323 Sie werden eine lange Flugreise machen.
330 Sie werden sich zweimal verlieben.
331 Ich weiß es nicht.
332 Sie werden sich entlieben.
333 Sie sollten sich schämen, so etwas zu fragen!

Suchen Sie diese Zahl in der nebenstehenden Aufstellung, und lesen Sie die Antwort. Obwohl Sie die Ziffern Ihrer Zahl zufällig erhielten, werden Sie merken, daß bestimmte Antworten nur zu der gestellten Frage passen.

Wenn Sie der Hummerschen Hexe eine Ja-Nein-Frage stellen wollen, die nicht auf den Karten steht, können Sie das tun, wenn Sie alle sieben Karten verwenden. Folgen Sie demselben Verfahren, schauen Sie zuerst die Hüte an, dann die Augen und dann den Ausdruck. Diesmal müssen Sie jedoch zwei Stapel machen, einen für die Paare mit gleichen Kennzeichen und einen für die mit ungleichen. Ziehen Sie die Anzahl der Paare im kleineren Stapel von der im größeren ab und schreiben Sie die Zahl auf. Nach drei Durchgängen haben Sie eine dreistellige Zahl gefunden, die die Antwort auf ihre Frage liefert.

Sie können weitere Karten herstellen, wenn Sie mehr Fragen auf dem Herzen haben. Die Anzahl der Karten muß um eins kleiner sein als eine Potenz von 2.[3]

Nachdem ich mit einem anonymen Limerick über Kongruenzen begonnen habe, möchte ich mich mit einem Limerick von John McClellan, einem Künstler aus Woodstock, N.Y., verabschieden, der sich, wie seine Arbeit bezeugt, sein Leben lang für Mathematik und Wortspiele interessiert hat.

Die Dame ist 80, nicht eisig.
Ihr Freund, der ist 60 und fleißig.
Sie sagt höchst emphatisch:
Ich hab, mathematisch,
Modulo 50 der Jahre nur dreißig.

---

[3] Karl Fulver veröffentlichte 1980 unter dem Titel *Bob Hummer's Collected Secrets* eine Zusammenstellung aller bekannten Hummer-Tricks. Seite 77 dieses Buchs beschreibt 15 Schicksalskarten, die alle vier Eigenschaften aufweisen, die gleich oder ungleich sein können und zu denen ein Buch mit $6^4 = 4096$ Antworten gehört. Ich überlasse es den Lesern herauszufinden, warum die Antworten immer zutreffen.

Lavinia auf Zimmersuche

1. Lavinia auf Zimmersuche

Die Gerade in der Abbildung unten stellt die Universitätsstraße der kleinen Stadt dar, in der Lavinia studiert. Die mit A bis K bezeichneten Punkte geben an, wo Lavinias elf beste Freundinnen und Freunde wohnen.

Lavinia hat bisher bei ihren Eltern in einer Nachbarstadt gewohnt; jetzt möchte sie in dem Punkt L der Universitätsstraße wohnen, in dem die Summe aller Entfernungen von ihren elf Kommilitonen am kleinsten ist. Man finde heraus, wo Lavinia sich eine Wohnung suchen sollte und beweise, daß die Summe aller Entfernungen zu den anderen Wohnungen von dort aus so klein wie möglich ist.

2. Spiegelsymmetrische Körper

Die Symmetrieachse einer ebenen Figur ist eine Gerade, die die Figur in deckungsgleiche, zueinander spiegelbildliche Hälften teilt. Bei Spielkarten beispielsweise haben Herz, Pik und Kreuz genau eine Symmetrieachse, Karo dagegen zwei. Ein Quadrat hat vier Achsen, ein regelmäßiger fünfeckiger Stern fünf und ein Kreis unendlich viele. Ein Yin-Yang-Symbol oder ein Hakenkreuz weisen keine Symmetrieachse auf.

Wenn eine ebene Figur mindestens eine Symmetrieachse hat, kann sie mit ihrem Spiegelbild zur Deckung gebracht werden. Betrachtet man nämlich die Figur in einem senkrecht stehenden Spiegel mit waagerechter Unterkante, kann man sich vorstellen, daß man die Figur in den Spiegel hineingleiten läßt und wenn nötig in der Ebene dreht, so daß sie mit dem „Urbild" zur Deckung kommt. Die Figur darf nicht geklappt werden, weil dazu eine dritte Dimension nötig ist.

Analog zur Symmetrieachse wird eine Symmetrieebene als eine Ebene definiert, die einen Körper in deckungsgleiche Hälften teilt, von denen jede das Spiegelbild der anderen ist. Eine Kaffeetasse hat eine einzige Symmetrieebene, die ägyptische Cheopspyramide vier und ein Würfel neun, von denen drei parallel zu einem Paar gegenüberliegender Würfelseiten verlaufen und sechs durch die Diagonalen gegenüberliegender Seiten. Zylinder und Kugeln haben unendlich viele Symmetrieebenen.

Man denke sich jetzt einen Festkörper, der durch eine Symmetrieebene in zwei Teile geteilt wurde, von denen eine vor einen Spiegel gehalten wird. Das Spiegelbild ergibt zusammen mit der durchschnittenen Hälfte die Form des ursprünglichen Körpers. Jeder Körper mit mindestens einer Symmetrieebene läßt sich, wenn nötig durch Drehung, seinem Spiegelbild überlagern.

Als ich dies bei anderer Gelegenheit erörterte, habe ich behauptet, daß ein dreidimensionaler Körper, der keine Symmetrieebene hat (etwa eine Spirale, ein Möbiusband oder ein einfacher Herzblattknoten), nicht mit seinem Spiegelbild zur Deckung gebracht werden könne, ohne daß man sich vorstellt, er mache eine unmögliche Drehung, die ihn durch eine vierte Dimension hindurch „klappt".

Diese Aussage ist falsch! Es ist relativ leicht nachzuweisen, daß es Körper gibt, die keine Symmetrieebene haben und doch durch eine geeignete Drehung im gewöhnlichen Raum mit ihrem Spiegelbild zur Deckung gebracht werden können. Einer dieser Körper ist sogar so einfach, daß man ihn im Handumdrehen aus einem quadratischen Blatt Papier falten kann. Wie wird das gemacht?

3. Die schadhafte Steppdecke

Die Steppdecke in der Abbildung unten besteht aus 9 Reihen von 12 einzelnen Quadraten. Weil sie in der Mitte schadhaft wurde, sollen die acht angezeigten Quadrate ersetzt und entfernt werden.

Das Problem lautet so: Man schneide die Steppdecke entlang der Gitterlinien in zwei Teile, die sich zu einer Decke aus 10 mal 10 Quadraten zusammensetzen lassen. Die neue Decke darf natürlich keine Löcher haben. Die Teile dürfen beliebig gedreht, aber nicht gewendet werden, weil die Unterseite eine andere Farbe hat als die Oberseite.

Das Rätsel ist alt, aber die sehr schöne Lösung ist offenbar wenig bekannt, denn ich erhalte oft Briefe von Lesern, die sie nicht kennen. Die Lösung ist auch dann eindeutig, wenn man nicht nur Schnitte entlang der Gitterlinien zuläßt.

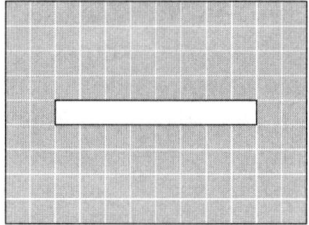

4. Spitzwinklige und gleichseitige Dreiecke

Ein Dreieck heißt spitzwinklig, wenn jeder seiner Innenwinkel weniger als 90° mißt. Was ist die kleinste Anzahl nicht überlappender spitzwinkliger Dreiecke, in die sich ein Quadrat einteilen läßt?

Als ich mir dieses Problem vor vielen Jahren stellte, löste ich es so, wie in der nebenstehenden Abbildung oben gezeigt. Ich schrieb dazu: „Zunächst war ich überzeugt, die Antwort laute neun, aber dann bemerkte ich plötzlich, wie man diese Zahl auf acht reduzieren kann."[1] Seitdem habe ich viele Briefe von Lesern erhalten, die keine Lösung mit neun spitzwinkligen Dreiecken fanden, wohl aber mit 10 und mehr. Das mittlere Bild in dieser

---

[1] *Mathematische Knobeleien*, Braunschweig, Vieweg, 1973.

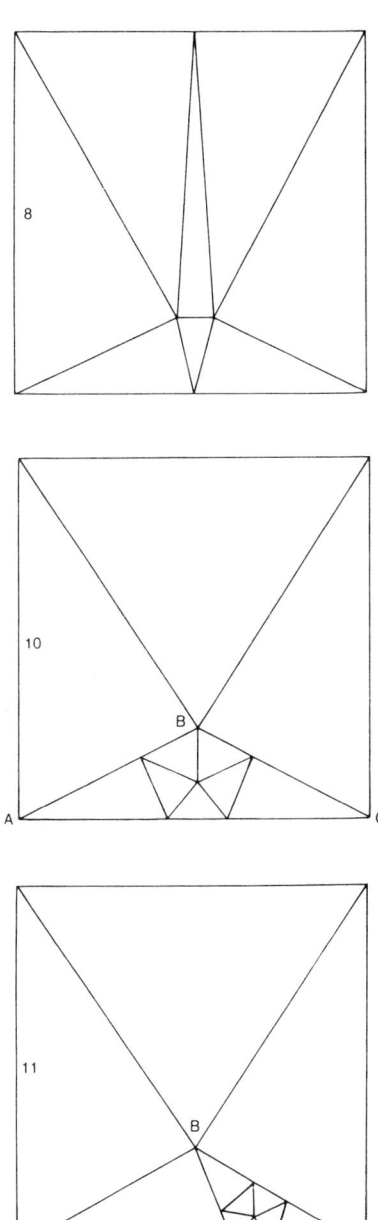

Abbildung zeigt eine Zerlegung in zehn Dreiecke, bei der das stumpfwinklige Dreieck ABC von einem Fünfeck in sieben spitzwinklige Dreiecke geteilt wird. Wenn ABC jetzt wie in der Abbildung unten bei BD in ein spitzwinkliges und ein stumpfwinkliges Dreieck geteilt wird, können wir mit Hilfe eines Pentagons das stumpfwinklige Dreieck BCD wieder in sieben spitzwinklige Dreiecke zerschneiden und so das ganze Quadrat in elf spitzwinklige Dreiecke zerlegen. Durch Wiederholung des Verfahrens erhalten wir 12, 13, 14 ... spitzwinklige Dreiecke.

Eine Zerlegung in neun spitzwinklige Dreiecke ist offenbar besonders schwer zu finden, aber es gibt eine. Wetten?

Von den vielen ähnlichen Problemen, bei denen Figuren in nichtüberschneidende Dreiecke zerschnitten werden sollen, erwähne ich hier nur zwei. Ein Quadrat läßt sich leicht in eine gerade Anzahl von Dreiecken mit gleicher Fläche zerlegen. Ist auch eine Unterteilung in eine ungerade Anzahl gleichgroßer Dreiecke möglich? Überraschenderweise geht das nicht.[2]

Ein anderer seltsamer Satz besagt, daß jedes Dreieck in n gleichschenklige Dreiecke unterteilt werden kann, wenn n größer ist als 4.[3] Besonders interessant ist der Fall des gleichseitigen Dreiecks. Es läßt sich leicht in vier gleichschenklige (und zugleich gleichseitige) Dreiecke oder auch in drei gleichschenklige Dreiecke zerlegen. Übrigens lassen sich einige Dreiecke nicht in drei oder zwei gleichschenklige Dreiecke zerlegen, und deshalb wird vorausgesetzt, daß n mindestens 4 ist. Können Sie ein gleichseitiges Dreieck in fünf gleichschenklige Dreiecke zerlegen? Ich kenne drei Lösungen, und zwar eine, bei der keines der fünf Dreiecke gleichseitig ist, eine, bei der nur eins gleichseitig ist, und eine, bei der genau zwei gleichseitig sind. Es gibt keine Lösung, bei der mehr als zwei der gleichschenkligen Dreiecke gleichseitig sind.

Die Aufgabe, ein Quadrat in möglichst wenig spitzwinklige

---

[2] Meines Wissens wurde dies zuerst von Paul Monsky in *American Mathematical Monthly,* Band 77, Nr. 2, S. 161–164, Februar 1970, bewiesen.

[3] Dies wurde zuerst von Gali Salvatore bewiesen (*Crux Mathematicorum,* Band 3, Nr. 5, S. 134–135, Mai 1977). N. J. Lord gibt einen anderen Beweis in *The Mathematical Gazette,* Band 66, S. 136–137, Juni 1982.

Dreiecke zu unterteilen, läßt sich auf ähnliche Probleme für rechtwinklige, stumpfwinklige und gleichseitige Dreiecke verallgemeinern. Für rechtwinklige Dreiecke ist die triviale Antwort zwei,
für gleichseitige ist die einfache Antwort drei. Die Abbildung unten zeigt, wie ein Quadrat in sechs stumpfwinklige Dreiecke zerlegt werden kann. Ich halte dies für die minimale Lösung.

In wie viele gleichseitige Dreiecke läßt sich ein gleichseitiges
Dreieck unterteilen? Zwei, drei und fünf sind unmöglich, vier ist
offensichtlich, und jede Anzahl über fünf ist möglich.

5. Messungen mit Yen[4]

Ein japanischer Leser sandte mir mehrere japanische Yen-Münzen
und teilte mir die folgenden, selbst in Japan nicht allzugut bekannten bemerkenswerten Tatsachen mit. Eine Ein-Yen-Münze besteht aus reinem Aluminium, hat einen Radius von genau einem
Zentimeter und wiegt genau ein Gramm. Man kann das Gewicht
kleiner Dinge also mit einer Balkenwaage bestimmen, wenn man
einige Yen hat. Mit Hilfe dieser Münzen kann man auf einer ebenen Oberfläche aber auch Längen in Zentimetern messen.

Es ist leicht zu sehen, wie man mit Hilfe dieser Münzen eine
Länge messen kann, die eine geradzahlige Anzahl von Zentimetern mißt (also 2, 4, 6 cm und so weiter). Kann man auch ungerade
Entfernungen messen, also 1, 3, 5 und so weiter? Wie muß man
die Münzen anordnen, um alle ganzzahligen Längen auf einer Geraden in Zentimeter zu messen?

6. Ein neues Kartenfärbe-Spiel[5]

Wir nehmen an, wir hätten eine endliche, zusammenhängende
ebene Karte und Buntstifte in n Farben. Der erste Spieler, der Minimierer, wählt eine Farbe und färbt einen beliebigen Bereich ein.
Der zweite Spieler, der Maximierer, färbt mit einer der anderen
der n Farben einen weiteren Bereich. Die Spieler färben abwechselnd ein Gebiet mit einer beliebigen Farbe, beachten aber immer

---

[4] Diese Aufgabe stammt von Misunobu Matsuyama in Tokio.
[5] Dieses Problem verdanke ich seinem Erfinder, Steven J. Brams, Politikwissenschaft-
ler an der New York University.

die Regel, daß zwei gleichfarbige Gebiete keine gemeinsame Grenze haben dürfen. Gleiche Farben dürfen sich natürlich an einzelnen Punkten berühren.

Der Minimierer möchte dafür sorgen, daß das Gebiet mit n Farben eingefärbt werden kann. Der Maximierer dagegen möchte gerade erreichen, daß n Farben nicht genug sind. Der Maximierer gewinnt, wenn einer der Spieler nicht mehr mit einer der n Farben weiterspielen kann, bevor das Gebiet voll eingefärbt ist. Wenn die ganze Karte mit n Farben eingefärbt ist, hat der Minimierer gewonnen.

Die schwierige Aufgabe lautet jetzt: Welches ist der kleinste Wert von n, so daß der Minimierer immer gewinnt, wenn das Spiel auf einer beliebigen Karte gespielt wird und beide Spieler optimal spielen?

Zur Veranschaulichung betrachten wir die einfache Karte in der Abbildung unten. Zum Einfärben der Karte genügen natürlich vier Farben – das besagt ja der berühmte Vierfarbensatz. Wenn aber Brams' Spiel auf dieser Karte gespielt wird und nur vier Farben zur Verfügung stehen, kann der Maximierer den Minimierer immer zwingen, eine fünfte Farbe zu verwenden. Wenn fünf Farben zur Verfügung stehen, kann der Minimierer immer gewinnen.

Brams vermutet, daß n mindestens 6 sein muß. Es gibt eine Karte, auf der der Maximierer mit fünf Farben immer gewinnen kann. Können Sie eine solche Karte konstruieren und die Gewinnstrategie des Maximierers angeben? Vergessen Sie nicht, daß

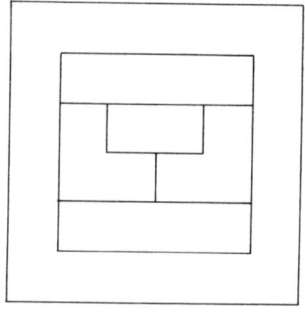

der Minimierer beginnt und kein Spieler verpflichtet ist, eine neue Farbe einzuführen, wenn er eine schon benutzte Farbe nehmen kann, ohne gegen die Regeln zu verstoßen.

7. Whim

Douglas R. Hofstadter hat in seinem berühmten Buch *Gödel, Escher, Bach* den Begriff des selbstmodifizierenden Spiels eingeführt. Bei diesem Spiel darf der Spieler, wenn er an der Reihe ist, eine neue Regel setzen, die das Spiel verändert, statt einen erlaubten Zug zu machen. Die neue Regel heißt Metaregel, eine Regel, die eine Metaregel abändert, Metametaregel und so weiter. Hofstadter gibt dafür einige Beispiele aus dem Schachspiel. Statt zu ziehen, könnte ein Spieler ankündigen, daß von jetzt an ein bestimmtes Quadrat nicht besetzt werden darf oder daß alle Springer sich etwas anders verhalten müssen als bisher oder irgendeine andere Metaregel gilt, die auf der Liste erlaubter Abänderungen des Spiels steht.

Der Grundgedanke ist nicht neu. Schon vor 1970 schlug John Horton Conway eine sich selbst modifizierende Variante von Nim vor, die er Whim nannte. Nim ist ein Zwei-Personen-Spiel, das mit Spielsteinen gespielt wird, die in beliebig viele Stapel angeordnet sind. Von diesen darf jeder beliebig viele Spielsteine enthalten. Die Spieler nehmen abwechselnd einen oder mehrere Spielsteine von einem der Stapel. Im normalen Nim-Spiel gewinnt der Spieler, der den letzten Spielstein nimmt. Im umgekehrten Nim verliert der Spieler, der den letzten Spielstein nimmt. Die gewinnträchtige Strategie ist seit langem bekannt. Wenn die Anfangsanordnung eine 3-4-5-Stellung ist, gewinnt man, wenn entweder zwei Reihen die gleiche Anzahl von Münzen haben oder wenn nach einem Zug eine Münze in der ersten, zwei Münzen in der zweiten und drei in der dritten Reihe liegen. Whim unterscheidet sich dadurch von Nim, daß bei Spielbeginn noch nicht entschieden ist, ob das Spiel normal oder umgekehrt gespielt wird. Statt einen Zug zu machen, kann jeder Spieler sagen, ob das Spiel normal oder umgekehrt gespielt werden soll. Nachdem „Whim" einmal angesagt wurde, liegt die Spielweise fest. Man weiß, daß die Strategie bei Nim für beide Spielarten bis zum Ende fast dieselbe ist, so daß man denken könnte, Whim lasse sich leicht analysieren. Spielen Sie einige Spiele, und Sie werden sehen, daß es nicht so einfach ist, wie es aussieht.

Nehmen Sie an, Sie spielten mit vielen Stapeln, die jeweils viele Spielsteine enthalten, und Sie dürften den ersten Zug machen. Falls die Ausgangsstellung für Sie im Nim-Spiel einen sicheren Verlust bedeutet, sollten Sie sofort den Whim-Zug machen, weil er die Position unverändert läßt und Sie dann gewinnen können. Wenn Sie jedoch am Spiel sind und es nach Ihrem Gewinn aussieht, werden Sie es nicht wagen, einen Gewinnzug zu machen, weil dann Ihr Gegner Whim ansagen und Sie zum Verlieren zwingen könnte. Deshalb müssen Sie einen Zug machen, der im gewöhnlichen Nim zum Verlust führen würde. Aus demselben Grund muß Ihr Gegner mit einem Verlustzug nachfolgen. Wenn natürlich ein Spieler versäumt, einen Verlustzug zu machen, gewinnt der andere, indem er Whim ansagt.

Wenn sich das Spiel dem Ende nähert und den Punkt erreicht, in dem sich die Gewinnstrategie für normales und umgekehrtes Nim unterscheidet, könnte es nötig sein, Whim anzusagen, um zu gewinnen. Wie läßt sich das bestimmen? Und wie kann man schon zu Beginn eines Spiels entscheiden, wer gewinnen wird, wenn beide Seiten optimal spielen? Man kann sich Conways Strategie gut merken, aber sie läßt sich, wie Conway einmal sagte, auch von jemandem, der sich gut in der Theorie des Nim-Spiels auskennt, nur schwer erraten.

Antworten

1. Lavinia auf Zimmersuche
Man betrachte die beiden äußersten Punkte A und K. Die Summe der Entfernungen von einem beliebigen Punkt L auf der Geraden zwischen A und K (einschließlich dieser Punkte) ist sicherlich kleiner als die Summe der Entfernungen, wenn L nicht zwischen A und K liegt. Jetzt betrachte man B und J, das nächste Paar von

weiter zur Mitte gelegenen Punkten. Wieder muß L zwischen B und J liegen, wenn die Summe der Entfernungen von B und J möglichst klein sein soll. Da L dann auch zwischen A und K liegt, wird so auch die Summe der Entfernung von L zu A, K, B und J möglichst klein. Auf diese Weise betrachtet man weiter die Punkte als Paare, wenn man sich weiter nach innen bewegt und zu Intervallen ineinander schachtelt. Das letzte Punktepaar ist E und G. Zwischen ihnen liegt nur F. Für jeden Punkt zwischen E und G sind die Entfernungen zu allen Punkten außer F am kleinsten. Wenn auch die Entfernung zu F so kurz wie möglich sein soll, muß der Punkt L also mit F übereinstimmen. Lavinia sollte sich in dem Haus einmieten, in dem ihr Freund Frank wohnt.

Ganz allgemein hat ein Punkt, der zwischen den mittleren Punkten einer geraden Anzahl von Punkten liegt, eine kleinste Entfernung von allen Punkten. Bei einer ungeraden Anzahl von Punkten ist der Punkt zwischen den Punktepaaren der gesuchte Ort.[6]

Zu diesem Problem bemerkt Thomas Szites: „Die Lösung ist interessant, weil sie der Intuition widerspricht. Nach den Regeln ist der Ort der Entfernung mit der minimalen Summe unabhängig von der relativen oder auch der absoluten Entfernung zwischen den Punkten. Man könnte beispielsweise meinen, daß der Punkt ganz rechts, wenn er 100 km nach außen rutschte, irgendwie die minimale Summenentfernung ‚nach rechts ziehen‘ würde. Aber das ist nicht der Fall. Es könnten sogar alle Punkte rechts von F in unendliche Fernen rutschen und alle Punkte links von F beliebig nahe an F sein, und die minimale Abstandssumme wäre immer noch bei F!"

2. Spiegelsymmetrische Körper

Die Abbildung auf Seite 220 zeigt, wie man ein quadratisches Stück Papier zu einer Figur falten kann, die keine Symmetrieebene hat und doch mit ihrem Spiegelbild zur Deckung gebracht werden kann. Man sagt, die Abbildung habe die in der Kristallogra-

---

[6] Das Problem erschien in „No Calculus, Please", von J. H. Butchar und Leo Moser, *Scripta Mathematica*, Band 18, Nr. 3–4, S. 221–236, September-Dezember 1952.

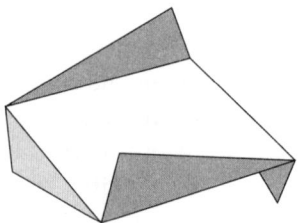

phie sehr wichtige Symmetrie einer Drehspiegelung.[7]

Paul Schwink aus Carlisle, Iowa, und Piet Hein aus Kopenhagen wiesen darauf hin, daß die Lösung unnötig kompliziert ist. Man erhält dasselbe Ergebnis, wenn man nur ein Paar gegenüberliegender Seiten faltet, und zwar eine nach oben und eine nach unten.

3. Die schadhafte Steppdecke

Die Abbildung verdeutlicht, wie die Decke so in zwei Teile geschnitten werden kann, daß sie zu einer quadratischen Decke ohne Löcher zusammengenäht werden kann.[8]

Das Problem mit der Steppdecke läßt sich auf mehrfache Weise verallgemeinern. Wenn die Decke wie ein Schachbrett gefärbt ist, bleibt dieses Muster nicht erhalten. Ich habe mehrere Tage lang Quadrate der Seitenzahl n untersucht, die zu einem Rechteck mit den Seiten (n − 1) × (n + 2) und einem möglichst zentrierten Loch von 1 × (n − 2) parallel zur langen Seite des Rechtecks gehörten. In

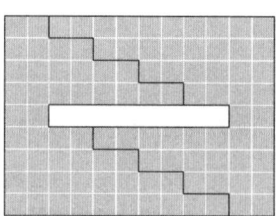
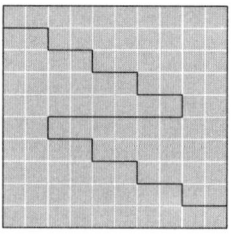

[7] Ich entnahm dieses Beispiel dem Buch von A. V. Shubnikov und V. A. Koptsik: *Symmetry in Science and Art,* Plenum Press, S. 42, 1974.

[8] Dies ist Problem Nr. 215 in: Henry Ernest Dudeney: *Puzzles and Curious Problems,* Thomas Nelson and Sons, Ltd., 1931.

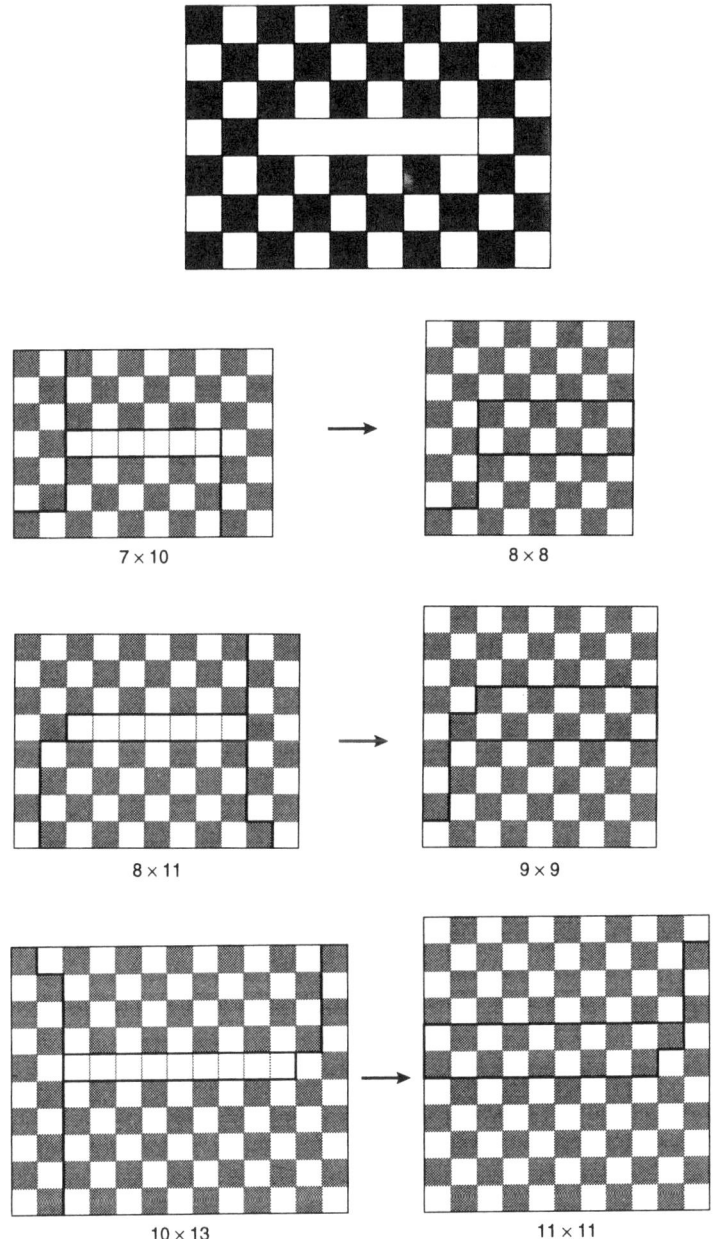

7 × 10

8 × 8

8 × 11

9 × 9

10 × 13

11 × 11

wie viele Stücke kann das Rechteck geschnitten werden, wenn es wie ein Schachbrett gefärbt ist, damit sich ein richtig gefärbtes Quadrat ergibt?[9]

Man betrachte das Rechteck in der Abbildung auf Seite 221 ganz oben. Ich fand, daß es genügt, drei Stücke zu schneiden, um, wie die Abbildung (2. Reihe) zeigt, ein herkömmliches Schachbrett zu erhalten. Die Verallgemeinerung auf Quadrate mit geraden Seitenzahlen ist klar. Wenn die Seite des Quadrats ungerade ist, muß man unterscheiden zwischen $n = 1$ (mod 4) und $n = 3$ (mod 4). Die Abbildungen in der Mitte und unten geben Beispiele für jeden dieser Fälle. Wieder ist leicht zu sehen, wie sie sich verallgemeinern lassen.

Es ist unmöglich, mit zwei Schnitten auszukommen, mit vier Schnitten aber gibt es viele und leicht zu findende Lösungen. Bei allen solchen Lösungen mit drei Stücken halte ich es für möglich, die Spiegelung des asymmetrischen Teils zu vermeiden.

4. Spitzwinklige und gleichseitige Dreiecke

Die Abbildung zeigt, wie ein Quadrat in neun spitzwinklige Dreiecke zerlegt werden kann. Die Lösung ist eindeutig. Wenn man die Dreiecksbildung im topologischen Sinn fordert, also kein Scheitel auf der Seite eines Dreiecks liegen darf, gibt es keine Lösung mit neun Dreiecken, wohl aber für acht, für zehn und für alle höheren Zahlen.[10]

Die obere Abbildung auf Seite 223 führt vier Möglichkeiten

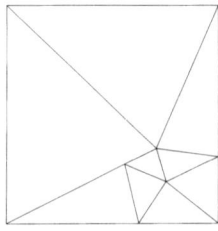

---

[9] Diese Frage wurde von Eric Storr gestellt.
[10] Dieses seltsame Ergebnis wurde in einer unveröffentlichten Arbeit von Charles Cassidy und Graham Lord von der Laval University in Quebec bewiesen.

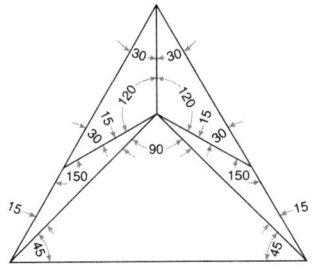

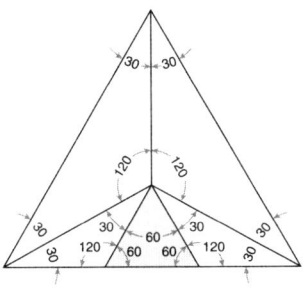

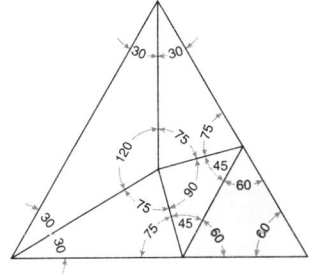

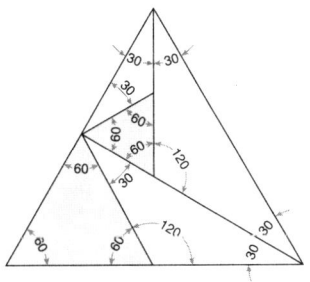

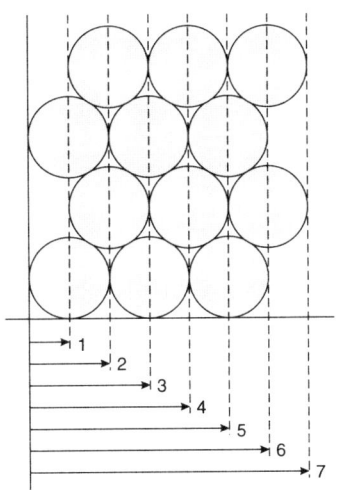

223

vor Augen, ein gleichseitiges Dreieck in fünf gleichschenklige zu zerschneiden. Im ersten Fall ist keines der fünf Dreiecke gleichwinklig, im zweiten und dritten Fall jeweils eins und im vierten zwei.[11] Die ersten drei Möglichkeiten in dieser Abbildung sind nicht eindeutig bestimmt.[12]

5. Messungen mit Yen

Die Abbildung auf Seite 223 unten zeigt, wie sich mit japanischen Yen-Münzen, die je einen Radius von einem Zentimeter haben, Entfernungen in ganzen Zentimetern messen lassen.

6. Ein neues Kartenfärbe-Spiel

Wenn in Steven J. Brams' Färbespiel fünf Farben verwendet werden dürfen, ist dem Maximierer auf der Karte in der Abbildung der Gewinn sicher.[13]

Die Karte ist eine Projektion der Kanten eines Dodekaeders,

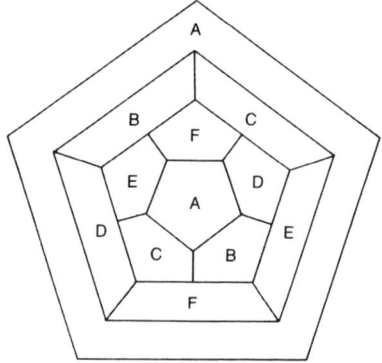

---

[11] Diese vier Möglichkeiten wurden von Robert S. Johnson, *Crux Mathematicorum,* Band 4, Nr. 2, S. 53, Februar 1978, gefunden. Harry L. Nelsons Beweis dafür, daß es nicht mehr als zwei gleichseitige Dreiecke gibt, ist in derselben Ausgabe der Zeitschrift, *Crux Mathematicorum,* Band 4, Nr. 4, S. 102–104, April 1978, abgedruckt.
[12] Viele Leser fanden andere Lösungen, die meisten, 13, verdanke ich Roberto Teodoro Garrido, einem Bauingenieur aus Buenos Aires.
[13] Diese Karte wurde von Lloyd Shapley, einem Mathematiker der Rand Corporation, gefunden.

bei der der Außenbereich (A) der „Rückseite" des Körpers entspricht. Der Maximierer spielt so, daß er immer die Seite, die der vom Gegner zuletzt eingefärbten gegenüberliegt, in derselben Farbe einfärbt, die sein Gegner benutzte. In der Abbildung sind die einander gegenüberliegenden Gebiete mit demselben Buchstaben bezeichnet. Wie man leicht sieht, schließt dieses Verfahren aus, daß derselbe Spieler dieselbe Farbe zweimal verwendet; der Minimierer ist also immer gezwungen, eine neue Farbe und schließlich eine sechste zu verwenden.

Gibt es eine Karte, auf der der Maximierer den Einsatz einer siebten Farbe erzwingen kann, wenn der Gegner optimal spielt? Dieses Problem ist noch ungelöst.

Steven J. Brams' Färbungsproblem führte Robert High zu einigen überraschenden Ergebnissen.[14] Wir wollen den ersten Spieler Min nennen (er versucht, mit wenig Farben auszukommen) und den zweiten Spieler Max (er möchte möglichst viele Farben benutzen). Ich hatte eine Karte mit sechs Gebieten gezeigt, auf denen Max fünf Farben erzwingen kann. High fand, daß eine Projektion des Würfels eine einfachere Karte mit sechs Ländern ergibt, in denen Max fünf Farben erzwingen kann. Max braucht nur jedesmal, wenn er am Spiel ist, die Seite, die der von Min eingefärbten gegenüberliegt, mit einer neuen Farbe einzufärben.

Die Karte, zu deren Einfärben der Einsatz von sechs Farben

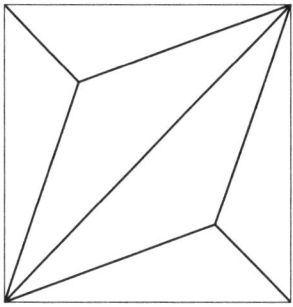

[14] Robert High ist Mathematiker bei Informatics Inc. in New York City.

erzwungen werden kann, war ein Skelett eines Dodekaeders. Die Abbildung auf Seite 225 zeigte eine Karte mit nur zehn Gebieten, in denen Max sechs Farben erzwingen kann, wenn man die vier Ecken eines Würfels durch Dreiecke ersetzt. Das Verfahren ist weniger elegant als das für die Karte mit 12 Bereichen und etwas zu verwickelt, um es hier darzustellen.

Am überraschendsten ist die von High entdeckte Karte mit 20 Ländern, in denen Max sogar die Verwendung von sieben Farben erzwingen kann! Man denke sich jede Ecke eines Tetraeders durch ein Dreieck ersetzt und dann jede der 12 neuen Ecken durch ein Dreieck. Die Abbildung zeigt eine ebene Projektion des sich ergebenden Polyeders. Hier ist das Verfahren komplizierter als für die Karte mit zehn Ländern, aber High erstellte einen Spielbaum, der den Beweis führt. High vermutet, daß es keine Karte gibt, auf der Max mehr als sieben Farben erzwingen kann, aber das ist nicht bewiesen. Es ist sogar möglich, daß es keine kleinste obere Schranke gibt.

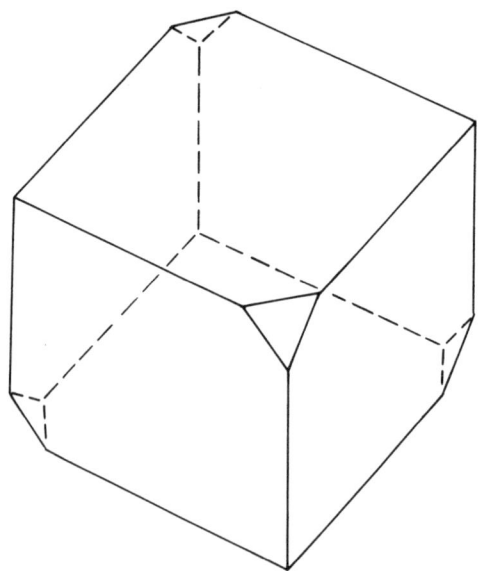

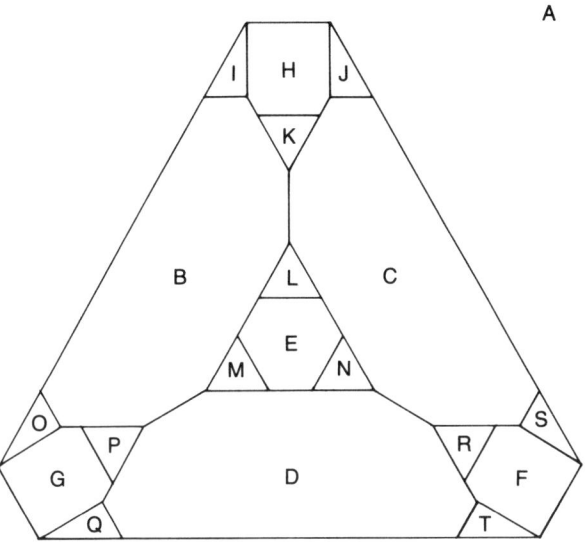

7. Whim

John Horton Conway schlägt für das Spiel Whim die folgende
Strategie vor. Man behandele den Whim-Zug, als ob er ein anderer Stapel sei, auf dem ein Spielstein liegt, wenn es einen Stapel
mit vier oder mehr Steinen gibt, und als ob er ein anderer Stapel
mit zwei Steinen wäre, wenn es keinen Stapel mit vier oder mehr
Steinen gibt. Bis jemand den Whim-Zug macht, bleibt der unsicht-
bare Whim-Stapel liegen, danach verschwindet er. Eine Whim-Po-
sition ist für den Spieler eine gewinnende Position, der in gewöhnlichem Nim gewinnen würde, wenn es den Whim-Stapel wirklich
gäbe. Die Gewinnstrategie besteht deshalb einfach drin, sich vor-
zustellen, der Whim-Stapel sei da, bis ein Spieler ihn wegnimmt,
und ganz gewöhnliches Nim zu spielen. Unmittelbar nach dem
Zug, in dem der letzte Haufen mit vier oder mehr Steinen ver-
schwunden ist, legt man in Gedanken die zweite Spielmarke auf
den Whim-Stapel.

Parabeln

Mathematiker konstruieren und untersuchen abstrakte Gebilde einfach deshalb, weil sie sie schön und interessant finden. Gelegentlich stellt sich viel später, manchmal erst nach Jahrhunderten, heraus, daß diese Objekte bei der Beschreibung physikalischer Zusammenhänge überaus nützlich sind. Das schönste Beispiel dafür sind die vier Kegelschnitte, mit denen sich schon die alten Griechen beschäftigt haben. Ich habe mich in früheren Artikeln bereits mit Kreisen, Ellipsen und Hyperbeln befaßt. Jetzt ist die Parabel an der Reihe.

Wenn ein gerader Kreiskegel parallel zu seiner Grundfläche durchschnitten wird, ist der Querschnitt ein Kreis. Wenn man die Schnittebene auch nur ganz wenig neigt, wird der Querschnitt zu einer Ellipse, dem geometrischen Ort aller Punkte, für die die Summe der Entfernungen von zwei festen Punkten (den Brennpunkten) konstant ist. Man kann sich den Kreis als eine Ellipse denken, deren Brennpunkte zum Mittelpunkt des Kreises zusammengefallen sind. Je stärker die Schnittebene geneigt ist, um so weiter entfernen sich die beiden Brennpunkte voneinander und um so „exzentrischer" wird die Ellipse. Wenn die Schnittebene parallel zu einer Mantellinie des Kegels verläuft, ist der Querschnitt eine Parabel. Die Parabel ist, wie der Kreis, ein Grenzfall der Ellipse, nur ist bei ihr ein Brennpunkt in die Unendlichkeit gerückt. Die Parabel ist eine Ellipse, die, wie Henri Fabre einmal sagte, „vergeblich nach ihrer verlorenen zweiten Mitte sucht".

Die beiden Arme der Parabel nähern sich immer stärker der Parallelität, je größer der Abstand vom Scheitel ist, aber erst in der Unendlichkeit sind sie parallel. Johannes Kepler sagte dazu bei einer Erörterung der Kegelschnitte:

Ihrer Natur nach nimmt die Parabel eine Zwischenstellung ein [zwischen Ellipse und Hyperbel]. Sie breitet ihre Arme nicht aus wie die Hyperbel, sondern bringt sie zusammen, näher der Parallelität, stets mehr umfangend und doch nach weniger strebend. Die Hyperbel dagegen verlangt um so mehr, je mehr sie erreicht hat.

Eine Parabel ist der geometrische Ort aller Punkte einer Ebene, die von einer festen Geraden (der Leitgeraden) denselben Abstand haben wie von einem festen Punkt (dem Brennpunkt), der nicht auf der Leitgeraden liegt. Die Abbildung auf Seite 230 zeigt die übliche Darstellung einer Parabel, für die die Gleichung besonders einfach ist. Ihre Achse geht durch den Brennpunkt und schneidet die Leitgerade im rechten Winkel, und die Spitze der Kurve, der Scheitel, liegt im Ursprung des Koordinatensystems. Die Länge der Sehne, die im Brennpunkt senkrecht auf der Achse steht, heißt Latus rectum der Parabel. Die sogenannte Brennweite, der halbe Abstand vom Brennpunkt zum Scheitel, der hier a heißt, ist nach Definition der halbe Abstand des Brennpunktes von der Leitgeraden, und es ist nicht schwer zu beweisen, daß das Latus rectum 4a beträgt. Die Parabel läßt sich damit als geometrischer Ort aller Punkte der kartesischen Ebene definieren, die der Parabelgleichung $y^2 = 4ax$ ge-

229

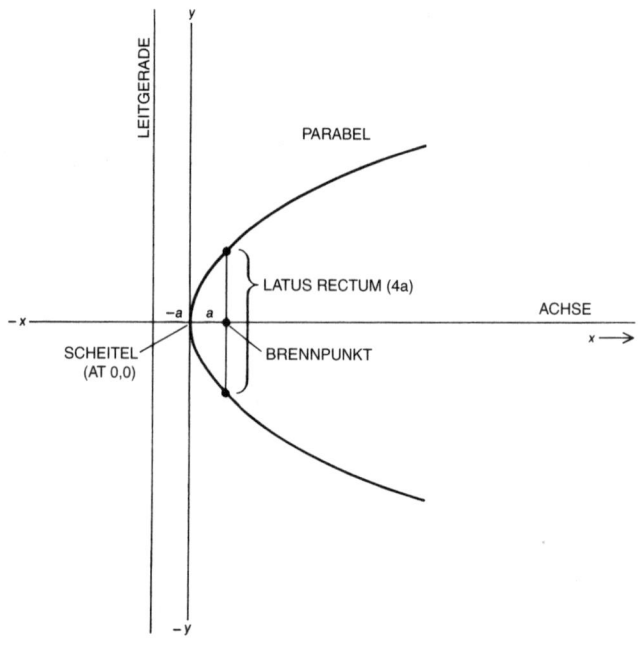

nügen, wenn der Scheitel im Ursprung $(0,0)$ liegt. Allgemeiner ausgedrückt beschreibt jede quadratische Gleichung der Form $x = ay^2 + by + c$, wobei a nicht null ist, eine Parabel, die jedoch nicht unbedingt so liegt wie in der Abbildung.

Überraschenderweise sind alle Parabeln einander ähnlich. Zwar haben Teile von Parabeln, etwa die beiden in der Abbildung auf Seite 231 gezeichneten, unterschiedliche Form. Wenn man sich die Abschnitte jedoch ins Unendliche zu „ganzen" Parabeln fortgesetzt denkt, kann man eine von ihnen so vergrößern, daß sie genau auf die andere paßt, wenn man sie richtig dreht und verschiebt.

Wie Kreise unterscheiden sich Parabeln nur durch ihre Größe, was für Ellipsen und Hyperbeln nicht gilt. Alle Kreise sind ähnlich, weil alle Punktepaare ähnlich sind. Alle Parabeln sind ähnlich, weil alle Paare aus einer Geraden und einem Punkt, der nicht auf der Geraden liegt, ähnlich sind. Anders gesagt stimmt jedes

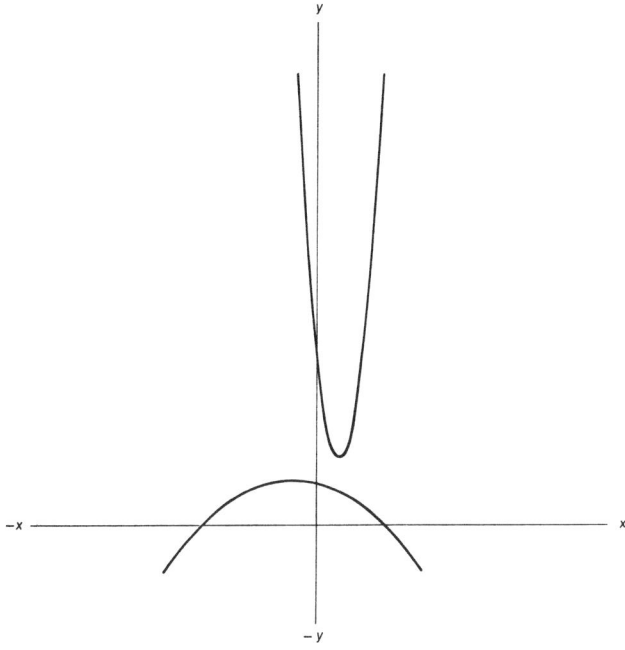

Paar von Brennpunkt und Leitgeraden mit jedem anderen überein, wenn es geeignet gestreckt oder gestaucht, verschoben oder
gedreht wird. Jede Parabel läßt sich so auf Koordinatenpapier
zeichnen, daß sie durch jede gewünschte quadratische Gleichung
der Form $x = ay^2 + by + c$ beschrieben wird.

Wenn man einen Stein wirft, fliegt er auf einer Bahn, die einer
Parabel ähnelt, wie Leonardo da Vinci schon um 1490 vermutete
und Galilei 1609 bewies, aber erst 30 Jahre später veröffentlichte.
Sie können einen von Galileis Versuchen wiederholen, indem Sie
eine Murmel in Tinte tauchen und seitlich eine geneigte Ebene
hinunterrollen lassen. Wenn Sie die Ebene mit Koordinatenpapier
bekleben, können Sie aus dem von der Kugel zurückgelegten Weg
die Parabelformel der Kurve berechnen. In der Praxis wird die pa-
rabolische Flugbahn eines Projektils durch die Erdkrümmung und
stärker noch durch den Luftwiderstand gestört.

Galilei erörtert in seinem *Dialog über zwei neue Wissenschaften* ausführlich die Störungen durch die Erdkrümmung und den Luftwiderstand. Die von der Erdkrümmung verursachte Störung hielt er übrigens für vernachlässigbar, weil er meinte, ein Geschoß werde niemals eine Reichweite von mehr als vier Meilen haben.

Der Luftwiderstand, dem eine fliegende Kugel ausgesetzt ist, führt zu einer Bahnform, die große Ähnlichkeit mit dem Umriß der weiblichen Brust hat. Gegen Ende von Norman Mailers Roman *Die Nackten und die Toten* zeichnet ein Armeeoffizier mehrere Bilder der Kurve und sinnt darüber nach:

Diese Kurve ist ... wohl die Elementarkurve der Liebe. Es ist die Kurve aller menschlichen Kraftentwicklung (wenn man die Ebene der Kindheit und des Alters außer acht läßt), und es scheint auch die Kurve der sexuellen Anspannung und Entspannung zu sein, der physikalischen Grundlage des Lebens überhaupt. Was ist diese Kurve nun eigentlich? Sie gibt den grundsätzlichen Weg eines Projektils wieder, eines Balles, Steines, Pfeiles (Nietzsches Pfeil der Sehnsucht) oder eines Artilleriegeschosses. Sie ist sowohl die Kurve der todbringenden Granate als auch das Sinnbild des Lebens-Liebes-Impulses. Sie ist die Seinslinie schlechthin, wobei Leben und Tod nichts anderes sind als verschiedene Blickpunkte auf derselben Flugbahn. Der Lebensblickpunkt ist das, was wir sehen und fühlen würden, wenn wir rittlings auf einer Granate säßen. Es ist das, was wir im Augenblick erleben. Vom Todesblickpunkt aus betrachtet sehen wir die Granate als ein Ganzes, wissen um ihr unerbittliches Ende und kennen den Punkt, auf den sie aufgrund unausweichbarer physikalischer Gesetze zusteuert, von dem Zeitpunkt an, wo sie ihren ursprünglichen Antrieb erhielt, als sie in die Luft hinausgejagt wurde.

Auch der Wasserstrahl aus einem Gartenschlauch folgt einer fast vollkommenen Parabel. Wenn Sie beim Rasensprengen langsam den Winkel des Wasserstrahls von der fast senkrechten zur fast waagerechten Stellung senken, laufen die oberen Tropfen des parabolischen Strahles auf einer Ellipse, aber die Hülle der Strahls ist eine Parabel.

Vermutlich sind auch die Bahnen einiger Kometen Parabeln. Die Bahnen von Kometen, die periodisch im Sonnensystem auftauchen, sind äußerst exzentrische Ellipsen. Wie wir schon sahen, ähnelt eine Ellipse um so mehr einer Parabel, je exzentrischer sie ist, und da die Parabel einen Grenzfall zwischen Ellipse und Hyperbel darstellt, ist es fast ausgeschlossen, allein aufgrund der Beobachtung eines Kometen in der Nähe der Sonne herauszufinden, ob er auf einer extrem exzentrischen Ellipse läuft (und also wiederkehren wird) oder auf einer Parabel oder Hyperbel (und also niemals zurückkehrt). Ein Komet auf einer Parabelbahn hat genau die Geschwindigkeit, mit der er dem Sonnensystem entkommen kann. Wenn seine Geschwindigkeit kleiner ist, ist die Bahn eine Ellipse, wenn sie größer ist, eine Hyperbel.

Die außerordentliche Bedeutung, die die Parabel in der Technik hat, beruht in hohem Maße auf der in der Abbildung auf Seite 234 veranschaulichten Reflexionseigenschaft. Man ziehe eine Gerade vom Brennpunkt f zu einem Punkt P und lege bei P eine Tangente an die Parabel. Die Gerade cd, die so durch P gezogen wird, daß der Winkel aPf gleich dem Winkel bPd ist, ist dann senkrecht zur Leitgeraden. Wenn man sich die Parabel als eine reflektierende Gerade denkt, wird also jeder Lichtstrahl vom Brennpunkt entlang einer Bahn zurück zur Kurve gespiegelt, die parallel ist zur Parabelachse.

Man stelle sich jetzt vor, daß die Parabel um ihre Achse gedreht wird; die so entstehende rotationssymmetrische Fläche heißt Paraboloid. Wenn vom Brennpunkt Lichtstrahlen ausgehen, ist das vom Paraboloid reflektierte Licht achsenparallel. Auf diesem Prinzip beruht der Suchscheinwerfer. Natürlich werden auch umgekehrt Lichtstrahlen, die parallel zur Achse einfallen, in einem konkaven Spiegel mit einer paraboloiden Oberfläche zum Brennpunkt hin gelenkt. Das ist das Geheimnis der Spiegelteleskope, Sonnenkollektoren und Mikrowellenantennen. Weil große Parabolspiegel leichter zu bauen sind als lichtdurchlässige Linsen vergleichbarer Größe, sind heute alle sehr großen Teleskope Spiegel-

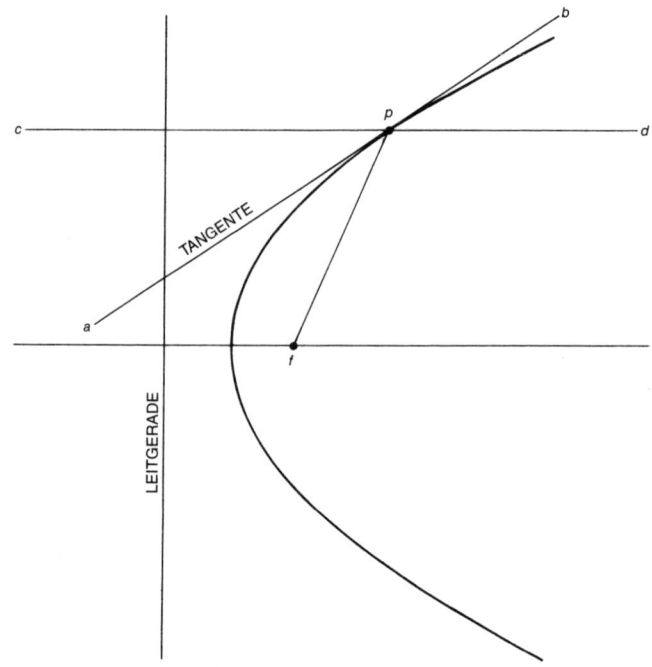

teleskope. Vom Brennpunkt aus wird das Bild dann mit Hilfe weiterer optischer Geräte zum Objektiv oder zu einer photographischen Platte geleitet. Vielleicht haben Sie als Kind einmal ein Blatt Papier angezündet, indem Sie die Sonnenstrahlen mit einer Glaslinse bündelten. Das geht auch mit einem Parabolspiegel: Man hält das Papier einfach an den Brennpunkt.

Wenn man einen Eimer mit Wasser herumschleudert, bildet die Wasseroberfläche ein Paraboloid. Das brachte den Physiker R. W. Wood auf den Gedanken, ein Spiegelteleskop zu bauen, dessen spiegelnde Oberfläche rotierendes Quecksilber ist. Es erwies sich jedoch bei einem versuchsweise konstruierten Gerät als so schwierig, eine hinreichend glatte Oberfläche zu erhalten, daß der Gedanke wieder aufgegeben werden mußte.

Wir stellen uns jetzt ein Paraboloid vor, dessen Grundfläche sich senkrecht zu seiner Achse befindet, so daß es aussieht wie

234

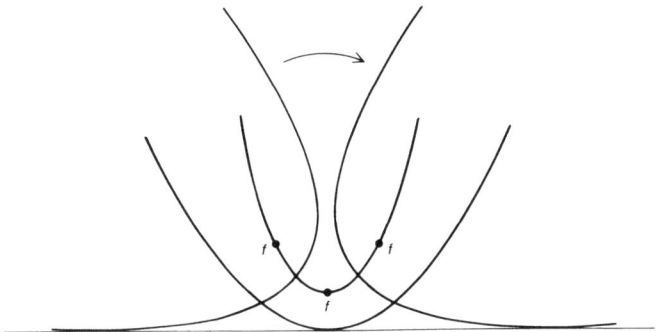

eine Bergkuppe. Wie kann man das Volumen berechnen? Archimedes fand eine erstaunlich einfache Formel, wonach das Volumen genau das 1,5fache des Volumens eines Kegels mit derselben kreisförmigen Grundfläche und derselben Achse ist.

Eine gute Näherung für eine Parabel ist das Tragseil einer Hängebrücke. Die Kurve ist verzerrt, wenn das Gewicht der Brücke nicht gleichmäßig verteilt ist oder wenn das Gewicht der Kabel im Verhältnis zum Gewicht der Brücke zu groß ist. Im letzten Fall läßt sich die Kurve nur schwer von einer Kettenlinie unterscheiden. Galilei meinte irrtümlich, eine an den Enden hängende Kette bilde eine Parabel. Einige Jahrzehnte später wurde gezeigt, daß sie eine Kettenlinie bildet, eine Kurve, die nicht einmal algebraisch ist, weil ihre Gleichung die transzendentale Zahl e enthält.

Zwischen der Parabel und der Kettenlinie besteht eine seltsame und wenig bekannte Beziehung. Wenn man nämlich eine Parabel wie in der Abbildung oben auf einer Geraden abrollt, ist der „geometrische Ort der Brennpunkte" eine vollkommene Kettenlinie. Wohl noch überraschender (aber leichter zu beweisen) ist das, was passiert, wenn eine von zwei gleich großen Parabeln, die sich, wie in der Abbildung auf Seite 236 oben dargestellt, mit ihren Scheiteln berühren, auf der anderen abgerollt wird. Der Brennpunkt der abgerollten Parabel bewegt sich auf der Leitgeraden der festen Parabel, und ihr Scheitel beschreibt eine Zissoide!

Im Zusammenhang mit Parabeln war eines der ersten Probleme, die Fläche eines von einer Sehne begrenzten Querschnitts der Kur-

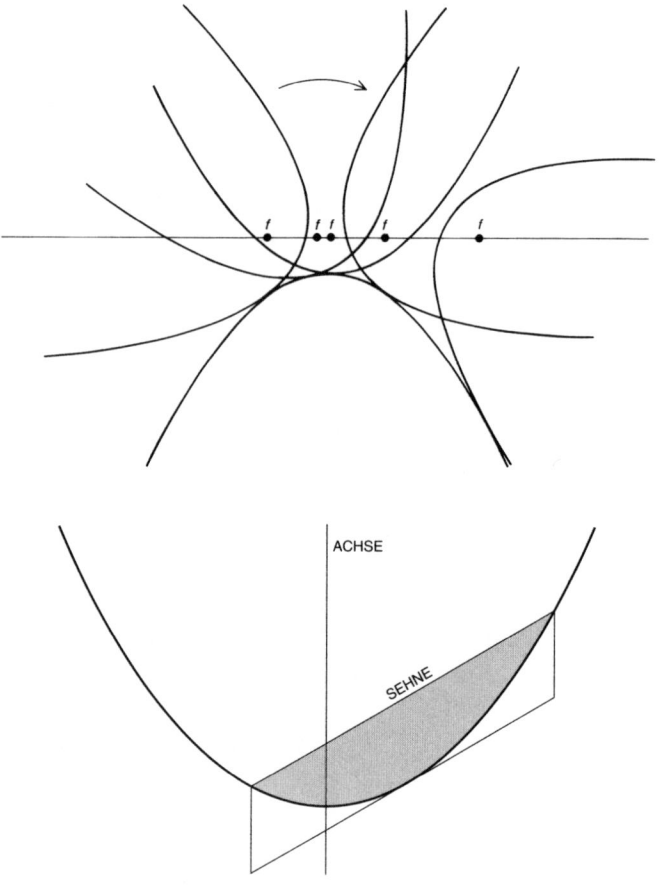

ve zu „quadrieren", also die Fläche des in der unteren Abbildung schattierten Bereichs zu bestimmen. Archimedes löste dieses Problem als erster in seiner berühmten Abhandlung *Die Quadratur der Parabel.* Durch eine geradezu geniale Grenzwertbetrachtung, mit der er die Infinitesimalrechnung vorwegnahm, konnte er zeigen, daß die Fläche des Parabelabschnitts zwei Drittel der Fläche des umschriebenen Parallelogramms beträgt, wobei zwei Seiten parallel zur Achse der Parabel sind. Archimedes erriet dieses Ergebnis zunächst, indem er das Gewicht des Parallelogramms mit

236

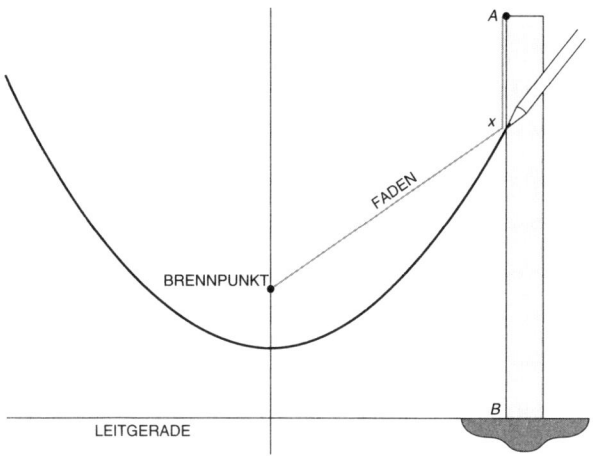

dem Gewicht des Segments verglich. Er nahm die Parabel auch bei seiner eleganten Konstruktion des regelmäßigen Siebenecks zu Hilfe. Schon vor Archimedes hatten einige Geometer mit Hilfe von Parabeln versucht, die klassische Aufgabe der Würfelverdopplung zu lösen, also einen Würfel zu konstruieren, der das Doppelte des Volumens eines gegebenen Würfels hat.

Es gibt viele Verfahren, Parabeln zu zeichnen, ohne unendlich viele einzelne Punkte auf ein Blatt Papier aufzutragen. Die wohl einfachste Konstruktion erfordert nur ein T-Lineal und einen Faden. Ein Fadenende wird wie in der Abbildung an einer Ecke des T-Lineals befestigt und das andere am Brennpunkt der Parabel. Der Faden habe die Länge AB. Ein Bleistiftpunkt bei x, der gegen das T-Lineal drückt, hält den Faden gestrafft. Wenn das T-Lineal dann die Leitgerade entlang gleitet, bewegt sich der Bleistift an der Seite des T-Lineals und zeichnet so die rechte Seite der Parabel. Der linke Ast der Parabel ergibt sich, indem man das Ganze seitenverkehrt wiederholt. Dieses Verfahren wurde von Kepler erfunden oder möglicherweise auch nur wiederentdeckt. Man kann das T-Lineal auch nur durch ein Rechteck oder ein rechtwinkliges Dreieck ersetzen, das man entlang der Seite eines Lineals verschiebt. Wie man leicht sieht, hat jeder Punkt auf der Kurve den gleichen Abstand vom Brennpunkt und von der Leitgeraden, weil die Länge des Fadens konstant ist.

Viel einfacher lassen sich wunderschöne Parabeln durch das Falten von Papier erzeugen. Markieren Sie einfach irgendwo auf einem Blatt durchsichtigen Papiers einen Brennpunkt, zeichnen Sie eine Leitgerade und falten Sie das Blatt immer wieder so, daß die Gerade durch den Punkt geht. Jede Faltlinie ist eine Tangente an dieselbe Parabel und ergibt schließlich den Umriß der Kurve in der Abbildung auf Seite 239. Wenn das Papier undurchsichtig ist, ernennen Sie eine Kante des Blatts zur Leitgeraden und falten Sie das Blatt so, daß sie durch den Punkt geht.

Wer sich mit Parabeln auskennt, kann algebraische Fragen oft leicht beantworten. Man betrachte beispielsweise dieses Gleichungspaar:

$$x^2 + y = 7$$
$$x + y^2 = 11$$

Es ist leicht zu sehen, daß beide Gleichungen erfüllt sind, wenn $x = 2$ und $y = 3$. Wir fragen jetzt:

1. Gibt es andere ganzzahlige Lösungen, bei denen x und y positive oder negative ganze Zahlen sind?
2. Wie viele Lösungen gibt es überhaupt?

Ein schwierigeres Problem, für das eine Parabel die Antwort liefert, wurde von Ronald L. Graham von den Bell Laboratories gestellt und gelöst; es wird hier zum ersten Mal veröffentlicht. Stellen Sie sich vor, Sie hätten unendlich viele identische Scheiben mit einem Durchmesser von weniger als 1/2, wobei die Einheit beliebig ist. Nehmen wir an, der Durchmesser sei 1/10. Lassen sich alle diese Scheiben ohne Überlappen in einer Ebene so anordnen, daß kein Abstand zwischen je zwei Punkten auf den Scheiben eine ganze Zahl ist?

Da jede Scheibe nur einen Durchmesser von 1/10 hat, können keine zwei Punkte auf derselben Scheibe ganzzahligen Abstand haben, aber es ist vorstellbar, daß es bei einer klugen Anordnung von Scheiben, deren Mittelpunkte auf einer Geraden liegen, keinen Punkt in einer Scheibe gibt, der von einem Punkt auf einer anderen Scheibe ganzzahligen Abstand hat. Das ist aber unmöglich, wie sich

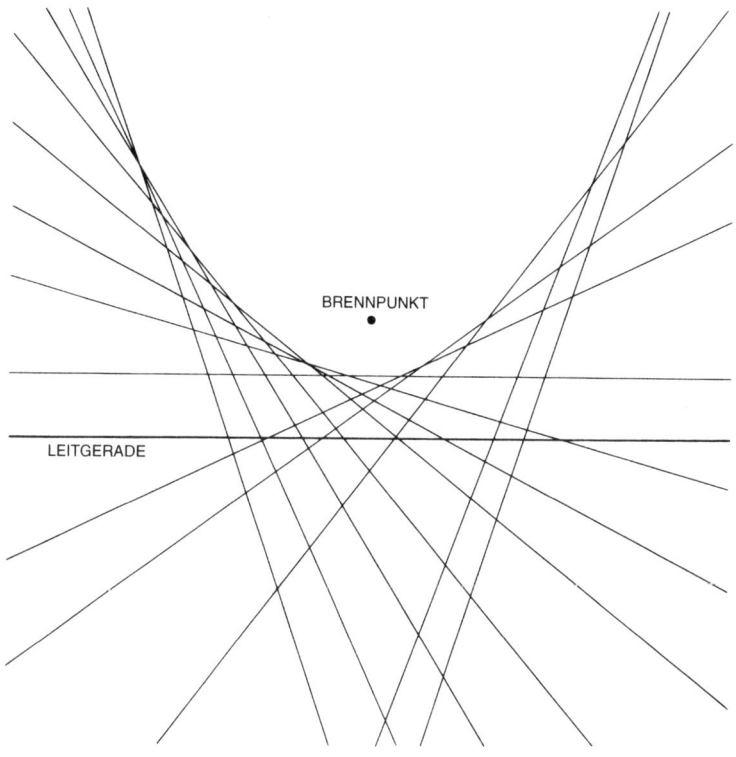

BRENNPUNKT

LEITGERADE

leicht zeigen läßt. Es gilt sogar, daß es bei jeder Anordnung von unendlich vielen Scheiben auf einer Geraden unendlich viele Scheibenpaare gibt, bei denen unendlich viele Punktepaare (alle auf einer Geraden) ganzzahligen Abstand haben.

Zum Beweis nehmen wir an, wir hätten eine Scheibe mit dem Durchmesser 1/10 wie gezeigt auf die Gerade gelegt – es sei der nicht schattierte Kreis a oben in der Abbildung auf Seite 240. Die Mittelpunkte der mit a' bezeichneten Kreise haben Einheitsabstand und reichen in beiden Richtungen ins Unendliche. Offenbar darf keine zweite Scheibe so auf die Gerade gelegt werden, daß sie einen schattierten Kreis berührt oder überlappt, denn sonst enthielte die Scheibe einen Punkt der Geraden, der eine ganzzahlige

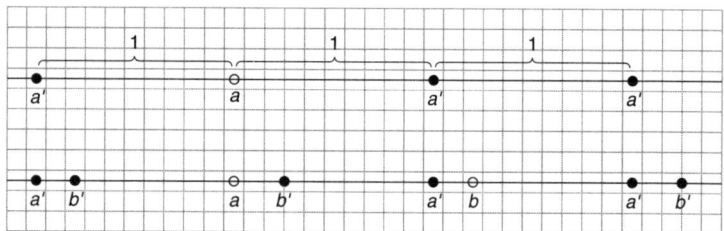

Entfernung von einem anderen Punkt der Geraden hat und der zur
Scheibe a gehört. Wir nehmen dabei an, daß Punkte auf dem Umfang eines Kreises zur Scheibe gerechnet werden.

Es ist natürlich möglich, zwischen je zwei benachbarte Kreise
eine zweite Scheibe auf die Gerade zu legen, wenn sie keinen der
beiden Kreis berührt oder überlappt. Beispielsweise kann man
eine zweite Scheibe b wie unten in der Abbildung legen. Sofort
können dann auch unendlich viele weitere mit b' bezeichnete
Kreise in regelmäßigen Einheitsabständen gelegt werden, was an-
zeigt, daß keine dritte Scheibe gelegt werden kann, wo sie überlappt oder berührt. Dasselbe gilt für weitere Scheiben. Da zwischen zwei benachbarte Scheiben aus der zuerst gelegten Menge
nicht mehr als acht Scheiben gelegt werden können, ohne daß sie
sich berühren, folgt, daß nicht mehr als neun Scheiben auf die Gerade passen. Eine zehnte Scheibe enthält, wo immer sie hingelegt
wird, unendlich viele Punkte, die von Punkten auf einer der neun
zuvor gelegten Scheiben ganzzahligen Abstand haben.

Der Beweis läßt sich offensichtlich auf alle Scheiben verallgemeinern, deren Durchmesser kleiner ist als eine Einheitslänge.
Wenn der Zähler des Durchmessers eine ganze Zahl ist, ziehe man
1 von ihm ab, um die maximale Anzahl von Scheiben zu erhalten.
Wenn der Zähler keine ganze Zahl ist, runde man ihn auf die
nächstkleinere ganze Zahl ab. Eine Scheibe mit Durchmesser 1 ist
also ausgeschlossen. Wenn die Scheibe einen Durchmesser 1/2 oder
Durchmesser $1/\sqrt{2}$ hat, läßt sich nur eine auf die Gerade legen,
wenn der Durchmesser 1/3 beträgt, sind es nur zwei, bei Durchmesser 1/4 oder Durchmesser $1/\pi$ sind es drei, bei Durchmesser 1/4,5
sind es nur vier und so weiter.

Das Problem läßt sich also nicht lösen, indem man die Scheiben auf einer Geraden anordnet, wohl aber gelingt es mit einer Parabel.

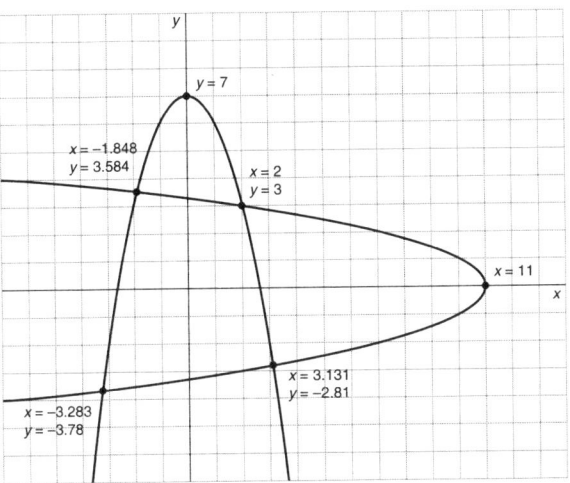

Antworten

Beim ersten Problem geht es darum, wie sich die Anzahl der Lösungen für das Gleichungspaar $x^2 + y = 7$ und $x + y^2 = 11$ mit Hilfe einer Parabel finden läßt. Die graphische Darstellung der Gleichungen besteht, wie die Abbildung zeigt, aus zwei sich schneidenden Parabeln. Da die Parabeln nur vier Schnittpunkte haben, gibt es nur vier Lösungen, von denen eine ($x = 2$, $y = 3$) ganzzahlig ist. Selbst wenn Ihre Zeichnung nicht sehr genau ist, können Sie beweisen, daß die anderen drei Lösungen nicht ganzzahlig sind, indem Sie die Zahlen einsetzen, die den Gitterpunkten in der Nähe der Schnittpunkte entsprechen. Die tatsächlichen Zahlen, alle irrational, haben die in der Abbildung angegebenen Näherungswerte.

Das zweite Problem läßt sich lösen, indem man die Scheiben mit ihren Mittelpunkten auf eine Parabel der Form $y = x^2$ legt, wobei die Mittelpunkte auf den Punkten (1, 1), (3, 9), (9, 81), ... (3^k, 3^{2k}) ... liegen.

241

Nichteuklidische Geometrie

Parallele Geraden
Sind nur im Unendlichen zu haben,
Hört Euklid man sagen,
Ja, insistieren.
Bis sein Tod zu beklagen
Und er sich ihrer Nähe kann erlaben.
Doch dann tat es ihm tagen,
Daß die verdammten Dinger
divergieren.

Piet Hein, *Grooks VI*

Euklids *Elemente* sind langatmig und lückenhaft. Sie erwähnen nicht, daß sich zwei Kreise schneiden können, ein Kreis ein Innen und ein Außen hat, daß Dreiecke gespiegelt werden können und lassen auch anderes aus, was für Euklids System wesentlich ist.

Andererseits unternahm Euklid mit seiner Geometrie den ersten großen Versuch, das Gebiet als ein axiomatisches System zu sehen, und es scheint unangemessen, ihn zu tadeln, weil er nicht all die Korrekturen voraussah, die David Hilbert und andere bei der Formalisierung des Systems vornahmen. Es gibt keinen schlagenderen Beweis für Euklids Genialität als die Erkenntnis, daß sein berüchtigtes fünftes Postulat kein Satz ist, sondern ein Axiom, das ohne Beweis hinzunehmen ist.

Euklid formulierte das Parallelenaxiom ziemlich umständlich, und es wurde schon früh bemerkt, daß es sich einfacher sagen läßt: Durch einen Punkt in einer Ebene, der nicht auf einer Geraden liegt, gibt es nur eine Parallele zu dieser Geraden. Weil dieses Axiom nicht so unmittelbar einleuchtet wie die anderen Axiome der euklidischen Geometrie, haben Mathematiker seit 2000 Jahren versucht, das Postulat aus anderen Axiomen herzuleiten. Es gibt Hunderte solcher Beweisversuche. Einige bedeutende Mathematiker meinten, sie hätten einen Beweis gefunden, aber immer hat sich herausgestellt, daß sie irgendwo eine Annahme versteckten, die entweder zum Parallelenpostulat äquivalent war oder das Postulat voraussetzte.

So läßt sich das Parallelenaxiom beispielsweise leicht beweisen, wenn man voraussetzt, daß die Summe der *Innen*winkel in jedem Dreieck zwei rechten Winkeln entspricht. Leider läßt sich diese Annahme nicht ohne Berufung auf das Parallelenaxiom bestätigen. Ein alter Scheinbeweis, der Thales von Milet zugeschrieben wird, beruht auf der Existenz eines Rechtecks, also eines Vierecks mit vier rechten Winkeln. Man kann jedoch nicht beweisen, daß es Rechtecke gibt, ohne das Parallelenaxiom vorauszusetzen! Im 17. Jahrhundert glaubte John Wallis, ein angesehener englischer Mathematiker, er habe das Postulat bewiesen, hatte aber nicht erkannt, daß seine Annahme, zwei Dreiecke könnten ähnlich, aber nicht kongruent sein, ebenfalls nicht ohne das Parallelenaxiom bewiesen werden kann. Man kann lange Listen solcher Annahmen aufstellen, die alle intuitiv offensichtlich sind und deshalb kaum der Beachtung wert zu sein scheinen und die alle insofern äquivalent zum Parallelenaxiom sind, als sie nur dann gelten, wenn dieses Postulat gültig ist.

Zu Beginn des 19. Jahrhunderts wurde der Versuch, das Parallelenaxiom zu beweisen, fast zu einer Manie. In Ungarn verbrachte Farkas Bolyai einen großen Teil seines Lebens mit dieser Aufgabe, die er in seiner Jugend oft mit seinem deutschen Freund Carl Friedrich Gauß erörtert hatte. Sein Sohn János Bolyai war so besessen von dem Problem, daß sein Vater sich veranlaßt fühlte, ihm zu schreiben: „Um des Himmels Willen, ich bitte Dich, gib auf. Fürchte es nicht weniger als sinnliche Leidenschaften, denn auch dies kann alle Zeit in Anspruch nehmen und Dich Deiner Gesundheit, Deines Seelenfriedens und Deines Glücks berauben."

János gab aber nicht auf und war bald nicht nur davon überzeugt, daß das Postulat unabhängig ist von den anderen Axiomen, sondern auch, daß man eine widerspruchsfreie Geometrie erhält, wenn man annimmt, daß durch einen Punkt unendlich viele Geraden gehen, die alle parallel sind zur gegebenen Geraden. „Aus dem Nichts habe ich eine neue Welt geschaffen", schrieb er 1823 voller Stolz an seinen Vater.

Der Vater drängte den Sohn, er möge ihn diese aufregenden Behauptungen in einem Anhang an ein Buch veröffentlichen lassen, das er gerade abschloß.

Das kleine Meisterwerk erschien denn auch wirklich in diesem Buch, dessen Veröffentlichung sich jedoch bis 1832 verzögerte. Und prompt war ihm dann der russische Mathematiker Nikolai Ivanowitsch Lobatschewskij zuvorgekommen, der 1829 Einzelheiten ebendieser seltsamen Geometrie (Felix Klein nannte sie später hyperbolisch) publizierte. Schlimmer noch, als Bolyai diesen Anhang an seinen alten Freund Gauß sandte, erwiderte der „Fürst der Mathematiker", ein Lob des Werkes wäre Eigenlob, denn er habe diese Ergebnisse schon viele Jahre zuvor erarbeitet, aber nicht veröffentlicht. In anderen Briefen begründete er sein Verhalten damit, er habe keinen „Aufschrei der Boöter" heraufbeschwören wollen. Damit meinte er seine konservativen Kollegen, denn im alten Athen hielt man die Boöter für ungewöhnlich dumm.

Für János Bolyai war diese Antwort niederschmetternd; er verdächtigte seinen Vater sogar, er habe seine großartige Entdeckung an Gauß durchsickern lassen. Als er später von Lobatschewskijs Arbeit erfuhr, verlor er alles Interesse an der Frage und veröffentlichte nichts mehr.

In gewisser Weise ist die Geschichte des italienischen Jesuiten Girolamo Saccheri noch trauriger als die Bolyais. Saccheri konstruierte schon 1733 in einem lateinischen Buch, dessen Titel mit *Euklid von jedem Makel befreit* übersetzt werden kann, beide nichteuklidische Geometrien (wir kommen unten auf die zweite zu sprechen) – ohne es zu wissen! So scheint es jedenfalls. Saccheri weigerte sich zu glauben, daß die beiden Theorien widerspruchsfrei seien, aber er war anscheinend so nahe daran, sie zu akzeptieren, daß einige Historiker meinen, er habe vorgegeben, sie nicht zu glauben, um sein Buch veröffentlichen zu können. „Zu behaupten, ein nichteuklidisches System sei ebenso wahr wie das von Euklid," schrieb Eric Temple Bell einmal in einem Kapitel über Saccheri, „wäre eine leichtsinnige Einladung an seine Zeitgenossen gewesen, mit Repressalien und Disziplinierungsmaßnahmen gegen ihn vorzugehen. Der Kopernikus der Geometrie mußte deshalb zu einer List greifen. Saccheri versuchte einfach, seine Ketzereien durch die Zensur zu bekommen, indem er sie selbst als unwahr denunzierte."

Noch vor Ende des 19. Jahrhunderts war klar, daß das Parallelenaxiom nicht nur unabhängig ist von den anderen Axiomen, sondern auch, daß es auf zwei verschiedene Weisen abgeändert werden kann. Wenn man es (wie Gauß, Bolyai und Lobatschewskij vorgeschlagen hatten) durch die Annahme ersetzt, daß durch einen Punkt unendlich viele „ultraparallele" Geraden gehen, ist das Ergebnis eine neue Geometrie, die genauso elegant und „wahr" ist wie die von Euklid. Alle anderen euklidischen Axiome bleiben gültig. Eine „Gerade" ist auch hier die kürzeste Verbindung aller Punkte. In diesem hyperbolischen Raum sind alle ähnlichen Vielecke kongruent, ist der Umfang eines Kreises größer als das π-fache seines Durchmessers und die Winkelsumme aller Dreiecke kleiner als 180°, wobei sie um so kleiner ist, je größer das Dreieck ist. Das Krümmungsmaß der hyperbolischen Ebene ist negativ (im Gegensatz dazu hat die euklidische Ebene die Krümmung null) und überall gleich. Wie die euklidische Geometrie läßt sich auch die hyperbolische Geometrie auf drei- und höherdimensionale Räume verallgemeinern.

Die zweite Art nichteuklidischer Geometrie, die Klein später elliptisch nannte, wurde Mitte des 19. Jahrhunderts unabhängig voneinander, aber gleichzeitig von dem deutschen Mathematiker Georg Friedrich Bernhard Riemann und dem schweizerischen Mathematiker Ludwig Schläfli entwickelt. Sie ersetzt das Parallelenaxiom durch die Annahme, daß sich durch einen Punkt außerhalb einer Geraden *keine* Gerade ziehen läßt, die zur gegebenen Geraden parallel ist. In dieser Geometrie ist die Winkelsumme eines Dreiecks immer größer als 180°, und der Umfang eines Kreises beträgt immer weniger als das π-fache des Durchmessers. Jede Geodätische ist endlich und geschlossen, und zwei Geodätische haben immer einen Schnittpunkt.

Um die Widerspruchsfreiheit der beiden neuen Geometrien zu beweisen, wurden für jede mehrere euklidische Modelle entwickelt, was zeigte, daß die Widerspruchsfreiheit der beiden nichteuklidischen Geometrien aus der Widerspruchsfreiheit der euklidischen Geometrie folgt. Mehr noch, die euklidische Geometrie wurde „arithmetisiert", womit verdeutlicht wurde, daß sie widerspruchsfrei ist, wenn die Arithmetik widerspruchsfrei ist. Wir wissen jetzt dank Kurt Gödel, daß die Widerspruchsfreiheit der Arithmetik nicht im Rahmen der Arithmetik beweisbar ist; es gibt zwar Beweise für ihre Widerspruchsfreiheit, aber noch wurde keiner gefunden, den ein Intuitionist als völlig konstruktiv gelten ließe.[1] Gott existiert, wurde einmal gesagt, weil die Mathematik widerspruchsfrei ist, und der Teufel existiert, weil wir es nicht beweisen können.

Nach Paul C. Rosenbloom haben die Metabeweise für die Widerspruchsfreiheit der Arithmetik den Teufel möglicherweise nicht abgeschafft, wohl aber die Hölle fast auf Null schrumpfen lassen. Heute rechnet jedenfalls kein Mathematiker damit, daß die Arithmetik (und damit auch euklidische und nichteuklidische Geometrien) je zu einem Widerspruch führt.

Henri Poincaré hat ein euklidisches Modell der hyperbolischen Ebene konstruiert. In diesem genialen Modell entspricht jeder Punkt in der euklidischen Ebene einem Punkt im Inneren (aber nicht auf dem Rand) der Kreislinie.

Wir stellen uns jetzt vor, daß auf dieser Ebene Flachländler leben. Wenn sie sich von der Mitte nach außen bewegen, scheinen sie für uns immer kleiner zu werden, obwohl die Flachländler keine Veränderung wahrnehmen würden, weil auch alle ihre Meßgeräte in ähnlicher Weise kleiner werden. Im Grenzfall würde ihre Größe null, aber diese Grenze ist unerreichbar. Wenn sie sich der Grenze mit gleichförmiger Geschwindigkeit immer weiter nähern, nimmt ihre Geschwindigkeit (von uns aus gesehen) stetig ab, obwohl sie

---

[1] Siehe Allan Calders Artikel „Konstruktive Mathematik" in *Spektrum der Wissenschaft*, Dezember 1979.

246

ihnen konstant erscheint. Ihr Universum, das wir als endlich wahrnehmen, ist also für sie unendlich. Hyperbolisches Licht läuft auf Geodätischen, aber weil seine Geschwindigkeit proportional zur Entfernung vom Rand ist, folgt es Wegen, die wir als Kreisbögen sehen, die im rechten Winkel auf die Umgrenzung stoßen.

In dieser hyperbolischen Welt hat ein Dreieck eine maximale endliche Fläche, wie die Abbildung zeigt, obwohl seine drei „geraden" Seiten in hyperbolischer Länge gegen unendlich gehen und seine drei Winkel null sind. In der hyperbolischen Ebene haben alle Bewohner die gleiche Größe und Form. In einer solchen Welt ändern sich die Formen nicht, wenn sie sich bewegen, das Licht hat immer dieselbe Geschwindigkeit, und das Universum ist in allen Richtungen unendlich.

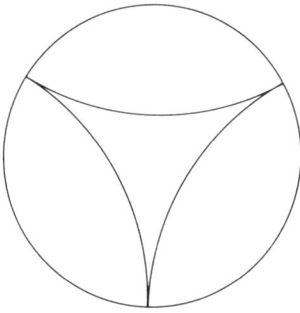

Die elliptische Geometrie läßt sich grob auf der Oberfläche einer Kugel nachvollziehen. Euklidische Geraden werden dabei zu Großkreisen. Natürlich können zwei Großkreise nicht parallel sein, und es ist leicht zu sehen, daß die Summe der Innenwinkel von Dreiecken, die von Großkreisen gebildet werden, größer ist als 180°. Ähnlich läßt sich die hyperbolische Ebene an der sattelförmigen Oberfläche einer Pseudosphäre veranschaulichen, die dann entsteht, wenn man eine Traktrix (eine ebene Kurve, bei der die Länge des Tangentenabschnitts vom Berührungspunkt bis zu einer gegebenen Kurve konstant ist) um ihre Asymptote rotieren läßt.

Sicherlich mißbraucht man das Wort „Spinner", wenn man es

auf Mathematiker anwendet, die meinten, das Parallelenpostulat bewiesen zu haben, bevor dieses Postulat als unabhängig erwiesen war. Das gleiche gilt jedoch nicht für spätere Amateurmathematiker, die den Beweis für die Eigenständigkeit des Postulats nicht verstanden haben oder zu egozentrisch waren, das auch nur zu versuchen. Augustus De Morgan macht uns in seinem inzwischen klassischen Buch *A Budget of Paradoxes* über die von Exzentrikern vertretene Mathematik mit General Perronet Thompson bekannt, dem sicherlich unermüdlichsten aller Parallelenpostulatsbeweiser des 19. Jahrhunderts. Thompson revidierte seine vielen Beweise immer wieder (einer beruhte auf der gleichwinkligen Spirale), und De Morgan versuchte erfolglos, ihn von diesen vergeblichen Bemühungen abzuhalten. Thompson wollte übrigens auch die wohltemperierte Stimmung abschaffen und die Oktave in 40 Töne unterteilen.

Eine besonders komische Figur unter den amerikanischen Parallelenpostulatbeweisern war Hochwürden Jeremiah Joseph Callahan, Präsident der Duquesne University in Pittsburgh. Als Callahan 1931 ankündigte, er habe den Winkel trisektiert, widmete ihm das Nachrichtenmagazin *Time* einen ernstgemeinten Artikel und zeigte auch ein Photo von ihm. Ein Jahr später veröffentlichte Callahan sein Hauptwerk[2], auf dessen 320 Seiten er die Höhen des *argumentum ad hominem* erklimmt. Einstein sei ein „zerstreuter, geistig umnebelter und schlampiger Denker" gewesen, der „kein logisches Denkvermögen" gehabt habe. „Sein Gedankengang torkelt und wankt, stolpert und fällt wie ein Blinder, der sich auf unbekanntes Gebiet begibt." – „Manchmal ist es zum Lachen", schrieb Callahan, „und manchmal fühlt man sich etwas irritiert ... Aber es bringt nichts, wenn man von Einstein vernünftiges Denken erwartet."

Hazelett und Taylor lehnten Einsteins Relativitätstheorie entschieden ab.[3] Callahan störte sich insbesondere daran, daß Ein-

---

[2] *Euclid or Einstein: A Proof of the Parallel Theory and a Critique of Metageometry*, Devon-Adair, 1932.

[3] In dem von ihnen herausgegebenen Buch *The Einstein Myth and the Ives Papers*, das 1979 bei Devon-Adair erschien, sind Arbeiten enthalten, in denen Einstein angegriffen wird.

stein eine von Riemann formulierte verallgemeinerte nichteuklidische Geometrie übernommen hatte, bei der die Krümmung des physikalischen Raums von einem Punkt zum anderen vom Einfluß der Materie abhängt. Eine der großen Revolutionen, die die Relativitätstheorie bewirkte, beruht auf der Entdeckung, daß die Grundbegriffe der Physik einfacher werden und mehr Phänomene beschreiben können, wenn man annimmt, daß die physikalische Raumzeit nicht euklidisch ist.

Heute ist es ein Gemeinplatz (und darüber hätte sich Kant meiner Meinung nach sowohl gewundert als auch gefreut), daß alle geometrischen Systeme im Abstrakten gleich „wahr" sind, die Struktur des Raums jedoch empirisch bestimmt werden muß. Gauß selbst kam auf den Gedanken, drei Berggipfel zu vermessen, um zu sehen, ob ihre Winkel sich zu zwei rechten Winkeln addieren. Man sagt, er habe eine solche Überprüfung tatsächlich durchgeführt, aber kein schlüssiges Ergebnis erhalten. Experimente können zwar beweisen, daß der Raum nichteuklidisch ist, aber es gibt seltsamerweise keine Möglichkeit zu beweisen, daß er euklidisch ist! Die Krümmung null ist ein Grenzwert, der mitten zwischen elliptischen und hyperbolischen Krümmungen liegt. Da alle Messungen mit Fehlern behaftet sind, könnte die Abweichung von Null immer zu klein sein, als daß man sie entdecken könnte.

Poincaré meinte, es sei am besten, die einfachere euklidische Geometrie des Raums beizubehalten und anzunehmen, daß Licht nicht auf Geodätischen läuft, obwohl optische Experimente anscheinend zeigen, daß der physikalische Raum nicht euklidisch ist. Viele Mathematiker und Physiker, unter ihnen auch Russell, pflichteten Poincaré bei, bis sie sich von der Relativitätstheorie überzeugen ließen. Zu den wenigen Unbeirrbaren gehörte Alfred North Whitehead, der sogar ein jetzt vergessenes Buch über Relativitätstheorie verfaßte, in dem er sich dafür aussprach, nicht auf ein euklidisches Universum (oder jedenfalls eines mit konstanter Krümmung) zu verzichten und lieber die Naturgesetze entsprechend abzuändern.[4]

---

[4] Der Streit zwischen Einstein und Whitehead ist nachzulesen in Robert M. Palters: *Whitehead's Philosophy of Science*, University of Chicago Press, 1960.

Heutige Physiker stören sich nicht mehr an der Vorstellung, daß der Raum eine verallgemeinerte nichteuklidische Struktur hat. Callahan störte sich nicht nur daran, er war auch davon überzeugt, daß alle nichteuklidischen Geometrien Widersprüche enthalten. Der arme Einstein wußte eben nicht, wie leicht sich das Parallelenaxiom beweisen läßt.[5]

Wie ihre nahen Verwandten, die Winkeltrisektierer, Kreisquadrierer und Fermat-Beweiser, sind die Beweiser des Parallelenaxioms hartnäckige Gesellen. Ein neueres Beispiel ist William L. Fischer aus München, der 1959 eine 100seitige *Critique of Non-Euclidean Geometry* veröffentlichte; sein Denkfehler wurde von Ian Stewart aufgedeckt.[6] Stewart zitiert einen Brief, in dem Fischer die etablierten Mathematiker beschuldigt, sein großes Werk zu unterdrücken, und orthodoxen Zeitschriften vorwirft, es nicht zu besprechen: „Die Universitätsbibliothek in Cambridge weigerte sich sogar, mein Buch aufzunehmen ... Ich mußte dem Vizekanzler schreiben, damit dieser Boykott aufgehoben wurde."

Es gibt natürlich keine klaren Kriterien, um die Sonderlinge von ernsthaften Mathematikern zu unterscheiden, aber es gibt auch keine scharfen Kriterien, um zwischen Tag und Nacht zu unterscheiden, zwischen Leben und Nichtleben und zwischen Meer und Küste. Wenn wir keine Worte für Teile des Kontinuums hätten, könnten wir weder denken noch reden. Falls Sie, lieber Leser, eine Möglichkeit kennen, das Parallelenaxiom zu beweisen, lassen Sie es mich bitte nicht wissen.

---

[5] Mehr darüber, wie Callahan den Beweis führte und welchen elementaren Fehler er beging, findet sich in D. R. Wards Artikel in *The Mathematical Gazette*, Band 17, S. 101–104, Mai 1933.
[6] Ian Stewart in *Manifold* Nr. 12, S. 14–21, Sommer 1972.

Poker- und andere Rätsel

1. Ein Poker-Rätsel[1]

Wie jeder Pokerspieler weiß, gilt eine Farbenfolge (vergleiche die Abbildung unten, links) mehr als ein Vierer (rechts).

Wie viele verschiedene Farbenfolgen gibt es? Eine Folge kann mit einem As, einer Zwei oder jeder anderen Karte bis 10 beginnen (wobei das As sowohl höchster als auch niedrigster Wert sein kann), also ergeben sich insgesamt 10 Möglichkeiten. Da es bei einem Kartenspiel vier Farben gibt, ist die Anzahl der Farbenfolgen 4mal 10 oder 40.

Wie viele verschiedene Vierer gibt es? Nur 13. Warum aber zählt dann eine Farbenfolge mehr als ein Vierer?

---

[1] Das Problem wurde mir von M. H. Greenblatt vom *Journal of Recreational Mathematics,* Band 5, Nr. 1, S. 39, Januar 1972, zur Verfügung gestellt.

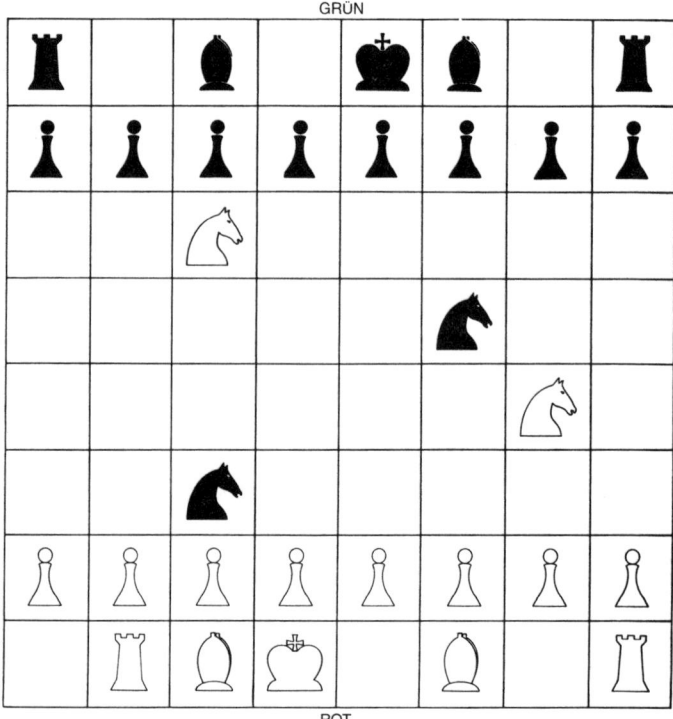

2. Das indische Schachgeheimnis[2]

Das folgende Problem stammt aus einer außerordentlich anregen-
den Sammlung von Schachproblemen, die Raymond M. Smullyan
zusammengestellt hat und in denen Sherlock Holmes mit Hilfe der
„Schachlogik", also aufgrund sorgfältiger analytischer Überlegungen, die „Vorgeschichte" einer Schachstellung herleitet.

Ein erstes Abenteuer spielt sich auf einem Schiff ab, mit dem
Holmes und Watson nach Ostindien reisen, wo sie mit Hilfe einer
Kombination von Kryptographie und rückwirkender Schachanaly-
se einen vergrabenen Schatz zu finden hoffen. Zwei Inder spielen

---

[2] Raymond M. Smullyan: *The Chess Problem Mysteries of Sherlock Holmes*, Knopf,
1979.

252

an Deck eine Partie Schach mit Figuren, die nicht wie üblich schwarz und weiß, sondern rot und grün sind.

Die Spieler haben das Spiel für einen kurzen Spaziergang unterbrochen, als Holmes und Watson vorbeikommen. Sie finden die in der Abbildung gezeigte Stellung vor und hören, wie einige schachbegeisterte Passagiere zu entscheiden versuchen, welche Farbe Weiß entspricht, welche Seite also den ersten Zug machte.

„Meine Herren", sagt Holmes, „es ist völlig unnötig, Vermutungen anzustellen. Es ist *herleitbar*, welche Farbe Weiß entspricht."

Bei solchen Problemen muß nicht unbedingt gutes Schach gespielt werden, aber alle Züge müssen erlaubte Züge sein. Können Sie entscheiden, welche Farbe den ersten Zug machte, und Ihre Wahl hieb- und stichfest begründen?

3. Umverteilung in Ölarien[3]

Der Scheich von Ölarien hat vorgeschlagen, den Wohlstand seines Landes wie folgt zu verteilen: Die Bevölkerung wird nach ihren wirtschaftlichen Verhältnissen in fünf Klassen eingeteilt. Zur Klasse 1 gehören die Ärmsten, zur Klasse 2 die etwas weniger Armen, zu den Klassen 3 und 4 die weniger oder mehr Wohlhabenden und zur Klasse 5 die sehr Reichen. Der Plan besteht nun darin, den Wohlstand zwischen jeweils zwei Klassen auszugleichen, und zwar zunächst zwischen den Klassen 1 und 2, dann zwischen 2 und 3, 3 und 4 und schließlich zwischen 4 und 5. Ausgleich bedeutet, daß das gesamte Vermögen der beiden Klassen jeweils zu gleichen Teilen auf alle Angehörigen dieser Klassen verteilt wird.

Der Großwesir des Scheichs ist mit dem Plan einverstanden, schlägt aber vor, mit einem Ausgleichen bei den beiden reichsten Klassen zu beginnen und dann weiter von oben nach unten und nicht umgekehrt vorzugehen.

Welchen Plan würden die Ärmsten vorziehen? Und welchen die Reichsten?

---

[3] Ich verdanke dieses Problem Walter Penney aus Greenbelt, Maryland.

4. Fünfzig Kilometer in der Stunde[4]

Ein Zug fährt, ohne anzuhalten, 500 Kilometer weit auf einer geraden Strecke, die er mit einer mittleren Geschwindigkeit von genau 50 km/h zurücklegt. Er fährt dabei jedoch mit unterschiedlicher Geschwindigkeit. Es scheint plausibel, daß es auf der Strecke keine 50 Kilometer lange Teildistanz gibt, die der Zug in genau einer Stunde zurücklegt.

Man beweise, daß das nicht der Fall ist.

5. Ein Aha-Erlebnis[5]

Zeichnen Sie 30 dicke Punkte in fünf Reihen mit je sechs Punkten auf ein Blatt Papier und ziehen Sie eine Gerade wie in der Abbildung, die die Anordnung in zwei Dreiecksanordnungen mit je 15 Punkten teilt. Legen Sie auf die Punkte oberhalb der schwarzen Linie 15 Münzen oder andere kleine Spielsteine.

Die Aufgabe besteht darin, alle Münzen von oberhalb der Geraden auf die Punkte unterhalb der Geraden zu bringen. Ein erlaubter Zug ist der Sprung eines Spielsteins über einen benachbarten Punkt auf einen nichtbesetzten Punkt unmittelbar dahinter. Man darf nach links oder rechts und nach oben oder unten springen, aber nicht diagonal. Beim ersten Zug könnte beispielsweise

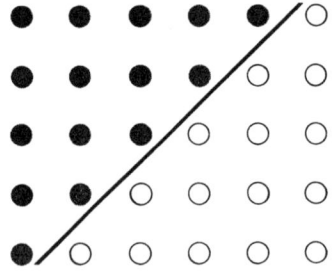

---

[4] Eine fachspezifischere Analyse eines ähnlichen Problems, bei dem ein Jogger in fünf Minuten einen Kilometer zurücklegt und eine ganzzahlige Anzahl von Kilometern läuft, findet sich in „Comments on Kinematics Problem for Joggers" von R. P. Boas in *American Journal of Physics*, Band 42, S. 695, August 1974.

[5] Dieses neue Problem wurde von Mark Wegman vom Thomas J. Watson Research Center von IBM gestellt.

die Münze vom vierten Punkt der oberen Reihe auf den oberen weißen Punkt springen oder nach unten auf den dritten Punkt von oben in derselben Spalte. Die Regeln für die Sprünge sind dieselben wie beim Damespiel, aber sie sind auf waagerechte und senkrechte Bewegungen beschränkt, und die übersprungenen Steine werden nicht weggenommen.

Es geht uns hier nicht darum, die Münzen in möglichst wenigen Zügen auf die weißen Punkte zu bringen, sondern nur darum, ob es überhaupt möglich ist. Wir stellen drei Fragen:

A. Läßt sich die Aufgabe durchführen?

B. Auf einem schwarzen Punkt liege keine Münze. Ist es möglich, die 14 verbleibenden Münzen auf weiße Punkte zu bringen?

C. Auf zwei schwarzen Punkten liege keine Münze. Ist es möglich, die 13 verbleibenden Münzen auf weiße Punkte zu bringen?

Dieses Problem ist deshalb so interessant, weil alle drei Fragen durch eine einfache Überlegung beantwortet werden können, die schon Zehnjährige leicht nachvollziehen können.

6. Ein toroidales Paradoxon[6]

Zwei Topologen unterhalten sich beim Mittagessen über die beiden verschlungenen Gebilde in der Abbildung auf der Seite 256, die einer von ihnen auf eine Papierserviette gezeichnet hat. Man denke sich diese Objekte nicht als Festkörper wie Seile oder feste Gummiringe, sondern als die Oberfläche von Schläuchen, von denen einer vom Geschlecht 1 ist (mit einem Loch) und der andere vom Geschlecht 2 (mit zwei Löchern).

Diese Schläuche stellt man sich am besten wie idealisierte Fahrradschläuche vor. Ihre Oberfläche soll gedehnt oder geschrumpft werden können, darf aber nicht zerschnitten oder zusammengeklebt werden. Läßt sich der Torus mit zwei Löchern so verformen, daß der Torus mit einem Loch, wie die Abbildung auf Seite 256 zeigt, nur noch durch eines seiner Löcher hindurchgeht?

---

[6] Ich verdanke dieses seltsame Problem Herbert Taylor, der es entdeckte und mir mitteilte.

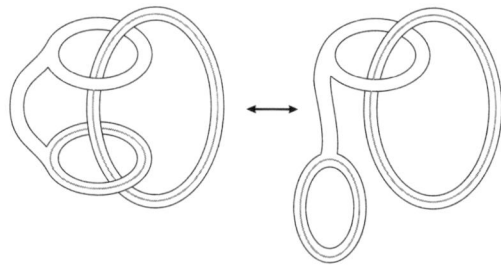

Der Topologe X behauptet, das sei unmöglich, und begründet es so: Man zeichne auf jeden Torus einen Ring. Links sind die Ringe verbunden, rechts sind sie unverbunden.

„Sie müssen zugeben", sagt X, „daß es unmöglich ist, zwei in den dreidimensionalen Raum eingebettete verbundene Ringe durch eine stetige Verformung zu trennen. Deshalb ist die Transformation unmöglich."

„Aber das folgt daraus überhaupt nicht", sagt Y.

Wer hat recht?

Antworten

1. Ein Poker-Rätsel

Die Lösung ergibt sich aus der Überlegung, daß ein Blatt, das einen Vierer enthält, immer auch eine fünfte Karte hat. Zu jedem Vierer gibt es 48 mögliche fünfte Karten, folglich gibt es 48 x 13 oder 624 verschiedene Pokerblätter mit einem Vierer, aber nur 40 mit einer Farbenfolge. Es ist also viel weniger wahrscheinlich, daß man eine Farbenfolge erhält, und deshalb gilt eine Folge mehr als ein Vierer.

2. Das indische Schachgeheimnis

Sherlock Holmes' Beweisführung geht wie folgt:

Rot steht im Schach, also hat Grün den letzten Zug gemacht. Es bleibt herauszufinden, wer den ersten Zug gemacht hat, und dazu muß man wissen, ob die Anzahl der Züge bisher insgesamt gerade oder ungerade war.

Der Turm auf b1 hat eine ungerade Anzahl von Zügen gemacht und die anderen drei Türme eine gerade Anzahl von Zügen oder auch keinen. Die roten Springer haben insgesamt eine ungerade Anzahl von Zügen ausgeführt, weil sie auf gleichfarbigen Feldern stehen, und die grünen Springer haben alle zusammen eine gerade Anzahl von Zügen hinter sich. (Ein Springer gelangt bei jedem Zug auf ein andersfarbiges Feld.) Der eine König hat eine gerade Anzahl von Zügen (möglicherweise keinen), der andere eine ungerade Anzahl. Der Läufer und die Bauern wurden nicht bewegt, und beide Damen wurden gefangen, bevor sie bewegt wurden. Also ist die Gesamtzahl der Züge ungerade. Daraus folgt, daß Grün als erster zog, und damit ist Grün Weiß und Rot Schwarz.

3. Umverteilung in Ölarien

Überraschenderweise würden sowohl die ganz Reichen als auch die ganz Armen einen paarweisen Ausgleich von oben nach unten vorziehen. Die Reichsten würden den Ausgleich mit der Klasse unter sich lieber machen, bevor die an Wohlstand eingebüßt hat. Die Ärmsten würden es vorziehen, den Ausgleich mit der nächsten Klasse erst dann zu machen, wenn sie durch den Ausgleich wohlhabender geworden ist. Wir verdeutlichen das an einem Beispiel: Wenn wir annehmen, daß das Vermögen der fünf Klassen im Verhältnis $1 : 3 : 4 : 7 : 13$ verteilt ist, dann ergibt ein Ausgleich von unten nach oben die neue Verteilung $2 : 3 : 5 : 9 : 9$, ein Ausgleich von oben nach unten aber $3 : 3 : 5 : 7 : 10$.

4. Fünfzig Kilometer in der Stunde

Man teile die 500 Kilometer lange Strecke in 10 Abschnitte zu je 50 km. Wenn jeder Abschnitt in einer Stunde durchfahren wird, ist das Problem gelöst, und deshalb muß man annehmen, daß das Durchfahren eines jeden Abschnitts entweder länger oder weniger als eine Stunde dauert. Dann muß es irgendwo auf der Strecke mindestens zwei benachbarte Streckenabschnitte geben, von denen man einen (wir nennen ihn A) in weniger als einer Stunde durchfährt, und den anderen (wir nennen ihn B) in mehr als einer Stunde.

Wir stellen uns jetzt einen riesenlangen Stab vor, der 50 km mißt und an den Abschnitt A gelegt wird. In Gedanken lassen wir den Stab langsam in Richtung B gleiten, bis er mit B zusammenfällt. Während der Stab die Strecke entlanggleitet, verändert sich die durchschnittliche Zeit, die der Zug braucht, um die 50 Kilometer zurückzulegen, die der Stab gerade überdeckt, stetig von weniger als einer Stunde (bei A) zu mehr als einer Stunde (bei B). Deshalb muß es mindestens eine Stellung geben, in der der Stab eine Strecke von 50 Kilometern überdeckt, die von dem Zug in genau einer Stunde zurückgelegt wurde.

5. Ein Aha-Erlebnis

Das Aha-Erlebnis stellt sich am einfachsten ein, wenn man die Abbildung unten betrachtet. Es ist klar, daß eine Münze, die zu Beginn auf einem schwarzen Punkt liegt, auch am Ende auf einem schwarzen Platz liegen muß.

Es gibt sechs schwarze Punkte über der Geraden und nur drei darunter, deshalb finden nach dem Schubfachprinzip drei oberhalb der Geraden liegende Münzen unterhalb keinen Platz. Man kann nur dann alle Münzen auf Punkte unterhalb der Geraden bringen, wenn oben nicht mehr Münzen liegen, als unten schwarze Punkte sind, wenn also mindestens drei Münzen von drei schwarzen Punkten oberhalb der Geraden weggenommen werden. Es kommt nicht darauf an, welche das sind, denn mit 12 Münzen läßt sich die Aufgabe immer leicht lösen.

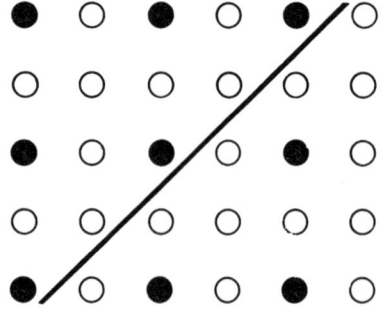

6. Ein toroidales Paradoxon

Wie eine stetige Verformung des Torus mit zwei Löchern eines der Löcher aus dem Torus mit einem Loch befreien kann, läßt sich aus der Abbildung unten ablesen. Die Überlegung, mit der X die Unmöglichkeit der Lösung begründet, versagt, weil der eine Ring, der um ein Loch gezeichnet ist, so verzerrt wird, daß der Ring mit der gestrichelten Linie durch den Torus mit einem Loch verbunden bleibt, nachdem das Loch befreit wurde.[7]

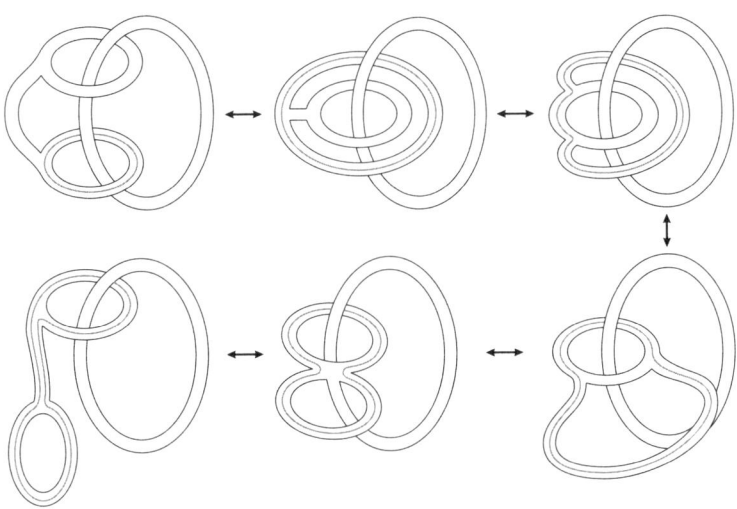

[7] Eine faszinierende Liste ähnlicher Probleme mit verschlungenen Ringen findet sich in Herbert Taylors Artikel „Bicycle Tubes Inside Out" in dem von David Klarer herausgegebenen Buch *The Mathematical Gardner* (1981).

Minimale Steinerbäume

Kein Baum im Hain ist ohne Charme,
Und jeder hat ein ureigenes Flair.

William Cowper, *The Task*

Ein Baum ist in der Graphentheorie ein zusammenhängendes Streckennetz, in dem es keine Schlingen gibt. Die Graphentheorie beschäftigt sich ganz allgemein mit Strukturen, die sich dann ergeben, wenn Punkte durch Linien verbunden werden. Eine Schlinge ist ein geschlossener Pfad, auf dem man von einem gegebenen Punkt zu demselben Punkt zurückkehren kann, ohne auf denselben Strecken zurückgehen zu müssen. Je zwei Punkte auf einem Baum sind folglich durch einen eindeutig bestimmten Weg miteinander verbunden. Bäume spielen in der Graphentheorie eine wichtige Rolle und haben auch in anderen Zweigen der Mathematik zahllose Anwendungen gefunden, insbesondere in der Wahrscheinlichkeitstheorie, der Ablaufmaximierung und der künstlichen Intelligenz.

Nehmen wir an, eine Menge von n Punkten sei willkürlich in der Ebene verstreut. Wie können diese endlich vielen Punkte durch ein Netz von Geraden so verbunden werden, daß die Gesamtlänge möglichst gering ist? Die Lösung dieses Problems hat praktische Anwendungen bei der Konstruktion von Netzwerken wie Straßen, Elektrizitätsleitungen, Röhrensystemen und Schaltkreisen. Wenn der ursprünglichen Menge keine neuen Punkte hinzugefügt werden dürfen, nennt man das kürzeste sie verbindende Netz einen minimalen aufspannenden Baum. Es ist leicht

260

zu sehen, daß das Netzwerk ein Baum sein muß. Wenn es eine Schlinge enthielte, könnte man es sofort verkürzen, indem man eine Strecke entfernt.

Es gibt viele Möglichkeiten, einen minimalen aufspannenden Baum zu konstruieren. Der einfachste Algorithmus heißt gierig, weil er bei jedem Schritt das beste Stück abbeißt.[1] Die Konstruktion verläuft so: Man suche zwei Punkte, die enger benachbart sind als alle anderen, und verbinde sie. Wenn mehrere Punktepaare gleich nah sind, wähle man eines von ihnen aus. Man wiederhole das Verfahren mit den verbleibenden Punkten und achte darauf, daß durch das Verbinden eines Paars niemals eine Schlinge entsteht. Das Ergebnis ist ein aufspannender Baum von Mindestlänge.

Ein minimaler aufspannender Baum ist nicht notwendig das kürzeste Netzwerk, das die ursprüngliche Punktemenge verbindet. In den meisten Fällen läßt sich ein kürzeres Netzwerk finden, wenn man neue Punkte hinzufügen darf. Nehmen wir beispielsweise an, Sie wollten die drei Punkte miteinander verbinden, die die Ecken eines gleichseitigen Dreiecks definieren. Zwei Dreiecksseiten stellen dann einen minimalen aufspannenden Baum dar, der aber um über 13 % gekürzt werden kann, wenn man im Inneren des Dreiecks einen zusätzlichen Punkt einzeichnet und den Mittelpunkt und die Ecken miteinander verbindet (vergleiche die Abbildung unten). Die Kanten bilden in der Mitte jeweils einen Winkel von 120°.

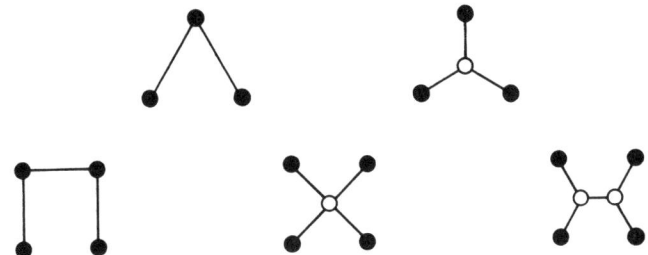

[1] Der Algorithmus wurde 1956 von Joseph B. Kruskal veröffentlicht, der später bei AT&T Bell arbeitete. Kruskal war nicht der erste, der sich mit ihnen beschäftigte, denn wie ich von Ronald Graham erfuhr, lassen sich diese Algorithmen auf eine 1926 erschienene Arbeit des tschechischen Mathematikers Orika Borürka zurückverfolgen.

Ein weniger offensichtliches Beispiel ist das minimale Netzwerk, das die vier Ecken eines Quadrates aufspannt. Das minimale Netz ergibt sich nicht, wie man vermuten würde, wenn die Eckpunkte mit dem Mittelpunkt verbunden werden, sondern mit zwei zusätzlichen Punkten (vergleiche dieselbe Abbildung unten). Wieder betragen alle Winkel um die Zusatzpunkte in dem Netz 120°. Das Netzwerk mit einem Zusatzpunkt in der Mitte hat die Länge $2\sqrt{2}$ oder etwa 2,828. Das Netzwerk mit zwei Zusatzpunkten reduziert die Gesamtlänge auf $1 + \sqrt{3}$ oder etwa 2,732.

Diese Zusatzpunkte, die die Länge des Netzwerks lokal minimieren (ich erläutere weiter unten, was mit „lokal" gemeint ist), heißen Steinerpunkte, sind also wie die bereits erwähnten Dreiergruppen nach dem großen Schweizer Geometer Steiner benannt.[2] Man hat bewiesen, daß alle Steinerpunkte Verbindungen von drei Geraden sind, die drei Winkel mit je 120° bilden. Ein Baum mit Steinerpunkten heißt Steinerbaum. Obwohl die Hinzufügung von Steinerpunkten die Länge des aufspannenden Baums reduzieren kann, ist ein Steinerbaum nicht immer das kürzeste Netzwerk, das die ursprüngliche Punktemenge aufspannt. Wenn das der Fall ist, heißt er ein minimaler Steinerbaum.

Minimale Steinerbäume sind fast immer kürzer als minimale aufspannende Bäume, aber es hängt von der Länge des ursprünglichen aufspannenden Baums ab, wieviel kürzer sie sind. Man hat vermutet, daß die Länge des minimalen Steinerbaums für jede Menge von Punkten in der Ebene nicht kleiner sein kann als $\sqrt{3/2}$, also etwa 0,866 vom minimalen aufspannenden Baum. Das Ergebnis wurde jedoch nur für drei, vier und fünf Punkte bewiesen. Genau wie eine Punktemenge mehr als einen minimalen aufspannenden Baum haben kann, kann sie auch mehr als einen minimalen Steinerbaum haben, obwohl natürlich für eine gegebene Punktmenge alle minimalen Steinerbäume gleiche Länge haben. Ein Steinerbaum kann höchstens $n - 2$ Steinerpunkte ha-

---

[2] Steiner selbst machte, wie Graham mir mitteilte, keinen Beitrag zur Theorie der Steinerbäume. Die Punkte wurden früher Fermat-Punkte genannt, aber ihre Existenz war schon vor Fermat bekannt.

ben, wobei n die Anzahl der Punkte in der ursprünglichen Menge ist.

Viele einfache Steinerbäume lassen sich mit Hilfe eines einfachen Analoggeräts, das man sich leicht selbst bauen kann, finden. Dazu verbindet man zwei parallele Plexiglasscheiben durch senkrechte Stäbe. Sie entsprechen den Punkten, die in einem gegebenen Netz aufgespannt werden sollen. Die Stäbe können einfach geleimt oder in vorgebohrte Löcher eingesetzt werden. Das Ganze wird dann in eine Seifenlösung getaucht, die schöne Blasen produziert. Wenn man die Platten aus der Lösung heraushebt, sind die Stäbe durch den Seifenfilm verbunden. Weil sich diese Seifenschichten auf minimale Flächen zusammenziehen, bildet der Seifenfilm, von oben betrachtet, einen Steinerbaum.

Ein solches Gerät findet den minimalen Steinerbaum für die Ecken eines Quadrats (vergleiche die Abbildung unten). Der Baum kann eine von zwei Formen annehmen, die durch Drehung um 90° ineinander übergehen. Wenn man gegen den Seifenfilm bläst, springt das Muster von der einen in die andere Form um. Ähnlich kann das Gerät den minimalen Steinerbaum für die fünf Punkte an den Ecken eines regelmäßigen Fünfecks nachahmen (vergleiche die Abbildung auf Seite 264). Bei den sechs Ecken eines regelmäßigen Sechsecks (und bei allen höheren regelmäßigen Polygonen) sind zusätzliche Steinerpunkte keine Hilfe. Das minimale aufspannende Netz ist einfach der Umfang des Vielecks, von dem eine Kante entfernt wurde.

Aber selbst in diesen einfachen Fällen sollte man dem Seifenfilm-Computer nicht allzu bereitwillig vertrauen. Wenn beispielsweise die vier Punkte im gegebenen Netzwerk die Ecken eines Rechtecks sind, das etwas breiter ist als hoch, kann der Film in einem von zwei Mustern verharren (vergleiche die Abbildung auf Seite 264 oben). Beide sind Steinerbäume, aber nur der linke ist minimal. Wenn das Rechteck breiter wird, verkürzt sich die verti-

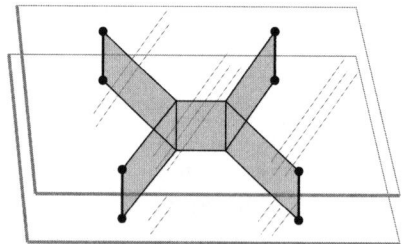

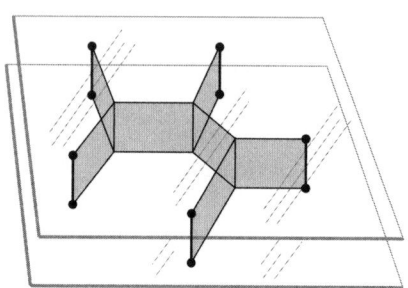

kale Linie AB in dem nichtminimalen Muster rechts in der Abbildung und schrumpft, bis die senkrechte Seite des Rechtecks 1 beträgt und die Grundlinie $\sqrt{3}$; für alle weiteren Rechtecke ist nur der minimale Steinerbaum stabil. Der Baum rechts heißt lokal minimal. Wenn man sich, anders gesagt, die Geraden als Gummibänder vorstellt, die an den vier Eckpfosten festgebunden sind, führt jede kleine Verschiebung der Steinerpunkte zu einer Verlängerung des Baums, was man daran merkt, daß die Steinerpunkte sofort wieder in ihre Ausgangslage zurückkehren.

Weil Kruskals gieriger Algorithmus es so leicht macht, minimale aufspannende Bäume zu konstruieren, könnte man vermuten, daß es für die Suche nach minimalen Steinerbäumen ähnlich einfache Algorithmen gibt. Das ist jedoch leider nicht der Fall. Diese Aufgabe gehört zu einer speziellen Klasse „harter" Probleme, die man in der Computerwissenschaft NP-vollständig nennt. Es sind zwar Algorithmen bekannt, die es erlauben, in relativ kurzer Zeit Steinerbäume aufzufinden, wenn die Anzahl der Punkte in einem Netz klein ist. Wenn die Anzahl der Punkte zunimmt, wächst aber auch der Bedarf an Rechenzeit sehr rasch. Selbst für eine relativ kleine Anzahl von Punkten kann sie Tausende oder sogar Millionen Jahre betragen. Die meisten Mathematiker nehmen an, daß es keinen brauchbaren Algorithmus gibt, mit dem sich minimale Steinerbäume konstruieren lassen, die beliebige Punkte in der Ebene verbinden.

Man stelle sich jedoch vor, daß die Punkte wie die Eckpunkte der Felder eines Schachbretts ein Einheitsgitter bilden. Gibt es einen „guten" Algorithmus, mit dem sich ein minimaler Steinerbaum finden läßt, der die Punkte eines solchen regelmäßigen Musters aufspannt?

Die Frage stellte sich mir vor mehreren Jahren, als ich darüber nachdachte, wie lang wohl der minimale Steinerbaum wäre, der die 81 Eckpunkte eines gewöhnlichen Schachbretts verbindet. Henry Ernest Dudeney, Englands größter Fachmann für Denksportaufgaben, und sein amerikanischer Kollege Sam Loyd hatten beide eine Vorliebe für Rätsel, die auf Schachbrettmustern basieren. Ich habe alle ihre Bücher sorgfältig geprüft, aber weder dort noch irgendwo sonst einen Hinweis auf dieses Problem gefunden.

Bei meinen eigenen Lösungsversuchen war ich von der Komplexität des Problems überrascht. Obwohl ich es nicht beweisen konnte, schien es mir offensichtlich, daß zur Konstruktion des minimalen Steinerbaums viele Kopien des regulären Baums mit vier Punkten aneinandergehängt werden müßten. Der Vierpunktebaum hat keinen Namen. Wir nennen ihn hier X, weil sich ein X leichter zeichnen läßt als der Baum selbst, wenn man Steinersche Probleme auf Rechtecksgittern zu lösen versucht. Die Schwierigkeit bei der Lösung solcher Probleme besteht darin herauszufinden, wohin man die X setzen soll. Es ist leicht, sie so zu setzen, daß sie einen Steinerbaum bilden, aber es ist nicht so einfach, den minimalen Baum zu finden.

Ich war schließlich davon überzeugt, daß das Schachbretträtsel eine eindeutige Lösung hat, obwohl ich das nicht beweisen konnte (vergleiche die Abbildung auf Seite 266, Mitte): Ich nenne sie die vermutete Lösung für die Ordnung 9, wobei ich mit Ordnung die

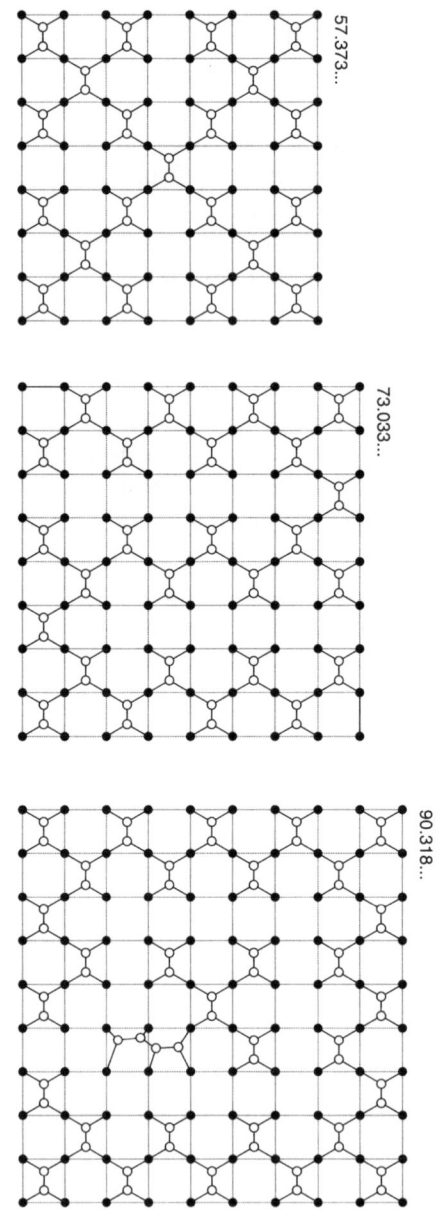

57.373...

73.033...

90.318...

266

Anzahl der Punkte auf der Seite des Quadrats meine. Aus der Länge der Strecken eines jeden X, 1 + $\sqrt{3}$', läßt sich leicht berechnen, daß die Gesamtlänge des Baums 26 $\sqrt{3}$' + 28 oder etwa 73,033 beträgt. Obwohl es so aussah, als ob ich ein neues Rätsel gefunden hätte, vermutete ich, daß es in der immer umfangreicheren Literatur zu Steinerbäumen eine Arbeit geben müsse, die einen einfachen Algorithmus angibt, der minimale Steinerbäume auf Rechtecksgittern zu finden erlaubt. Ich wurde in dieser Meinung bestärkt, als ich merkte, daß viele Probleme mit Wegen durch Punkte in der Ebene schwierig sind, wenn die Punkte willkürlich gewählt werden, aber trivial, wenn die Punkte regelmäßige Gitter bilden.

Ein Beispiel dafür ist das Problem des Handlungsreisenden. Was ist der kürzeste Weg, der es einem Vertreter erlaubt, jede von n Städten einmal und nur einmal zu besuchen und zur Ausgangsstadt zurückzukehren? Wenn die Punkte willkürlich sind, ist die Aufgabe NP-vollständig; wir kennen keinen brauchbaren Algorithmus, der sie lösen kann. Wenn aber die Punkte Eckpunkte von Feldern in einem Rechtecksgitter sind, ist das Problem absurd einfach. Wenn eine rechteckige Anordnung von m mal n Punkten eine gerade Anzahl von Punkten enthält, hat der kürzeste Weg die Länge m x n. Wenn die Anordnung eine ungerade Anzahl von Punkten enthält, hat der Weg die Länge m x n + $\sqrt{2}$' – 1 (vergleiche die Abbildungen auf Seite 268). Als ich dachte, die Aufgabe, Punkte in solchen Anordnungen durch minimale Steinerbäume aufzuspannen, sei völlig trivial, irrte ich mich gewaltig.

Zunächst einmal sandte ich die Schachbrettprobleme an meinen Freund, den angesehenen Mathematiker Ronald L. Graham, der bei Bell Laboratories arbeitet. Ich bat ihn auch, mir Arbeiten zu nennen, in denen ich die Antwort auf diese Fragen finden könnte. Zu meiner Überraschung stellte sich heraus, daß die einzige wichtige Arbeit dazu 1978 von Graham selbst gemeinsam mit seiner Frau und Kollegin an den Bell Laboratories, Fan R. K. Chung, geschrieben worden war.[3] Sie zeigte, wie man minimale

[3] F. R. K. Chung und R. Graham: „Steiner Trees for Ladders", *Annals of Discrete Mathematics*, Band 2, S. 173–200, 1978.

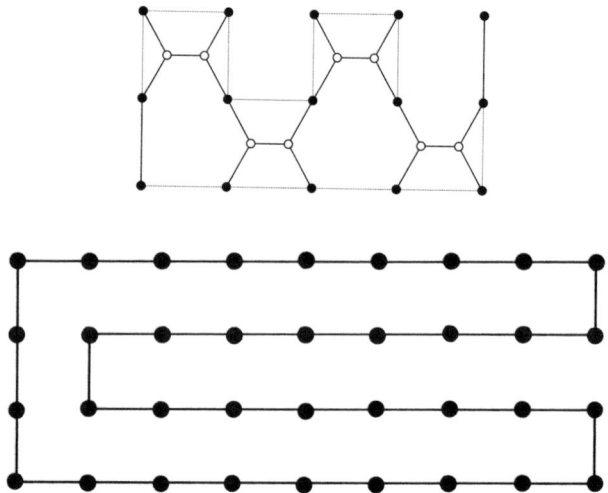

Steinerbäume für rechteckige Anordnungen von 2 x n Punkten und auch andere „Leitern" mit 2 x n Punkten konstruieren kann. Von diesen Sonderfällen abgesehen war anscheinend nichts darüber bekannt, wie man minimale Steinerbäume für rechteckige Anordnungen finden kann, wenn die Anzahl der Punkte auf jeder Seite größer ist als 2.

Die Abbildungen auf Seite 269 zeigen ihre besten Ergebnisse und meine eigene Schachbrett-Lösung. In einigen Fällen gibt es mehr als eine minimale Lösung. Es klingt unglaublich, aber nur das Muster für das Quadratgitter der Ordnung 2 ist als minimal bewiesen.[4] Selbst das anscheinend triviale Muster der Ordnung 3 hat sich noch jedem Beweis entzogen, obwohl es den rabiaten Methoden des Computers zugänglich wäre. Graham und Chung sind davon überzeugt, daß alle ihre Bäume minimal sind, aber solange Beweise fehlen, könnte es noch Verbesserungen geben.

Es wäre interessant zu wissen, ob sich auch die Quadratgitter der Ordnung 3 und der Ordnung 4 mit Seifenfilmen lösen lassen. Bis zu welcher Zahl findet der Seifenfilm minimale Bäume, falls

---

[4] Ein Beweis findet sich in Problem 73 des Buchs *Kaleidoskop der Mathematik* von Hugo Steinhaus (VEB, Berlin, 1959).

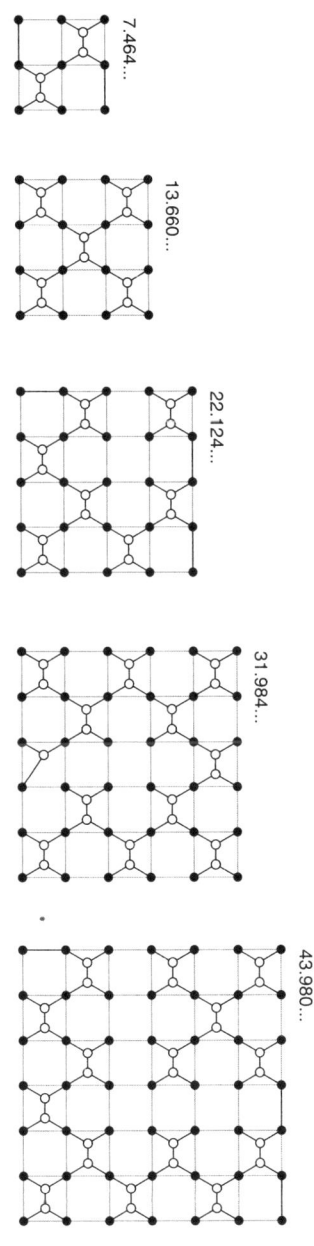

er überhaupt welche findet? Was passiert, wenn Plexiglasscheiben, die im Schachbrettmuster durch 81 Stäbe verbunden sind, in die Seifenlösung getaucht und dann herausgehoben werden? Erzeugt der Film Steinerbäume, die alle 81 Stäbe verbinden? Wie groß ist gegebenenfalls die Wahrscheinlichkeit, daß die Bäume minimal sind? Vielleicht wagen sich mutige Leser an diese Experimente.

Das Gitter der Ordnung 6 ist das kleinste, das eine unerwartete Lösung ergibt. Als ich mich mit diesem Wald von Bäumen beschäftigte (Mengen nichtzusammenhängender Bäume werden von Graphtheoretikern als Wald bezeichnet), hatte mein Muster der Ordnung 6 die Länge $11\sqrt{3}' + 13$ oder etwa 32,053. Ich fiel fast vom Stuhl, als ich sah, um wieviel kürzer der Baum war, den Graham und Chung gefunden hatten. Der kleine Baum mit drei Punkten in ihrem Muster hat die Länge $(1 + \sqrt{3}')\sqrt{2}'$, und damit hat ihr ganzes Netz die Länge $(1 + \sqrt{3}')\sqrt{2}' + 11 \times (1 + \sqrt{3}')$, also etwa 31,984. Das ist ein wunderschönes Beispiel für die Überraschungen, die man bei Versuchen erleben kann, auf der Suche nach minimalen Lösungen die Leiter der quadratischen Anordnungen zu ersteigen.

Wenn Sie genau hinsehen, werden Sie bemerken, daß nur Gitter mit Ordnungen, die Zweierpotenzen sind (2, 4, 8 und so weiter), Bäume haben, die nur aus X bestehen. Graham und Chung haben ein noch allgemeineres Ergebnis bewiesen: Ein rechteckiges Gitter kann genau dann von einem Steinerbaum aus lauter X überspannt werden, wenn es quadratisch ist und die Ordnung des Quadrats eine Zweierpotenz ist. Der Steinerbaum ist für jedes Gitter, dessen Ordnung eine Zweierpotenz ist, eindeutig und läßt sich in offensichtlicher Weise auf alle Gitter verallgemeinern, deren Ordnung eine höhere Zweierpotenz ist.

Ich zeige hier den besten Steinerbaum, den Graham und Chung für das Quadrat der Ordnung 22 gefunden haben (vergleiche die Abbildung auf Seite 271). Er enthält ein von sechs Punkten auf zwei Quadraten begrenztes Muster, das nicht dem vertrauten X entspricht. Dieses Muster aus sechs Punkten taucht auch in dem Steinerbaum der Ordnung 10 auf; seine Länge ist $\sqrt{11}' + 6\sqrt{3}'$ oder etwa 4,625. Die Gesamtlänge des Baums beträgt näherungsweise 440,021.

Antworten

Bis jetzt konnte das Ergebnis von Graham und Chung nicht verbessert werden (vergleiche die Abbildung auf Seite 272). Die Länge beträgt

$$7[1 + \sqrt{3}' +$$
$$[([([3(2 + \sqrt{3}')] - 2)^2 + 1]^{1/2})/2] +$$
$$[([([5(2 + \sqrt{3}')] - 1)^2 + 1]^{1/2})/2]$$

oder näherungsweise 32,094656 …

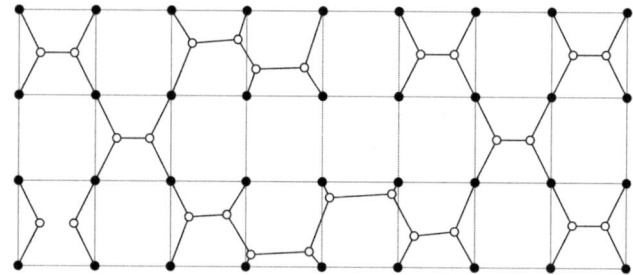

Addendum

Seit dieses Kapitel 1986 geschrieben wurde, hat es auf dem Gebiet der minimalen Steinerbäume zwei wichtige Durchbrüche gegeben. H. O. Pollak und E. N. Gilbert, zwei Mathematiker an den Bell Laboratories, vermuteten 1968, das Verhältnis der Länge eines minimalen Steinerbaums zur Länge des minimalen aufspannenden Baums sei für dieselbe Punktemenge mindestens $\sqrt{3}/2 = 0{,}866\ldots$, spare also etwa 13 % an Länge ein. Dies ist das Verhältnis der beiden Äste von Bäumen, die die Ecken eines gleichseitigen Dreiecks verbinden. Dann gelang es Graham und Chung 1985, die untere Schranke des Verhältnisses auf 0,8241 zu senken. Der Beweis sei so schrecklich, sagte Graham, daß er jedem, der sich dafür interessiere, davon abrate, die Arbeit zu lesen.

Für die Bell Labs bedeutet das Auffinden kürzerer Netze offensichtlich eine große Kostenersparnis, und deshalb war das Problem für sie so wichtig, daß Graham jedem, der die Vermutung $\sqrt{3}/2$ beweisen konnte, $500 bot. Der Preis wurde 1990 von den beiden chinesischen Mathematikern Ding Zhu Du und P. Frank Hwang von Bell Labs gewonnen.

Ein Simplex ist in jeder beliebigen Dimension ein regelmäßiges Vieleck mit minimaler Seitenzahl; ein Beispiel ist das Tetraeder im dreidimensionalen Raum. Wir kennen minimale Steinerbäume nur für Simplexe bis zu fünf Dimensionen (siehe die Arbeit von Chung und Gilbert von 1976). Die Berechnung für höhere Dimensionen ist noch keineswegs gelöst. Die nebenstehende Abbildung

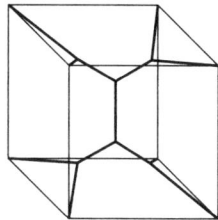

zeigt den minimalen Steinerbaum für die Ecken eines Einheits-
würfels. Seine Länge ist 6,196 …

Hwang und Du untersuchen in ihrer Arbeit von 1991 minimale
Steinerbäume auf isometrischen Gitterpunkten (gleichseitigen
Dreiecken).

Der andere Durchbruch gelang fünf australischen Mathematikern, die eine vollständige Lösung angaben, wie minimale Steinerbäume für quadratische und rechteckige Punktegitter in einer Matrix von Einheitsquadraten gefunden werden können. Genaueres
findet sich in dem Forschungsbericht, den M. Brazil und seine vier
Mitarbeiter 1995 publizierten. Eine Arbeit von Brazil und fünf Mit-
arbeitern von 1996 gibt den unveröffentlichten Beweis von Graham
und Chung über die Form der minimalen Steinerbäume für Punk-
temengen an den Scheitelpunkten eines $2^k \times 2^k$-Quadratgitters.

Der erste Beweis, daß das Auffinden von Steinerbäumen für n
Punkte ein NP-vollständiges Problem ist, ist in der Arbeit von
Graham, Michael Garey und David Johnson, seinen Kollegen in
den Bell Labs, zu finden.

Auch das Problem, die genaue Länge eines minimalen aufspannenden Baums zu berechnen, ist NP-vollständig. Es scheint zunächst, als ob die Aufgabe mit Hilfe des gierigen Algorithmus einfach zu lösen wäre. Das ist aber nicht so, weil die Punkte in der
Ebene keine ganzzahligen Koordinaten haben müssen. Wenn es
mehr solche Punkte gibt, wird die Berechnung der genauen Länge
des Baums rasch immer schwieriger.

Vom Schnatz, vom Buhdscham und von dreiwertigen Graphen

Wie wir seit 1976 wissen, ist der Vierfarbensatz wahr und bewiesen. Das Interesse an den Fragen der Graphentheorie hat jedoch nicht nachgelassen, und immer noch erscheinen in Fachzeitschriften Arbeiten zu diesem Thema. Deshalb habe ich mich entschlossen, diesen Artikel, der im April 1976 im *Scientific American* erschien, hier auszugsweise nachzudrucken.

Es gibt Dutzende von Vermutungen, die anscheinend gar nichts mit Karten und Färbeproblemen zu tun haben, die aber insofern äquivalent sind zum Vierfarbensatz, als der Vierfarbensatz bewiesen ist, wenn sie bewiesen sind und umgekehrt. Ist es immer möglich, von einem konvexen Polyeder solange Ecken abzuschneiden, bis jede Seite ein Polygon mit einer Seitenzahl ist, die ein Vielfaches von 3 beträgt? Falls das zutrifft, ist der Vierfarbensatz bewiesen. Wenn man beispielsweise bei einem Würfel vier Ecken, die einander nicht paarweise diagonal gegenüberliegen, auf eine solche Weise abschneidet, erhält man einen Festkörper, bei dem vier Seiten Dreiecke sind und sechs Sechsecke. Wenn man ein konvexes Vieleck finden könnte, das sich nicht so stutzen läßt, hätte man einen Festkörper gefunden, dessen Gerüst eine Karte bildet, die den Vierfarbensatz widerlegt.

Ein einfacheres Gegenbeispiel wäre ein Graph, also eine Menge von Punkten, die wir Knotenpunkte nennen, mit den sie verbindenden Streckenzügen, die wir Kanten nennen, der die folgenden Eigenschaften hat:

1. *Er ist zusammenhängend.* (Er ist aus einem Stück.)
2. *Er ist planar.* (Er kann auf die Ebene gezeichnet werden, ohne daß sich Kanten überschneiden.)
3. *Er hat keine Brücke (oder Verengung).* Eine Brücke ist eine Kante, durch deren Entfernung der Graph in zwei unzusammenhängende Teile zerfällt.
4. *Er ist dreiwertig.* (An jedem Knotenpunkt treffen drei Kanten zusammen.)
5. *Er läßt sich nicht mit drei Farben einfärben.* (Die Kanten lassen sich nicht so mit drei Farben einfärben, daß jede Kante einfarbig ist und an jedem Knotenpunkt alle drei Farben aufeinandertreffen.)

Um das genauer zu erklären, gehen wir auf eine Arbeit von Peter G. Tait zurück, die 1880 erschien. Tait, ein mathematischer Physiker an der Universität Edinburgh, und andere zeigten, wie leicht sich eine beliebige Karte in eine dreiwertige Karte mit denselben Färbeeigenschaften verwandeln läßt. Wenn an einem Knotenpunkt mehr als drei Kanten zusammentreffen, zeichne man um diesen Knotenpunkt einen kleinen Kreis und radiere alles, was im Kreis ist und auch einen der Kreisbögen aus (vergleiche die Abbildung unten). Der Knotenpunkt mit n Kanten wird also durch ein Gebiet ersetzt, das jetzt von n – 2 dreiwertigen Scheiteln umgeben ist. Offensichtlich färbt jede Färbung dieser Gebiete auch die ursprüngliche Karte. Falls ein Knotenpunkt nur zwei Kanten hat, ist er ein Fleck an einem Rand und kann weggelassen werden, also läßt sich jede Karte in ein Netzwerk dreiwertiger Verzweigungen verwan-

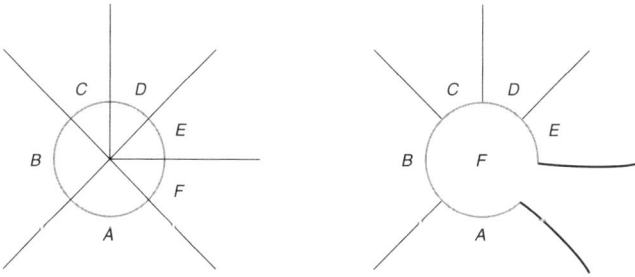

deln, was zu einer dreiwertigen Karte führt, und wenn die dreiwertige Karte mit vier Farben eingefärbt werden kann, dann auch die ursprüngliche. Außerdem konnte Tait beweisen, daß die Gebiete einer ebenen dreiwertigen Karte mit vier Farben eingefärbt werden können, wenn auch die Kanten ihres Graphen mit drei Farben eingefärbt werden können und umgekehrt.

Die Äquivalenz der beiden Einfärbungen läßt sich aus dem folgenden Verfahren ablesen. Man nehme an, daß die Gebiete einer dreiwertigen Karte mit den Farben A, B, C und D gefärbt sind und benenne jede Kante mit einem Buchstaben, der die „Summe" der Gebiete auf jeder Seite ist. Dafür gilt die folgende Additionstafel:

$$A + B = B$$
$$A + C = C$$
$$A + D = D$$
$$B + C = D$$
$$B + D = C$$
$$C + D = B$$

Das Ergebnis ist eine Dreifärbung der Kanten. Um von den farbigen Kanten zu einer Einfärbung der Gebiete zu gelangen, nehme man an, daß die Kanten eines dreiwertigen Graphen mit den Farben B, C und D eingefärbt sind, und nenne ein Gebiet A. Von A aus wähle man einen beliebigen Weg, der von einer Fläche zu einer anderen führt. Wenn man eine Kante kreuzt, benenne man das neue Gebiet mit der „Summe" der Kante und des letzten besuchten Gebiets. Man verwende dieselbe Additionstabelle wie zuvor, wenn die beiden Buchstaben verschieden sind, und nenne die Fläche A, wenn sie gleich sind. Das Ergebnis ist ein mit vier Farben eingefärbtes Gebiet.

Tait meinte, bis auf zwei Arten dreiwertiger Graphen seien alle dreiwertigen Graphen mit drei Farben einfärbbar (und deshalb genügten vier Farben zum Einfärben aller Karten). Eine der Ausnahmen sind dreiwertige Karten mit Brücken. Die Abbildung auf Seite 277 oben zeigt drei einfache Graphen dieser Art. Wegen der Schlingen ist der erste Graph offensichtlich unfärbbar, und es ist

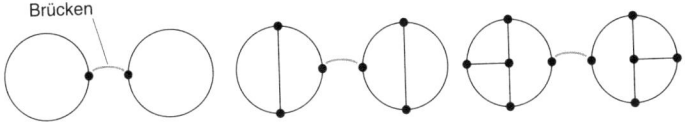

Brücken

fast genauso offensichtlich, daß auch die beiden anderen Graphen nicht mit drei Farben gefärbt werden können. Solche Graphen können natürlich in einer erlaubten Karte nicht vorkommen, weil die Brücke den äußeren Bereich – und das ist ein zusammenhängendes Gebiet, wenn die Karte auf einer Kugel ist – von sich selbst abtrennen würde. Wenn eine Karte in der Ebene mit vier Farben gefärbt wird, muß das „Äußere" immer als ein Gebiet betrachtet werden. Die Brücke wäre eine absurde Grenze; wenn man sie kreuzte, bliebe man doch im selben Gebiet.

Die Karten der anderen Art, die weder einfärbbar noch dreiwertig sind, sind nicht planar: Sie lassen sich also nicht in der Ebene zeichnen, ohne daß mindestens eine Kante eine andere kreuzt. Die Abbildung unten zeigt das einfachste Beispiel, den sogenannten Petersen-Graphen; links ist das gewöhnlich in Lehrbüchern abgebildete Beispiel, rechts das Beispiel, das der für seine Arbeit zur Spieltheorie berühmte Mathematiker Rufus Isaacs von der Johns Hopkins University bevorzugte. Es läßt sich mit weniger Strichen zeichnen, und bis auf zwei Knotenpunkte liegen alle Knotenpunkte am Rand, können also dazu dienen, den Graphen auf eine weiter unten zu erläuternde Weise an andere Graphen „anzuhängen".

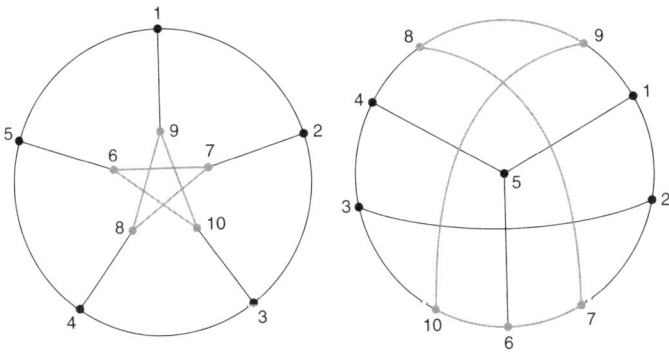

Die beiden Graphen sind topologisch äquivalent, wie sich leicht bestätigen läßt, wenn man die Kanten der Graphen nachzeichnet und die Knotenpunkte der Reihe nach verfolgt.

Was können wir aus alledem schließen? Wenn es einen nicht einfärbbaren Graphen gibt, der äquivalent ist zu einer Karte, die den Vierfarbensatz widerlegt, muß er dreiwertig, planar und brückenlos sein. Man hat keinen solchen Graphen gefunden, und jede Suche danach wäre Zeitvergeudung. Andererseits kann die Suche nach nichtplanaren Graphen, die sich nicht „Tait-färben" lassen (also mit drei Farben), ein erfreulicher Zeitvertreib sein.[1]

Isaacs nennt einen Graphen im wesentlichen dann nichttrivial, wenn er keine Brücke hat. Es ist so leicht, an einem Graphen eine Brücke anzubringen und das Einfärben damit unmöglich zu machen, daß wir alle Graphen mit Brücken außer acht lassen und uns auf dreiwertige Graphen ohne Brücken beschränken können. Isaacs nennt auch jeden Graphen trivial, der ein „Zweieck" hat, bei dem also mehrere Kanten zwei Punkte verbinden, oder ein „Dreieck" (oder ein Viereck), weil diese trivialen Eigenschaften jedem nicht einfärbbaren Graphen hinzugefügt oder weggenommen werden können, ohne seine Unfärbbarkeit zu verändern.

Ich habe nichttriviale nichtfärbbare dreiwertige Graphen kurz Schnatze genannt. Ein dreiwertiger Graph ist ein Netzwerk sich verzweigender Pfade, und wer versucht zu beweisen, daß er nicht einfärbbar ist, jagt ihn „mit Hoffnung und Gabeln", wie es in *Die Jagd nach dem Schnatz* in Lewis Carrolls unsterblicher Unsinns-Ballade heißt. Bekanntlich ist ein Schnatz nur schwer zu fangen, besonders die außerordentlich seltene und gefährliche Sorte, die Buhdscham heißt. In unserer Sprache ist ein Buhdscham nichts anderes als ein planarer Schnatz, nämlich der dreiwertige Graph, der den Vierfarbensatz widerlegt, weil er ein Gegenbeispiel darstellt. Wer einen Buhdscham entdeckt, wird mitsamt dem Gra-

---

[1] Ich verdanke Rufus Isaacs' Buch (*Differential Games*, Robert E. Krieger, 1975) das Material für mehrere meiner Artikel. Die Ergebnisse seiner Suche nach nichtfärbbaren dreiwertigen Graphen finden sich in der faszinierenden Arbeit „Infinite Families of Nontrivial Trivalent Graphs Which Are Not Tait Colorable", *The American Mathematical Monthly*, Band 82, Nr. 3, S. 221–239, März 1975.

phen augenblicklich in den Hyperraum verbannt. Dies erklärt vielleicht, warum der Vierfarbensatz so lange ungelöst blieb.

Der zuerst 1898 veröffentlichte Petersen-Graph ist nicht nur der kleinste mögliche Schnatz, sondern auch der einzige Schnatz mit nur 10 Punkten auf dem Fell. Es ist schwer zu glauben, aber es verging über ein halbes Jahrhundert, bevor Danilo Blanuša den zweiten Schnatz (mit 18 Flecken) entdeckte und 1946 veröffentlichte. Zwei Jahre später veröffentlichte Tutte unter dem Pseudonym Blanche Descartes einen Schnatz mit 210 Flecken. Erst 1973 veröffentlichte G. Szekeres einen vierten Schnatz mit 50 Punkten.

Das Hauptergebnis von Isaacs' Jagd nach dem Schnatz war die Entdeckung von zwei unendlichen Schnatz-Familien. Eine enthält die Graphen von Blanuša, Descartes und Szekeres; Isaacs nannte sie zu Ehren dieser drei Kollegen, auf deren Arbeit seine eigene beruht, BDS-Graphen. Diese Graphen entstehen, indem man Graphen, die zuvor nicht eingefärbt werden konnten, aneinander- und auch an beliebige andere Graphen hängt. Blanuša hatte nicht bemerkt, daß in seinem Graphen, wie in der Abbildung unten gezeigt, zwei Petersen-Graphen aneinanderhängen. Dem Petersen-Graphen links wurden zwei nicht benachbarte Kanten weggenommen und dem Petersen-Graphen rechts drei benachbarte Kanten und ihre beiden Knotenpunkte, und dann wurden die beiden Graphen wie angedeutet zusammengefügt. Die beiden Kanten bei A können sich kreuzen oder nicht, und dasselbe gilt für das Kantenpaar bei B. Außerdem kann man bei A oder B (oder beiden) beliebige Graphen einhängen, ohne die Einfärbbarkeit zu verlieren. Auf diese Weise lassen sich zwei beliebige nichtfärbbare Graphen aneinanderhängen, wobei man zu-

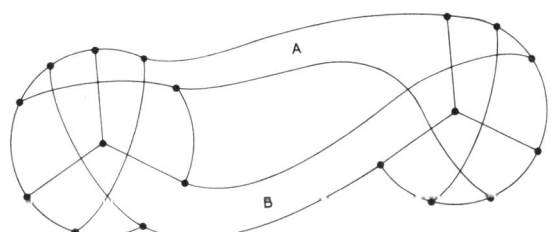

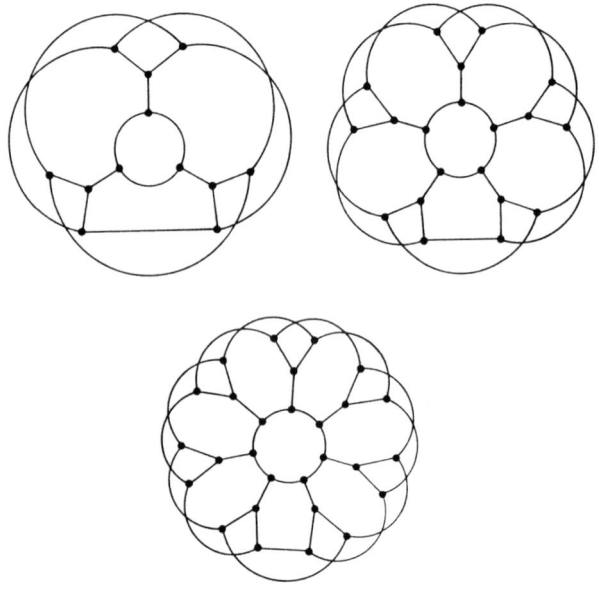

sätzlich beliebige Graphen ankoppeln kann oder auch nicht, und
unendlich viele Schnatze erzeugen. Szekeres' Graph entsteht
durch Aneinanderhängen von fünf Petersen-Graphen. Der De-
scartes-Graph ist eine Kombination von Petersen-Graphen und
eingesetzten Neunecken. Die Einzelheiten des Beweises finden
sich in Isaacs' Arbeit.

Die Abbildung oben zeigt die zweite von Isaacs gefundene unendliche Schnatz-Familie. Der erste Graph ist der Petersen-Graph
mit einem trivialen „Dreieck" von drei Punkten, das den zentralen
Knotenpunkt ersetzt. Wenn man die Anzahl der großen Blüten-
blätter entsprechend der Folge 3, 5, 7, 9, ... ersetzt, erhält man
eine unendliche Menge von Blütenschnatzen, wobei die Anzahl
ihrer Punkte der Folge 12, 20, 28, 36, ... entspricht. Isaacs gibt einen einfachen und anschaulichen Beweis dafür, daß Blütenschnat-
ze nicht einfärbbar sind.

Dreiwertige Graphen haben übrigens notwendigerweise eine
gerade Anzahl von Punkten. Wenn die Anzahl 2n ist, ist die An-

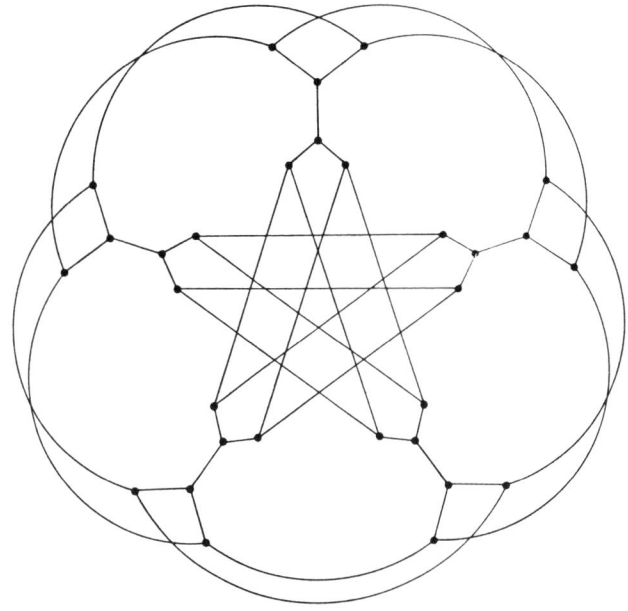

zahl der Kanten 3n, und wenn der Graph mit drei Farben gefärbt werden kann, gibt es jeweils n Kanten mit derselben Farbe.

Isaacs hat auch einen Schnatz (mit 30 Punkten) entdeckt, der ein Wildwuchs ist und weder zu den BDS- noch zu den Blütenschnatzen gehört. Er nennt ihn den Doppelstern (vergleiche die Abbildung). Natürlich können sowohl der Doppelsternschnatz als auch der Blütenschnatz an BDS-Graphen angehängt werden, und auch die Blütengraphen lassen sich koppeln. Die kombinatorischen Möglichkeiten sind endlos; komplexe BDS-Graphen lassen sich auf eine solche Weise zeichnen, daß die Bestimmung ihrer Komponenten äußerst schwierig wird.

Zur Einführung in die aufregende Jagd nach dem Schnatz zeigen wir in der Abbildung auf Seite 282 vier einfache dreiwertige Graphen, die sich mit drei Farben färben lassen. Versuchen Sie einmal, einen oder alle vier der Graphen möglichst rasch mit drei Farben einzufärben! Der untere Graph ist in der kanonischen

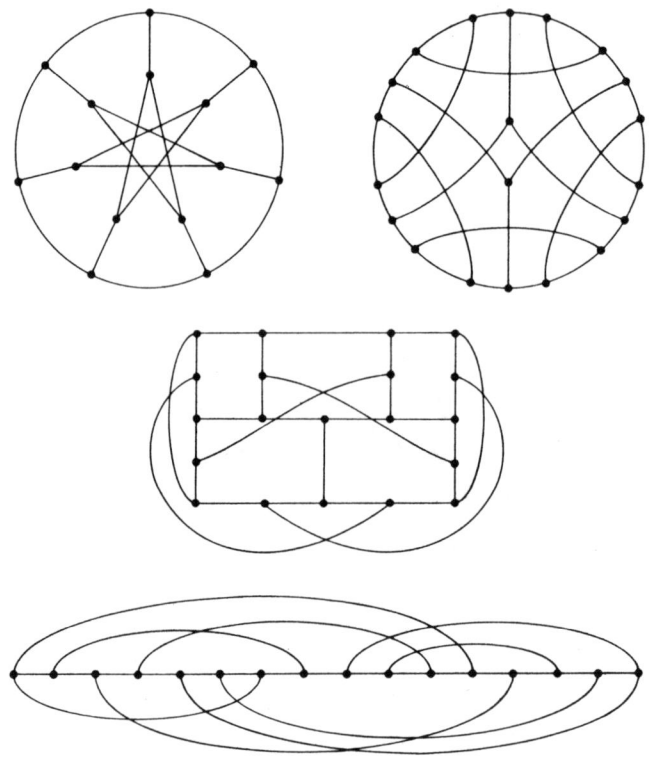

Form gezeichnet; seine Punkte liegen alle auf einer Geraden. Wenn Sie erst Übung im Einfärben mit drei Farben haben, wagen Sie sich vielleicht an die schwierigere Aufgabe zu beweisen, daß weder der Petersen-Graph noch ein anderer der Schnatze einfärbbar sind. Dazu müssen Sie alle Möglichkeiten der Einfärbung mit drei Farben untersuchen, und das kann lange dauern, besonders wenn Sie kein effizientes Verfahren verwenden.

Ich fand den folgenden Algorithmus, der nicht in Isaacs' Arbeit angegeben wird, nützlich, um dreiwertige Graphen mit drei Farben einzufärben oder um auch ihre Nichteinfärbbarkeit zu beweisen. Ich beschreibe ihn in der Abbildung auf der Seite 283 sozusagen mit Bleistift und Papier; es erleichtert die Arbeit, wenn der

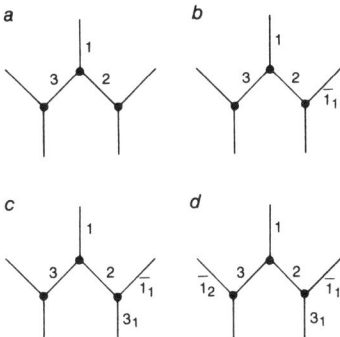

Graph sehr groß gezeichnet wird und kleine numerierte Spielsteine zu Hilfe genommen werden.

1. Zeichnen Sie den Graphen groß und mit Tinte, und bezeichnen Sie die Farben mit den Ziffern 1, 2 und 3. Schreiben Sie diese mit einem weichen Bleistift, damit sie leicht und oft ausradiert werden können.

2. Wählen Sie einen beliebigen Knotenpunkt und nennen Sie seine drei sich vergabelnden Pfade 1, 2 und 3. Dabei kommt es nicht darauf an, wie Sie die Zahlen zuordnen. Sie bezeichnen lediglich verschiedene Farben, so daß es keine Einschränkung der Allgemeinheit bedeutet, wenn sie permutiert werden.

3. Gehen Sie zu einem beliebigen benachbarten Knotenpunkt. Seine beiden unbezeichneten Kanten können auf zwei Weisen bezeichnet werden. In unserem Beispiel müssen wir die Oberkante 1 oder 3 nennen. Nennen Sie sie 1, und machen Sie mit einem Strich über dieser Zahl deutlich, daß Sie dabei die Wahl hatten. Fügen Sie den Index 1 hinzu, um anzudeuten, daß es die erste freie Wahl ist. Wir nennen diese Zahl die Schrittzahl.

4. Benennen Sie alle Kanten, die durch die erste freie Wahl festgelegt wurden. In unserem Beispiel ist es nur eine, die wir mit 3 beschriften. Schreiben Sie dieselbe Schrittzahl dazu (Index 1). Die 3 erhält keinen Strich, weil Sie bei der Benennung keine Wahl hatten.

5. Gehen Sie zu einem anderen benachbarten Knotenpunkt über, bei dem Sie eine Wahlmöglichkeit haben. Wie zuvor erhält die erste Wahl einen Querstrich; der Index ist jetzt 2, um anzuzeigen, daß es Ihre zweite freie Wahl ist.

6. Machen Sie so weiter, bis der gesamte Graph bezeichnet ist oder Sie auf einen Widerspruch stoßen – Sie also gezwungen sind, zwei Kanten mit derselben Farbe an einem Knotenpunkt zusammentreffen zu lassen. Wenn das beim n. Schritt passiert, radieren Sie alle Bezeichnungen aus, die den Index n haben. Es ist ratsam, den verbotenen Index als letzten auszulöschen.

7. Treffen Sie bei Schritt n eine andere Wahl, aber diesmal machen Sie keinen Querstrich über die Benennung. Warum nicht? Weil die Wahl nicht mehr frei war, sondern durch den Widerspruch erzwungen wurde, der sich aus der früheren Wahl bei Schritt n ergab. Er erhält den Index n − 1. Das zeigt, daß Sie gezwungen waren, einen Schritt zurückzugehen. Anders gesagt ist der neue Schritt jetzt Teil des früheren, deshalb erhält er auch die niedrigere Zahl.

8. Wiederholen Sie das Verfahren. Wenn der Graph eingefärbt werden kann, werden Sie ihn auf diese Weise schließlich einfärben, wenn nicht, werden Sie auf Widersprüche stoßen, die einen Rückzug erzwingen. Die Indizes werden gelegentlich kleiner und dann wieder größer. Wenn es einen Widerspruch gibt, nachdem alle Kanten Benennungen ohne einen Querstrich haben, läßt sich der Graph nicht einfärben, und Sie haben einen Schnatz gefunden.

Nach einer Weile erkennt der erfahrene Schnatz-Jäger einige Schliche. Die Abbildung auf Seite 285 gibt einige hilfreiche Färbetips. Beispielsweise kann man ein Zweieck auf einem Pfad überspringen, weil ganz offensichtlich auf beiden Seiten dieselbe Farbe erzwungen wird. Ähnlich kann man ein Dreieck wie einen einzelnen Knotenpunkt behandeln, weil die drei zu ihm führenden Kanten drei Farben haben müssen. Quadrate lassen sich vereinfachen, wenn man bedenkt, daß entweder die vier Kanten, die es umranden, gleichfarbig sind oder zwei benachbarte Kanten eine und die

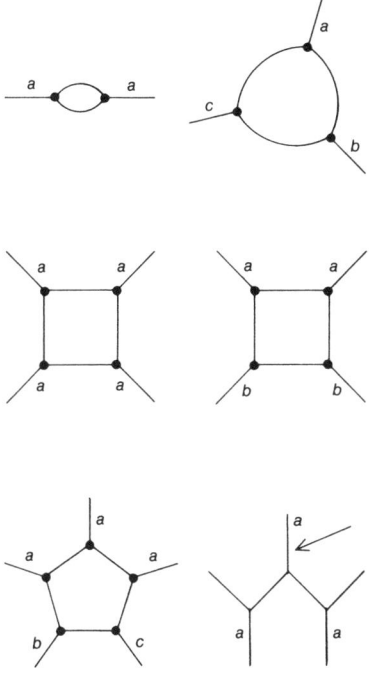

beiden anderen eine andere Farbe haben. Fünfecke lassen sich vereinfachen, wenn man bedenkt, daß von den fünf Kanten drei benachbarte gleichfarbig sein müssen und die anderen zwei mit den verbleibenden Farben gefärbt werden müssen.

Jeder bekannte Schnatz, so sagt Isaacs, enthält mindestens einen Petersen-Graphen, deshalb erhält man durch Ausradieren gewisser Kanten und das Entfernen von Punkten von den verbleibenden Kanten ein Gebilde, das topologisch äquivalent zum Petersen-Graphen ist. Das bedeutet nicht, daß der Petersen-Graph ein Subgraph ist. Subgraphen entsprechen Punkt für Punkt und Kante für Kante einem Teil eines Graphen. Sie sind zwar in Graphen enthalten, aber nicht alle in Graphen enthaltenen Graphen sind auch Subgraphen. Der Petersen-Graph kann kein Subgraph eines dreiwertigen Graphen sein, denn die Ordnung der

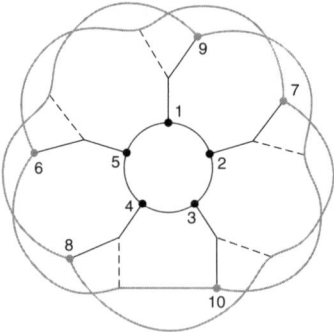

Knotenpunkte erhöht sich auf vier, wenn einem Knotenpunkt des Petersen-Graphen eine Kante angefügt wird.

Die Abbildung oben zeigt eine Möglichkeit, einen Petersen-Graphen zu erhalten, indem man dem Blütenschnatz fünf Kanten (sie sind hier gestrichelt) und zehn Punkte wegnimmt. Der Graph ist so benannt und gefärbt, daß er dem Graphen in der Abbildung auf Seite 277 entspricht. Weil der Schnatz diesen Graphen enthält, ist der Graph sicher nicht planar, denn kein planarer Graph kann einen nichtplanaren Graphen enthalten. Nach einem berühmten Satz müssen alle nichtplanaren (nicht unbedingt dreiwertigen) Graphen entweder den vollständigen Graphen für fünf Punkte oder den „Nützlichkeits"-Graphen für sechs Punkte enthalten. Aufgrund ähnlicher Überlegungen vermutet Tutte, daß alle Schnatze Petersen-Graphen enthalten. Falls dies richtig ist, ist auch der Vierfarbensatz korrekt, und dann gibt es keine Buhd-schams.

In unserer an Lewis Carroll angelehnten Sprache sind die Petersen-Graphen die bei den Schnatzen so beliebten fahrbaren „Bade-Kabinen", für die, wie Carroll sagt, jeder Schnatz eine „fast zärtliche Neigung" hegt und von denen er glaubt, „sie erhöhten die Schönheit der Dünen".

Es ist nicht immer leicht, die Bade-Kabinen im Inneren der Schnatze zu finden. Vielleicht gelingt es Ihnen, sie in dem Blüten-schnatz und im Doppelstern zu finden, und möglicherweise sind

Sie von der Suche so gefesselt, daß Sie sich auf eine eigene Jagd nach dem Schnatz begeben. Versuchen Sie einmal, selbst dreiwertige Graphen zu zeichnen und zu prüfen. Mit etwas Übung wird Ihr Geschick im Einfärben rasch zunehmen, und es wird Ihnen Eindruck machen, wie schwer sich ein echter Schnatz auffinden läßt. Ich würde so gern einmal einen nichttrivialen Graphen[2] mit mehr als 10 Punkten (Petersen-Graph) und weniger als 18 Punkten (Blanuša-Graph) sehen, aber wie mittlerweile bewiesen ist, kann es keine Schnatze mit einer Fleckenzahl zwischen 10 und 18 geben. Der erste Blütenschnatz (12 Punkte) zählt nicht, weil das Dreieck in seiner Mitte ihn zu einer trivialen Variation des Petersen-Graphen macht. Wohl aber wurden Schnatze mit 18, 20, 22, 26, 28, 30 und mehr Punkten konstruiert.

Einen Augenblick noch! Ich habe gerade eben einen phantastischen dreiwertigen Graphen mit 50 Projektionen skizziert, die wie Federn aus ihm herausragen. Es gibt keine Überschneidungen. Vielleicht ist es ein Buh...

---

[2] Ein Schnatz heißt trivial, wenn er Schleifen (Zyklen) enthält, die Zweiecke (doppelte Kanten), Dreiecke oder Vierecke sind, oder wenn mit Hilfe von Brücken ein beliebiger Subgraph angefügt wurde. Mehrfache Kanten lassen sich natürlich in eine einzelne Kante verwandeln. Ein Dreieck (eine dreiseitige Schleife) läßt sich in einen einzelnen Punkt zusammenziehen, wobei ein kleinerer Schnatz entsteht, und ein Viereck (eine vierseitige Schleife) läßt sich durch zwei Kanten ersetzen.

Literaturhinweise

Die Wunderwelt des Planiversums

E. A. Abbott: *Flatland.* Deutsch: *Flächenland,* Übers. J. Kalka. Stuttgart, Klett-Cotta, 1982.

Thomas Y. Crowell: *Sphereland: A Fantasy about Curved Spaces and an Expanding Universe,* 1965.

A. K. Dewdney: *The Planiverse,* Poseidon, 1984. Deutsch: *Das Planiversum,* Übers. I. Gridling. Wien, Zsolnay, 1985.

A. K. Dewdney: *200% of Nothing.* Deutsch: *200 Prozent von Nichts,* Übers. M. Zillgitt. Basel, Birkhäuser, 1994.

A. K. Dewdney: *Introductory Computer Science: Bits of Theory, Bytes of Practice,* Freeman, 1996.

C. H. Hinton: *An Episode of Flatland,* Swan, Sonnenschein & Co, 1907.

P. J. Stewart: „Allegory through the Computer Class: Sufism in Dewdney's Planiverse", *Sufi,* Ausgabe 9; S. 26–30, Frühjahr 1991.

Bulgarische Patience und andere scheinbar endlose Aufgaben, mit denen man auch dann fertig wird, wenn man es gar nicht will

Ethan Akin und Morton Davis: „Bulgarian Solitaire", *American Mathematical Monthly,* Band 92, S. 237–250, April 1985.

George E. Andrews: *Number Theory: The Theory of Partitions,* Addison-Wesley, 1976.

Thomas Bending: „Bulgarian Solitaire", *Eureka,* Nr. 50, S. 12–19, April 1990.

Jørgen Brandt: „Cycles of Partitions", *Proceedings of the American Mathematical Society,* Band 85, S. 483–486, Juli 1982.

Maxwell Carver: „Hercules Hammers Hydra Herd", *Discover,* S. 94–95, 104, November 1987.

Nachum Dershowitz und Zohar Manna: „Proving Termination with Multiset Orderings", *Communications of the ACM,* Band 22, Nr. 8, S. 465–476, August 1979.

Gwihen Etienne: „Tableaux de Young et Solitaire Bulgare", *Journal of Combinatorial Theory*, Reihe A, Band 58, S. 181–197, November 1991.

R. H. Hamming: „The Tennis Ball Paradox", *Mathematics Magazine*, Band 62, S. 268–273, Oktober 1989.

Kiyoshi Igusa: „Solution of the Bulgarian Solitaire Conjecture", *Mathematics Magazine*, Band 58, S. 259–271, November 1985.

Laurie Kirby und Jeff Paris: „Accessible Independence Results for Peano Arithmetic", *The Bulletin of the London Mathematical Society,* Band 14, Nr. 49, Teil 4, S. 285–293, Juli 1983.

C. St. J. A. Nash-Williams: „On Well-Quasi-Ordering Finite Trees", *Proceedings of the Cambridge Philosophical Society*, Band 59, Teil 4, S. 833–835, Oktober 1963.

Al Nicholson: „Bulgarian Solitaire", *Mathematics Teacher*, Band 86, S. 84–86, Januar 1993.

James Propp: „Some Variants of Ferrier Diagrams", *Journal of Combinatorial Theory*, Reihe A, Band 52, S. 98–128, September 1989.

Raymond M. Smullyan: „Trees and Ball Games", *Annals of the New York Academy of Sciences*, Band 31, S. 86–90, 1979.

Allerlei mit dem Ei

Robert Burton: „Eggs: Nature's Perfect Package", Facts on File, 1987.

Robert Dixon: „The Drawing-Out of an Egg", *New Scientist*, S. 290–295, 29. Juli 1982.

Martin Gardner: „Eggs", *The Encyclopedia of Impromptu Magic*, Chicago, Magic, Inc., 1978.

Edward H. Lockwood: *A Book of Curves,* Cambridge University Press, 1961.

Milton H. Sussman: „Maxwell's Ovals and the Refraction of Light", *American Journal of Physics*, Band 34, Nr. 5, S. 416–418, Mai 1966.

Die Topologie der Knoten

Colin C. Adams: *Das Knotenbuch*, Heidelberg, Spektrum Akademischer Verlag, 1995.

Peter Andersson: „The Color Invariant for Knots and Links", *American Mathematical Monthly*, Band 102, S. 442–448, Mai 1995.

Michael Atiyah: *The Geometry and Physics of Knots,* Cambridge University Press, 1990.

Michael Atiyah: „Geometry and Physics", *The Mathematical Gazette*, S. 78–82, März 1996.

Joan S. Birman: „Recent Developments in Braid and Link Theory", *The Mathematical Intelligencer*, Band 13, S. 57–60, 1991.

Barry Cipra: „Knotty Problems – and Real-World Solutions", *Science*, Band 255, S. 403–404, 24. Januar 1992.

R. H. Crowell und R. H. Fox: *Introduction to Knot Theory*, Blaisdell, 1963, Springer-Verlag 1977.

Vaughan F. R. Jones: „Knot Theory and Statistical Mechanics", *Spektrum der Wissenschaft*, Januar 1991.

Louis Kauffman: *Knots and Physics*, World Scientific, 1991.

Louis Kauffman: *Knoten*, Heidelberg, Spektrum Akademischer Verlag, 1995.

Toshitake Kohno: *New Developments in the Theory of Knots*, World Scientific, 1990.

Charles Livingston: *Knot Theory*, Mathematical Association of America, 1993.

William Menasco and Lee Rudolph: „How Hard Is It to Untie a Knot?", *American Scientist*, Band 83, S. 38–50, Januar/Februar 1995.

Ivars Peterson: „Knotty Views", *Science News*, Band 141, S. 186–187, 21. März 1992.

Dale Rolfsen: *Knots and Links*, Publish or Perish, 1976.

Alexey Sosinsky: „Braids and Knots", *Quantum*, S. 11–15, Januar/Februar 1995.

De Witt Summers: „Untangling DNA", *The Mathematical Intelligencer*, Band 12, S. 71–80, 1990.

Gerichtete Graphen und Kannibalen

T. H. O'Beirne: „One More River to Cross", *Puzzles and Paradoxes*, Oxford University Press, 1965.

Robert G. Busacker und Thomas L. Saaty: *Finite Graphs and Networks: An Introduction with Applications*, McGraw-Hill, 1965.

Gery Chartrand und Linda Lesniak: *Graphs and Digraphs*, 3. Auflage, Wadsworth, 1996.

J. Clark und D. Holton: *Graphentheorie*, Heidelberg, Spektrum Akademischer Verlag, 1994.

Gerald Gannon und Mario Martelli: „The Farmer and the Goose – a Generalization", *The Mathematics Teacher*, Band 86, S. 202–203, März 1993.

Frank Harary, Robert Z. Norman und Dorwin Cartwright: *Structural Models: An Introduction to the Theory of Directed Graphs*, John Wiley & Sons, 1965.

Frank Harary und Leo Moser: „The Theory of Round Robin Tournaments", *American Mathematical Monthly*, Band 73, S. 231–246, März 1966.

Frank Harary: *Graph Theory*, Addison-Wesley, 1969.

Frank Harary: „Achievement and Avoidance Games for Graphs", *Annals of Discrete Mathematics*, Band 13, S. 111–120, 1982.

Frank Harary: „Kingmaker, Kingbreaker and other Games Played on a Tournament", *Journal of Mathematics and Computer Science*, Mathematics Series, Band 1, S. 77–85, 1988.

Donald E. Knuth: „Wheels with Wheels", *Journal of Combinatorial Theory*, Reihe B, Band 16, S. 42–46, 1974.

J. W. Moon: *Topics on Tournaments*, Holt, 1968.

J. Sheehan: „Graphs with One Hamiltonian Circuit", *Journal of Graph Theory*, Band 1, S. 37–43, 1977.

Ian Pressman und David Singmaster: „The Jealous Husbands and the Missionaries and Cannibals", *The Mathematical Gazette*, Band 73, S. 73–81, Juni 1989.

Dinnergäste, Schulmädchen und Häftlinge in Handschellen

Deborah J. Bergstrand: „New Uniqueness Proofs for the (5, 8, 24), (5, 6, 12) and Related Steiner Systems", *Journal of Combinatorial Theory*, Reihe A, Band 33, S. 247–272, November 1982.

Schwester Rita (Cordia) Ehrmann: „Projective Space Walk for Kirkman's Schoolgirls", *Mathematics Teacher*, Band 68, Nr. 1, S. 64–69, Januar 1975.

Pavol Hell und Alexander Rosa: „Graph Decomposition, Handcuffed Prisoners, and Balanced P-Designs", *Discrete Mathematics*, Band 2, S. 229–252, Juni 1972.

Stephen H. Y. Hung und N. S. Mendelsohn: „Handcuffed Designs", *Aequationes Mathematicae*, Band 11, Nr. 2/3, S. 256–266, 1974.

S. H. Y. Hung und N. S. Mendelsohn: „Handcuffed Designs", *Discrete Mathematics*, Band 18, S. 23–33, 1977.

Alexander Rosa und Charlotte Huang: „Complete Classification of Solutions to the Problem of 9 Prisoners", *Proceedings of the 25th Summer Meeting of the Canadian Mathematical Congress*, S. 553–562, Juni 1971.

J. F. Lawless: „On the Construction of Handcuffed Designs", *Journal of Combinatorial Theory,* Reihe A, Band 16, S. 74–86, 1974.

J. F. Lawless: „Further Results Concerning the Existence of Handcuffed Designs", *Aequationes Mathematicae*, Band 11, S. 97–106, 1974.

Francis Maurin: „Generalized Handcuffed Designs", *Journal of Combinatorial Theory*, Reihe A, Band 46, S. 175–182, November 1987.

Dame Kathleen Ollerenshaw und Sir Hermann Bondi: „The Nine Prisoners Problem", *Bulletin of the Institute of Mathematics and Its Applications*, Band 14, Nr. 5–6, S. 121–143, Mai/Juni 1978.

E. J. F. Primrose: „Kirkman's Schoolgirls in Modern Dress", *The Mathematical Gazette*, Band 60, S. 292–293, Dezember 1976.

Michael Tarsi: „Decomposition of a Complete Multigraph into Simple Paths: Nonbalanced Handcuffed Designs", *Journal of Combinatorial Theory*, Reihe A, Band 34, S. 60–70, Januar 1983.

Das Monster und andere sporadische Gruppen

Jonathan L. Alperin: „Groups and Symmetry", *Mathematics Today*, Lynn Arthur Steen, Hrsg., Springer Verlag, 1978.

Michael Aschbacher: *The Finite Simple Groups and Their Classification,* Yale, 1980.

F. J. Budden: *The Fascination of Groups,* Cambridge, 1972.

John Conway: „Monsters and Moonshine", *The Mathematical Intelligencer,* Band 2, S. 165–171, 1980.

R. T. Curtis, S. P. Norton, R. A. Parker und R. A. Wilson: *Atlas of Finite Groups,* Clarendon, 1985.

Joseph A. Gallian: „The Search for Finite Simple Groups", *Mathematics Magazine,* Band 49, Nr. 4, S. 163–180, September 1976.

Daniel Gorenstein: *Finite Groups,* Harper and Row, 1968.

Daniel Gorenstein: *Finite Simple Groups,* Plenum, 1982.

Daniel Gorenstein: *„The Classification of Finite Simple Groups",* Band 1 und 2, Plenum, 1983.

Daniel Gorenstein: „Die Klassifizierung der endlichen einfachen Gruppen", *Spektrum der Wissenschaft,* Februar 1986.

Marshall Hall: *The Theory of Groups,* Jr. Macmillan, 1959.

Lynn Arthur Steen: „A Monstrous Piece of Research", *Science News,* Band 118, S. 204–206, 27. September 1980.

Taxi-Geometrie

Michael Brandley: „Square Circles", *The Pentagon,* S. 8–15, Herbst 1970.

Ruth Brisbin und Paul Artola: „Taxicab Trigonometry", *Pi Mu Epsilon Journal,* Band 8, S. 89–95, Frühjahr 1985.

Donald R. Byrkit: „Taxicab Geometry – A Non-Euclidian Geometry of Lattice Points", *The Mathematics Teacher,* Band 64, Nr. 5, S. 418–422, Mai 1971.

Louise Golland: „Karl Menger and Taxicab Geometry", *Mathematics Magazine,* Band 63, S. 326–327, Oktober 1990.

David Iny: „Taxicab Geometry: Another Look at Conic Sections", *Pi Mu Epsilon Journal,* Band 7, S. 645–647, Frühjahr 1984.

Eugene F. Kraus: *Taxicab Geometry,* Addison-Wesley, 1975, Dover, 1986.

Richard Laatsch: „Pyramidal Sections in Taxicab Geometry", *Mathematics Magazine,* Band 55, S. 205–212, September 1982.

Lori J. Mertens: „A Fourth Dimensional Look into Taxicab Geometry", *Journal of Undergraduate Mathematics,* Band 19, S. 29–33, März 1987.

Joseph M. Moser und Fred Kramer: „Lines and Parabolas in Taxicab Geometry", *Pi Mu Epsilon Journal,* Band 7, S. 441–448, Herbst 1982.

Barbara E. Reynolds: „Taxicab Geometry", *Pi Mu Epsilon Journal,* Band 7, Nr. 2, S. 77–88, Frühjahr 1980.

Doris Schattschneider: „The Taxicab Group", *American Mathematical Monthly,* Band 91, S. 423–428, August/September 1984.

Francis Sheild: „Square Circles", *The Mathematics Teacher,* Band 54, Nr. 5, S. 307–312, Mai 1961.

Katye O. Sowell: „Taxicab Geometry – A New Slant", *Mathematics Magazine*, Band 62, S. 238–248, Oktober 1989.

Schubfächer für Probleme mit Pillen, Punkten und Musikern

Kiril Bankov: „Applications of the Pigeon-hole Principle", *The Mathematical Gazette*, Band 79, S. 286–292, Mai 1995.

Dominic Olivastro: „No Vacancy", *The Sciences*, S. 53–55, September/Oktober 1990.

Kenneth R. Rebman: „The Pigeonhole Principle", *The Two-Year-College Mathematics Journal*, Ulkausgabe, S. 4–12, Januar 1979.

Alexander Soifer und Edward Lozansky: „Pigeons in Every Pigeonhole", *Quantum*, S. 25–26, 32, Januar 1990.

Sherman K. Stein: „Existence out of Chaos", *Mathematical Plums: The Dolciani Mathematical Expositions,* Nr. 4, Ross Honsberger, Hrsg. The Mathematical Association of America, 1979.

Richard Walker: „The Pigeonhole Principle: Three into Two Won't Go", *The Mathematical Gazette*, Band 61, Nr. 415, S. 25–31, März 1977.

Das starke Gesetz der kleinen Primzahlen

R. E. Crandall and M. A. Penk: „A Search for Large Twin Prime Pairs", *Mathematics of Computation*, Vol. 33, Nr. 145, S. 383–388, Januar 1979.

Solomon W. Golomb: „The Evidence for Fortune's Conjecture", *Mathematics Magazine*, Band 54, S. 209–210, September 1991.

Richard Guy: „The Strong Law of Small Numbers", *Mathematics Magazine*, Band 95, S. 697–712, Oktober 1988.

Richard Guy: „The Second Strong Law of Small Numbers", *Mathematics Magazine*, Band 63, S. 3–20, Februar 1990.

Richard Guy: „Prime Numbers", *Unsolved Problems in Number Theory*, Springer-Verlag, 2. Auflage, 1994.

David Slowinski: „Searching for the 27th Mersenne Prime", *Journal of Recreational Mathematics*, Vol. 11, Nr. 4, S. 458–461, 1978–79.

Damespiele

A. K. Dewdney: „Meisterliche Dameprogramme", *Spektrum der Wissenschaft,* September 1984.

Siegfried Ertel: *Dame 100,* Interessengemeinschaft Damespiel in Deutschland, 1996.

Charles Fort: „A Charles Fort Invention: Super-Checkers", *The INFO Journal,* S. 24 ff., Juni 1990.

A. S. Fraenkel, M. R. Garey, D. S. Johnson und Y. Yesha: „The Complexity of Checkers on an N x N Board – Preliminary Report", *19th Annual Sym-*

posium on the *Foundations of Computer Science,* Institute of Electrical and Electronics Engineers, 1978.

Ivars Peterson: „The Checker Challenger", *Science News,* Band 140, S. 40–41, Juli 1991.

A. L. Samuel: „Some Studies in Machine Learning Using the Game of Checkers", *IBM Journal of Research and Development,* Band 3, S. 210–229, Juli 1959.

A. L Samuel: „Some Studies in Machine Learning Using the Game of Checkers, II: Recent Progress", *IBM Journal of Research and Development,* Band 11, S. 601–617, November 1967.

Jonathan Schaeffer, Robert Lake, Paul Lu und Martin Bryant: „CHINOOK, the World Man-Machine Checkers Champion", *AI Magazine,* S. 21–29, Frühjahr 1996.

Jonathan Schaeffer: *One Jump Ahead. The Story of CHINOOK,* Heidelberg, Springer, 1997.

Modulararithmetik und die schlaue Hummer-Hexe

T. H. O'Beirne: „Ten Divisions Lead to Easter", *Puzzles and Paradoxes,* Oxford University Press, 1965.

Marion H. Bird: „A New Look at Functions in Modular Arithmetic", *The Mathematical Gazette,* Band 64, Nr. 428, S. 78–86, Juni 1980.

Ronald Graham, Donald Knuth und Oren Patashnik: *Concrete Mathematics,* Kapitel 4, Addison-Wesley, 2. Auflage, 1994.

Oystein Ore: *Number Theory and its History,* McGraw-Hill, 1948.

James E. Schultz und William Burger: „An Approach to Problem-Solving Using Equivalence Classes Modulo n", *The College Mathematics Journal,* Band 15, S. 401–405, November 1984.

Parabeln

Maxim Bruckheimer und Rina Hershkowitz: „Constructing the Parabola without Calculus", *Mathematics Teacher,* S. 658–662, November 1977.

Joseph E. Ciotti: „Some Methods for Constructing the Parabola", *Mathematics Teacher,* Band 67, S. 428–430, Mai 1974.

Stillman Drake und James MacLachlan: „Galileo's Discovery of the Parabolic Trajectory", *Scientific American,* Band 232, Nr. 3, S. 102–110, März 1975.

Harold R. Jacobs: „The Parabola", *Mathematics, a Human Endeavor. A Textbook for Those Who Think They Don't Like the Subject,* W. H. Freeman, 1970.

Paul G. Kumpel, Jr.: „Do Similar Figures Always Have the Same Shape?", *Mathematics Teacher,* Band 68, Nr. 8, S. 626–628, Dezember 1975.

K. H. Lockwood: *A Book of Curves,* Cambridge University Press 1961.

Jerry A. McIntosh: „Determining the Area of a Parabola", *Mathematics Teacher,* S. 88–91, Januar 1973.

Nicht-Euklidische Geometrie

Robert Bonola: *Non-Euclidean Geometry,* Open Court, 1912, Dover, 1955.

H. S. M. Coxeter: „Regular Compound Tessellations of the Hyperbolic Plane", *Proceedings of the Royal Society,* A, Band 278, S. 147–167, 1964.

H. S. M. Coxeter: *Non-Euclidean Geometry,* 5. Auflage, University of Toronto Press, 1965.

H. S. M. Coxeter: „The Non-Euclidean Symmetry of Escher's Picture ‚Circle Limit III'", in *Leonardo,* Band 12, S. 19–25, 1979.

Underwood Dudley: *Euklids fünftes Axion,* in: *Mathematik zwischen Wahn und Witz,* S. 98–121, Birkhäuser, Basel, 1995.

Simon Gindikin: „The Wonderland of Poincaria", *Quantum,* S. 21–28, November/Dezember 1992.

S. H. Gould: „The Origin of Euclid's Axioms", *Mathematical Gazette,* Band 46, S. 269–290, Dezember 1962.

Marvin Jay Greenberg: *Euclidean and Non-Euclidean Geometries: Development and History,* 3. Auflage, W. H. Freeman, 1994.

Stefan Kulczycki: *Non-Euclidean Geometry,* Macmillan, 1961.

Wesley W. Maiers: „Introduction to Non-Euclidean Geometry", *Mathematics Teacher,* S. 457–461, November 1964.

Dan Pedoe: „Non-Euclidean Geometry", *New Scientist,* Nr. 219, S. 206–207, Januar 26, 1981.

J. F. Rigby: „Some Geometrical Aspects of a Maximal Three-Coloured Triangle-Free Graph", *The Journal of Combinatorial Theory,* Reihe B, Band 34, S. 313–322, Juni 1983.

D. M. Y. Sommerville: *The Elements of Non-Euclidean Geometry,* Dover, 1958.

John William Withers: *Euclid's Parallel Postulate: Its Nature, Validity, and Place in Geometrical Systems,* Open Court, 1905.

Harold E. Wolfe: *Non-Euclidean Geometry,* Henry Holt, 1945.

Minimale Steinerbäume

Marshall Bern und Ronald Graham: „The Shortest-Network Problem", *Scientific American,* Band 260, S. 84–89, 1989.

M. Brazil, J. H. Rubinstein, J. F. Weng, N. C. Wormald und D. A. Thomas: „Full Minimal Steiner Trees on Lattice Sets", *Forschungsbericht* 14, Department of Electrical Engineering, University of Melbourne, Australien, S. 1–40, 1995.

M. Brazil, J. H. Rubinstein, D. A. Thomas, J. F. Weng und N. C. Wormald: „Minimal Steiner Trees for Rectangular Arrays of Lattice Points", *Forschungsbericht* 24, Department of Electrical Engineering, University of Melbourne, Australien, S. 1–40, 1995.

M. Brazil, T. Cole, J. H. Rubinstein, D. A. Thomas, J. F. Weng und N. C. Wormald: „Minimal Steiner Trees for $2^k \times 2^k$-Square Lattices", *Journal of Combinatorial Theory,* Reihe A, Band 73, S. 91–109, Januar 1996.

R. Bridges: „Minimal Steiner Trees for Three-Dimensional Networks", *The Mathematical Gazette*, Band 78, S. 157–162, Juli 1994.

Fan Chung und E. N. Gilbert: „Steiner Trees for the Regular Simplexes", *Bulletin of the Institute of Mathematics Academy Sinica*, Band 4, S. 313–325, 1976.

Fan Chung und Ronald Graham: „A New Bound for Euclidean Steiner Minimal Trees", *Annals of the New York Academy of Sciences*, Band 440, S. 328–346, 1985.

Fan Chung, Martin Gardner und Ron Graham: „Steiner Trees on a Checkerboard", *Mathematics Magazine*, Band 62, S. 83–96, April 1989.

Fan Rong K. Chung und Ronald Graham: „Steiner Trees for Ladders", *Annals of Discrete Mathematics*, Band 2, S. 173–200, 1978.

Regina B. Cohen: „Optimal Steiner Points", *Mathematics Magazine*, Band 62, S. 323–329, Dezember 1992.

D. Z. Du und F. K. Hwang: „A Proof of the Gilbert-Pollak Conjecture on the Steiner Ratio", *Algorithmica*, S. 121–135, 1992.

M. R. Garey, R. L. Graham und D. S. Johnson: „The Complexity of Computing Steiner Minimal Trees", *SIAM Journal of Applied Mathematics*, Band 32, S. 835–859, 1977.

E. N. Gilbert und H. O. Pollak: „Steiner Minimal Trees", *SIAM Journal of Applied Mathematics*, Band 16, Nr. 1, S. 1–29, Januar 1968.

Dale T. Hoffman: „Smart Soap Bubbles Can Do Calculus", *The Mathematics Teacher*, Band 72, Nr. 5, S. 377–385, 389, Mai 1979.

F. H. Hwang: „On Steiner Minimal Trees with Rectilinear Distance", *SIAM Journal of Applied Mathematics*, Band 30, S. 104–114, 1976.

P. K. Hwang und D. Z. Du: „Steiner Minimal Trees on Chinese Checkerboards", *Mathematics Magazine*, Band 64, S. 332–339, Dezember 1991.

F. K. Hwang, D. S. Richards und P. Winter: „The Steiner Tree Problem", *Annals of Discrete Mathematics*, Band 53, Amsterdam, 1992.

Vom Schnatz, vom Buhdscham und von dreiwertigen Graphen

Peter J. Cameron, Amanda G. Chetwynd und John J. Watkins: „Decomposition of Snarks", *Journal of Graph Theory*, 11, S. 13–14, Frühjahr 1987.

U. A. Celmins und E. R. Swart: „The Construction of Snarks", *Research Report* CORR 79–18, University of Waterloo, Kanada, 1979.

Amanda G. Chetwynd und Robin J. Wilson: „Snarks and Supersnarks", *The Theory and Application of Graphs*, S. 215–224, New York, Wiley & Sons, 1981.

Rufus Isaacs: „Infinite Families of Nontrivial Trivalent Graphs Which Are Not Tait Colorable", *American Mathematical Monthly*, Band 82, S. 221–239, März 1975.

Rufus Isaacs: „Loupekine's Snarks: A Bifamily of Non-Tait-Colorable

Graphs", *Technical Report* 263, Department of Mathematical Sciences, Johns Hopkins University, Philadelphia, November 1976.

Martin Kochol: „A Cyclically Connected 6-Edge Connected Snarks of Order 118", *Discrete Mathematics,* 161, S. 297–300, 1996.

Roman Nedela und Martin Skoviera: „Decomposition and Reductions of Snarks", *Journal of Graph Theory*, 22, S. 253–279, 1996.

John J. Watson: „On the Construction of Snarks", *Ars Combinatoria*, 16-B, S. 111–123, 1983.

John J. Watkins: „Snarks", *Annals of the New York Academy of Sciences*, Band 576, S. 606–622, 1989.

John J. Watkins und Robin J. Wilson: „A Survey of Snarks", *Graph Theory, Combinatorics, and Applications,* Band 2, S. 1129–1144, New York, Wiley & Sons, 1991.

Mathematik zwischen Wahn und Witz

Die Mathematik bedarf keiner Messungen oder Interpretationen – sie beruht auf Logik. Aus diesem Grund kennt sie ausschließlich richtige oder falsche Lösungen. Oder gar keine. Letzteres fordert immer wieder Mathematiker und mathematische Amateure zu Lösungsversuchen heraus. Underwood Dudley hat einige solcher „Arbeiten" zusammengestellt. Eine ebenso lehrreiche wie amüsante Lektüre für mathematisch Interessierte!

Underwood Dudley
Mathematik zwischen Wahn und Witz
Trugschlüsse, falsche Beweise und die Bedeutung der Zahl 57 für die amerikanische Geschichte
238 Seiten. Broschur
ISBN 3-7643-5145-4

In allen Buchhandlungen erhältlich